JN180760

農薬からアグロバイオレギュレーターへの展開

―病害虫雑草制御の現状と将来―

From Pesticides to Agrobioregulators

《普及版／Popular Edition》

監修 山本 出

シーエムシー出版

はじめに

20世紀に科学技術の発展が果した功績は大であるが，一方21世紀に諸々の問題を持ち越している。いわく，環境，生態系，エネルギー，食料，人口，医療，貧富の格差などの問題である。農業，農学研究者の使命は第一義的には食料問題，そして付随する諸問題の解決にあるが，農業の実際，農法に関しては，相対峙し，衝突，矛盾する意見が多々あるのが現状である。その一部をとりあげてみると，有機農法に対する農薬・化学肥料を使う慣行農法，病害虫雑草の化学防除に対する生物防除，遺伝子組換え作物に対する慣行作物の問題がある。

有機農法について，環境に優しい，持続的である，農薬，化学肥料を使わない，エネルギー消費が少なく，生産物は安全，健康によく，栄養に富む，またおいしい，従って農家，消費者に歓迎されるなどの賛成的意見があれば，増大する人口を支える十分な食料を供給できない，品質が劣り市場性が低い，堆肥に衛生問題がある，除草労働は農家に健康上の負担を与える，緑肥生産に大面積を要し，土地生産性が低い，そうして有機農法への賛美の多くは宣伝であるといった反対的意見がある。日本の有機農法の歴史を振り返って見るとそれは1960年代後半農薬・化学肥料を使う慣行農法へのアンチテーゼとして発足した。残留性，生物濃縮性のDDT，ドリン剤，急性毒性の高いパラチオンが使われ，レーチェル・カーソン女史がサイレントスプリング（沈黙の春，1962年発刊）で農薬批判をした時代である。農業の工業化が進み，環境汚染や生態系の破壊が危惧され，農業の根本を見直し，人の生き方としての農業，自然への畏敬・回帰といった思想的色彩がにじむ運動として展開してきた。農法の根幹は持続的農業追求にあると思うが，これまでのところ，有機農法の主張は無農薬・無化学肥料に拘泥してきたようにみうけられる。また有機農法は農薬，化学肥料とかダイオキシン，重金属，遺伝子組換え作物とか，その時々の何かを忌避して進むべき方向を立てているようで，そういった恐怖の状態State of fearはすくなくとも今日の農薬に関しては幻想といえる。

今日，遺伝子組換え作物の普及，農薬・化学肥料の進歩と適正使用，農村人口の低下・老齢化，労賃の高騰，市場・消費者の要求，グローバリゼーションなど，有機農法は現実と理想のギャップに直面し，転換期にかかっている。

なお化学肥料についても硫酸アンモニウムから始まり，尿素，化成肥料，高度化成肥料，高機能肥料，緩効性肥料，被覆肥料へと肥料効果と環境汚染防止を目指し進歩してきているのが現状である。

農薬への反対的意見として，土壌を悪化させる，生態系を乱す強力な汚染物質である，抵抗性発達や激発をもたらす，天敵や非標的生物に悪影響を及ぼす，二次的有害生物の発生を促す，散布者へ危険性，食品残留といった安全上のリスクがある，誤用・過用・不要使用は避けがたい，費用がかかる，製造にエネルギーを要する，社会的費用を無視している等の一方，賛成的意見として，各種各様の農薬があって選択の幅が広い，迅速に治療効果を発揮し，大抵の事態に対応できる，農業的・生態的状況の変化に対応できる，目に見える経済効果がある，除草労働を軽減し，農民の健康改善に貢献，不耕起栽培を可能にすることにより表土，土壌水分を保持する等がある。農薬にはまた作物の，矮化，摘果，倒伏防止，種無し化といった生育調整作用を目的とするものがある。作物の多量の窒素吸収能力は高収量につながる一方，病害虫雑草，倒伏が制限要因となるが，農薬はこの問題を解決した。

農薬の別の貢献は，マラリア防除に見られるような病気媒介生物の防除であり，これにより多くの人命が救われ，健康の向上がみられた。社会的には農業労働の効率化は農村人口の移転をもたらし，近代化に貢献してきた。

化学防除に対するものは生物防除であり，天敵は人に安全，選択的で非標的生物に影響しない，一旦定着すれば比較的永続的で，経済的，森林・牧草地のような反当価値の低いところで有利，土着天敵による害虫抑圧の目にみえない効果大等があげられる。天敵のみならず微生物，弱毒ウイルスの利用も進んでいる。

一方生物防除プログラム実施前の準備期間が長い，有効な天敵が必ずしも見つからない，効果を発揮させる条件が微妙，農産物への品質要求が高いと使いにくい，一年生作物の輪作は天敵に不利，選択性が大なので一作物につく多数の生物を防除しきれない等の指摘がある。

次の問題は遺伝子組換え作物（GM作物）である。農法に劇的変化をもたらしつつあるが，国家，企業，研究者，消費者の意見はさまざまに分極している。

遺伝子組換え作物の貢献については本書に詳しいのでここでは重複を避けるが，導入初期においては，人への安全性について外部遺伝子の導入に際しての目的外機能の発現，といった可能性が疑われ，慢性毒性試験はなされず，これまでの作物・食品と対応するGM物との実質同等性があれば安全という考え方，方法論も議論の対象となってきた。多くのGM作物はすでに大量に人，家畜に与えられ，安全性に問題をおこしていない。しかしGM微生物によるトリプトファン製造時の不純物がおこした発病・致死事件は忘れるべきではない。また，GM作物が生態系を撹乱する可能性への危惧が指摘されている。こういった生態系撹乱をさけるため，カルタヘナ議定書に沿った手続きの遵守が求められている。

いかなる技術も初期の発展段階では不確実を伴い未熟だが，GM作物についても導入初期，予期せぬ最悪事態があるやも知れないといった配慮への不足が反対ムードを醸成した。

さらには，GM種子の企業による独占，大規模単作，食料市場のグローバル化，貿易障壁，諸国間の利害，農業政策，貧富の格差，自然・有機農業礼賛の風潮，小規模農業の公的価値，持続的農業，農業を「国土における歴史的，文化的，環境的な存在」ととらえる視点，これらまたその他の農業問題が絡まりあい，GM 作物の大規模栽培への科学者，消費者などの危惧をもたらしている。

以上双方の立場からする諸問題の一部をあげてきたが，一歩下がって，あるいは一歩上から眺めてみると，一般に一方のアプローチを主張し，他のアプローチを非難するといった傾向が見られる。それなりの正当性が主張されているが，落とし穴は，自己の主張がベストとの思いであろう。

いかにしたら相克する複雑な問題が解けるのであろうか。それぞれの主張者は，アレキサンダー大王がゴルディアスの結び目を一刀両断したごとく，自らの刀で切りほぐしたいところだが，そのような魔法の刀はないと思われる。農業は農民にとっては日々の糧をえる営みであり，政治は食料の確保，安全を保障せねばならない。理論でなく現実の回答が求められる。

農学関係者は，専門化しそれぞれの分野での問題解決を目指している。化学防除，生物防除，有機栽培，GM 作物をそれぞれ目指すのも良い。Bloom,where you are planted. 植えられたところで花を咲かせ，である。しかし麗しき庭づくりにはそれぞれの花がしかるべき位置に配置されねばならない。一見対立する諸々の農法・主張の適用場面のすみわけを考えるべきである。総合的有害生物管理 IPM，総合作物管理，環境保全型農業，持続可能型農業といわれるものがこれにあたるであろう。

本書では，これらの技術的基盤である化学農薬，生物農薬，遺伝子組換え，製剤，また新農薬，新防除法の発想源となりうる天然物，情報化学物質，アグロゲノミックスをも取り上げた。

最後に農薬の進歩について一言申し述べる。農薬の歴史は，農薬の欠点を認識し，これを克服する努力の積み重ねであった。「己を省みる者は，事に触れて皆薬石となる。その悪を攻めて，人の悪を攻むることなかれ」。けだし，古人の至言である。

農薬に一応対応する英語は Pesticides であるが，pest は人ならびに人に有用な生物に有害な生物をさし，cide はラテン語の killer を意味する cida に由来する。しかし農薬には殺さずして pest を防除するもの，作物の生育促進，抑制，抵抗性増進をもたらすものもある。pest 防除には各種の生物も使えれば，適切な遺伝子を導入することで pest のみならず，諸々の収穫制限要因を克服することができる。このような機能を持つものに，農薬というイメージをこえた名称として，アグロバイオレギュレーターを用いた次第である。

2009 年 12 月

山本　出

普及版の刊行にあたって

本書は2009年に『農薬からアグロバイオレギュレーターへの展開 ―病害虫雑草制御の現状と将来―』として刊行されました。普及版の刊行にあたり，内容は当時のままであり加筆・訂正などの手は加えておりませんので，ご了承ください。

2016年 4 月

シーエムシー出版　編集部

執筆者一覧（執筆順）

山本　出　東京農業大学名誉教授

クロード　ランベール　バイエルクロップサイエンス㈱　研究開発本部　研究開発本部長

星野敏明　バイエルクロップサイエンス㈱　研究開発本部　レギュラトリーアフェアーズ

髙山千代蔵　㈱住化技術情報センター　主幹研究員

真鍋明夫　住友化学㈱　農業化学品研究所　主席研究員

髙野仁孝　住友化学㈱　農業化学品研究所　探索生物グループ　グループマネージャー

永野栄喜　住友化学㈱　農業化学品研究所　リサーチフェロー

波多野連平　日本曹達㈱　小田原研究所　榛原フィールドリサーチセンター　圃場評価研究部　部長

山本敦司　日本曹達㈱　小田原研究所　榛原フィールドリサーチセンター　圃場評価研究部　殺虫剤研究グループ長

奥野泰由　住友化学㈱　技術・経営企画室　主幹

瀧井新自　日産化学工業㈱　生物科学研究所

太　田　広　人　熊本大学　大学院自然科学研究科　助教
山　口　幹　夫　㈱ケイ・アイ研究所　室長
花　井　　　涼　クミアイ化学工業㈱　生物科学研究所　室長
清　水　　　力　クミアイ化学工業㈱　生物科学研究所　次長
米　山　弘　一　宇都宮大学　雑草科学研究センター　教授
川　島　和　夫　花王㈱　ケミカル事業ユニット　油脂事業グループ　香粧医農薬営業部　部長，技術士（農業部門）
根　本　　　久　埼玉県農林総合研究センター　水田農業研究所　研究所長
土　井　清　二　元：出光興産㈱
藤　森　　　嶺　東京農業大学　総合研究所　客員教授，元：日本たばこ産業㈱
藤　井　義　晴　㈱農業環境技術研究所　生物多様性研究領域　上席研究員
安　藤　　　哲　東京農工大学　大学院生物システム応用科学府　教授
内　田　　　健　日本モンサント㈱　バイオ作物情報部
山　根　精一郎　日本モンサント㈱　代表取締役社長
須　藤　敬　一　㈱クレハ　総合研究所　農薬研究室

執筆者の所属表記は，2009 年当時のものを使用しております。

目　次

第1章　農薬研究の全般的動向　　クロード　ランベール，星野敏明

第2章　世界の農業生産と農薬市場の動向　　髙山千代蔵

第3章　殺菌剤の動向　　真鍋明夫，髙野仁孝，永野栄喜

第4章 殺虫剤の動向　波多野連平，山本敦司

第5章　殺ダニ剤の動向　瀧井新自

第6章　除草剤および植物生育調節剤の動向

山口幹夫，花井　涼，清水　力

第7章 製剤・施用技術の動向 川島和夫

第8章　生物農薬の動向

第9章　天然物の動向　**藤井義晴**

第10章　情報化学物質の植物保護利用　　安藤　哲

第11章　遺伝子組換え作物の動向　　内田　健，山根精一郎

第12章　アグロゲノミクスと農薬　　須藤敬一

Contents

Chapter 1 Trend in Pesticide Development ······ 1
Claude Lambert, Toshiaki Hoshino (Bayer Cropscience K. K.)

Chapter 2 Trend in The World's Agricultural Production and Pesticide Markett ······ 11
Chiyozo Takayama (Sumika Technical Information Service, Inc.)

Chapter 3 Trend in Fungicide Developmentt ······ 26
Akio Manabe, Hirotaka Takano, Eiki Nagano (Sumitomo Chemical Co., Ltd.)

Chapter 4 Trend in Insecticide Developmentt ······ 67
Renpei Hatano, Atsushi Yamamoto (Nippon Soda Co., Ltd.)

Chapter 5 Trend in Miticide Developmentt ······ 101
Shinji Takii (Nissan Chemical Industries, Ltd.)

Chapter 6 Trend in Herbicide/Plant Growth Regulator Developmentt ······ 116
Mikio Yamaguchi (KI Chemical Research Institute Co., Ltd.), Ryo Hanai,
Tsutomu Shimizu (Kumiai Chemical Industry Co., Ltd.)

Chapter 7 Trend in Agricultural Formulations and Applicationt ······ 168
Kazuo Kawashima (Kao Corporation.)

Chapter 8 Trend in Biopesticide Development
Section 1 Natural Enemyt ······ 188
Hisashi Nemoto (Saitama Prefecture Agriculture and Forestry Research Center)
Section 2 Microbial Pesticidest ······ 206
Seiji Doi (The former Idemitsu Kosan Co., Ltd. member),

Takane Fujimori (Tokyo University of Agriculture)

Chapter 9　Trend in Natural Product Study in Plant Protectiont ……………………217
Yoshiharu Fujii (National Institute for Agro-Environmental Sciences)

Chapter 10　Application of Semiochemicals in Plant Protectiont ……………………230
Tetsu Ando (Tokyo University of Agriculture and Technology)

Chapter 11　Trend in Genetically Modified Cropst……………………………………241
Takeshi Uchida, Seiichiro Yamane (Monsanto Japan Ltd.)

Chapter 12　Agrogenomics on Pesticide Designt ……………………………………254
Keiichi Sudo (Kureha Corporation)

//

COLUMN

Topics in Toxicology of Acetycholinesterase Inhibitorst ……………………………………98
Yasuyoshi Okuno (Sumitomo Chemical Co., Ltd.)

G-Protein-Coupled Receptors and Insect Control- Cases from biogenic amine receptorst ………111
Hiroto Ohta (Kumamoto University)

Possible Application of Strigolactonest ……………………………………………………164
Koichi Yoneyama (Utsunomiya University)

第1章　農薬研究の全般的動向

クロード　ランベール*1，星野敏明*2

1　はじめに

我々の命の糧となる食料を生産できる耕作地はこの地球のわずか3％，あるいは，陸地面積の10％にしか存在しておらず，我々人類はこの耕作地を活用して十分な食料を生産しなければならない。

一方，地球上には現在67億の人々が生活しているが，2050年には約90億人に急増するといわれている[1)]。1950年代には耕作地1ヘクタールで2名分の食料を生産していたが，人口増加により2000年代には約3名分の食料を，また，2020年には5名分の食料を生産しなければならない事態になるとFAOは予測している（図1）。FAOのこの予測に従うと1ヘクタール当りの食料生産能力を，将来，現在の約2倍に増加させることが必要となる。

増加する世界人口に対して安定的に食料を供給することは容易でなく，以下のような多くの課題に対応することが必要である。

	World population (billion)	Arable land & permanent crops (billion hectares)	Farmland per person (hectare)
1950	2.5	1.3	0.5
1975	4.0	1.4	0.4
2000	6.0	1.5	0.3
2020	7.5	1.5	0.2
2050	9.5	1.5	0.16

図1　世界の人口と耕作地面積の推移[1)]

＊1　Claude Lambert　バイエルクロップサイエンス㈱　研究開発本部　研究開発本部長

＊2　Toshiaki Hoshino　バイエルクロップサイエンス㈱　研究開発本部　レギュラトリーアフェアーズ

①食料需給：開発途上国では食料の消費量（カロリーベース）が2050年までに，現在の食料需要量の2.5倍以上に増加するだろうと予測されている[2)]。また，経済の成長と繁栄から嗜好食品が多様化し，特に家畜食品への需要が高まり，家畜の主飼料である穀類への需要がさらに高まると予想される。

②農業人口の減少：地方から都会に人口が急激に移動し，農業圏の農業人口が減少する。特にこの現象は発展途上国において顕著である[3)]。

③利用資源の制約：耕作地面積は増加していない（図１）。また，耕作地を新たに造成する目的で森林を伐採する結果，気候変動や生物多様性の破壊が誘発されることが指摘されている。さらに，淡水の大部分（70％）が農業に利用されているが，その淡水が世界的に不足し作物の生産に支障を及ぼしている[2)]。

④地球環境の変動：世界は気候変動，砂漠化，土壌流亡，塩害等の問題に当面しており，四国から九州の面積に相当する20,000から50,000 km^2 の耕作地が毎年消失し，その結果，2億5,000万人の食料が不足する事態となっている[4)]。

⑤エネルギー問題：化石燃料からバイオマスや太陽エネルギーなどのエネルギー源へのシフトが世界的に拡大しており，それらのエネルギー源は今後人類の生活にますます顕著な役割を果たすと予想される。一方，バイオエタノールに代表される作物のバイオマスの利用により食料生産と燃料生産との間でトレードオフが生じ，バイオエタノール生産の拡大が食料生産へ影響することが懸念されている。

⑥食料価格の高騰：2007年にはバイオマスエネルギー利用の拡大のため，また,2008年には農作物が不足したことから穀物などの食料価格が高騰し，世界中の備蓄食料が減少した。これらの歴史的事実及び食料需要の増加（上記①），干ばつや洪水など予期せぬ自然現象による作物の減収などによる食料不足から食料価格が高騰し，十分な食料が入手できなくなるリスクが常態化すると考えられる。

これらの問題を克服し食料の安定供給を図るため，作物生産能力を向上させる技術の開発が人類存続のための必須課題である。

2　技術革新の必要性

農業関連の研究機関は農薬，肥料，新品種，農業機械，農法などを改良し，作物の生育や耐病性の向上，作物収量の増加，品質改善など多くの成果をもたらした。開発された技術の実用化により受ける恩恵はいずれ終焉し，食料生産を維持するために研究者は時代のニーズに即した新たな技術を開発することが責務となる。

3　開発の動向

3.1　新しい分子構造を有する農薬の発見

病害虫や雑草に対して防除対策を施したとしても完全に抑えることはできず，作物の減収は避けられないことである。例えば，世界各地で発生する病害虫や雑草により，とうもろこしは30 %，ジャガイモで40 %，コメで37 % という減収が推定されている[5)]。

食料生産を向上させるため，研究者はより効果的な植物防疫を可能とする新しい農薬を探索している。一方，病害虫や雑草の防除は既存の農薬により実施されていることから，一般消費者は「既存の何百という農薬によりほとんどの病害虫や雑草が防除されているのに，何故また新しい農薬が必要なのか」と問う。

新製品の開発はどのような製品に対しても必要であり，例えば自動車ではより高い燃費，より安全な運転走行，より低い汚染物質の発生などの社会のニーズ及び環境汚染防止のため性能を改善した新製品を導入している。

農薬についても同様であり，新農薬には，低毒性，少ない処理量での高い生物効果，交差抵抗性を示さないこと，生態環境に対する影響が低いこと，収穫物中の残留量が小さいこと，農作業者らに対する散布時の曝露量が小さいことなどの特性が要求され，これらが現在の農薬の研究開発の方向性となっている。その流れの逆に位置する農薬が有機リン系，カーバメート系，あるいは有機塩素系農薬といったいわゆる『古いタイプの農薬』であり，これらは毒性が既存農薬の中では相対的に強いこと及び抵抗性が発生していることから登録失効が助長されている。

3.2　作用機構および抵抗性

新しく発生する病害虫や雑草を防除する，また抵抗性を打破する農薬を開発するには分子構造が新しいというだけでは不十分であり，従前の農薬とは異なる作用機構や代謝経路を有するといった特性がより重要である。しかし，新しい作用機構を有する化合物の発明が必ずしも商品化につながるわけではなく，少量での高い生物効果，適用性の広さ，効力の長期持続性，低毒性など多くの利点が具備され，また，投資を回収できる市場占有率を獲得することが必要である。このようなハードルを越えて商品化された農薬を作用機構毎に分類したデータを図2に示すが，殺菌剤と除草剤分野では，わずか6種類の作用機構が，また，殺虫剤の分野では4種類の作用機構が約75% の農薬市場を占有しているのが現状である。

新規農薬が必要とされている一方，既存農薬（有効成分）が10年以上の長い年月にわたり利用されることがある。農薬使用では抵抗性が発生しないよう抵抗性管理を行い，既存農薬の持続的活用を図ることが重要である[7~9)]。そのためには，同じ農薬を連続して散布せず複数の農薬を

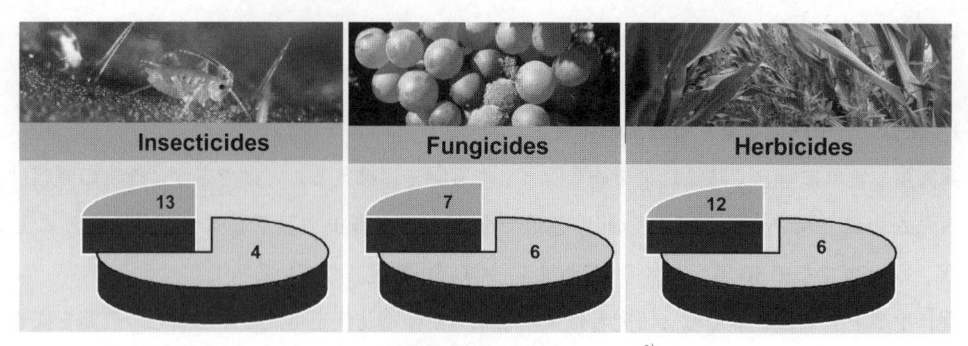

図２　作用機構の数と市場の占有率[6]

組合わせて使用する，また防除効果が低下してきたときには感受性レベルを判定し，抵抗性発現の有無やその機構を解析する。抵抗性管理には，病害虫・雑草の特性，抵抗性発現の可能性などを基に極力抵抗性が発現しない使用方法を使用者に指導することが肝要であり，そのために開発メーカー，自治体の指導機関の協力が重要である。新規の作用機構を有する農薬に対しても，１年に何回も発生する害虫は，短期間で抵抗性を獲得しうることに留意し，対策をとることが必要である。抵抗性発現の一例として図３に除草剤への抵抗性獲得の進展を示す。

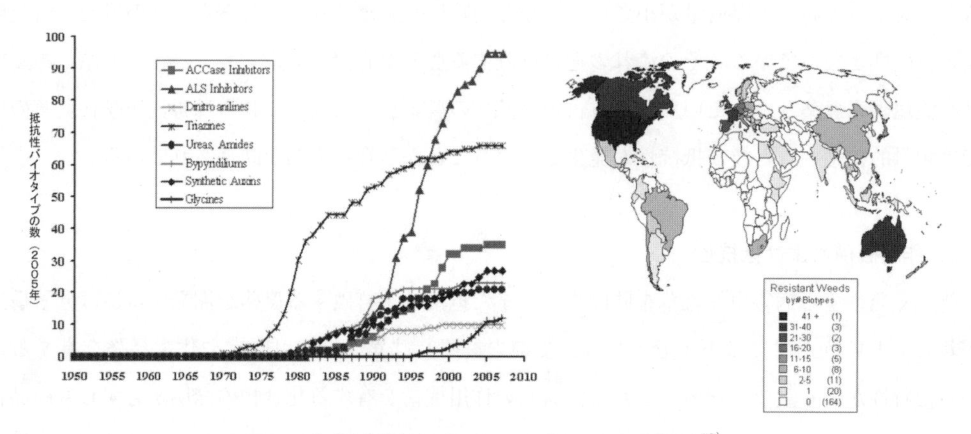

図３　除草剤抵抗性バイオタイプの世界的な増加[10]

3.3　新技術の導入と開発

医薬部門において始まった新しい技術―コンビナトリアルケミストリー，ハイスループットスクリーニング，ロボット技術，遺伝子技術などの利用により，供試化合物の数は顕著に増加してきた。また，遺伝子解析や代謝特性の解析から特定の作用点を標的にした化合物を探索する新しい手法も採用されている。化合物の合成，スクリーニングといった研究開発の種々の段階で自動化が行われ，また，少量化合物でのスクリーニング，膨大なデータ処理システムの導入など多くの技術が飛躍的に進歩している。しかし，前述の通り，商品化へのハードルが年々高くなってきたことから，かつては何千という化合物から10個の化合物が農薬として商品化される確率であったのが，今日では何百万という化合物数から10個の農薬が商品化される確率へと大きく低下している。

開発においては農薬の上市までに所要する期間を如何に短縮するかが重要である。化合物が有する生物効果のスクリーニングが優先されるが，一方，毒性，生態影響，使用者／消費者に対する安全性などの特性は可能な限り早い段階で評価し，開発戦略の妥当性を確認しなければならない。また，多国籍企業は世界各地での野外試験のネットワーク化を図っている。農業はその地域毎に固有の特徴があり，地域に適合させた防除手法を開発しなければならず，各地域の農業専門家，試験研究機関，行政機関との協力関係が最良の防除方法を見出すために必須である。

安全性評価のためのデータ要求が飛躍的に増加し，農薬の研究開発には，長期の年月，高い経費が必要となる。一つの農薬を上市するのに必要とされる研究開発の総経費は開発企業や上市国によっても異なるが，多い場合で約250億円（2億ユーロ）ともいわれており（図4），全世界を対象に開発するには多額の投資を可能とする企業体力が必要とされている。

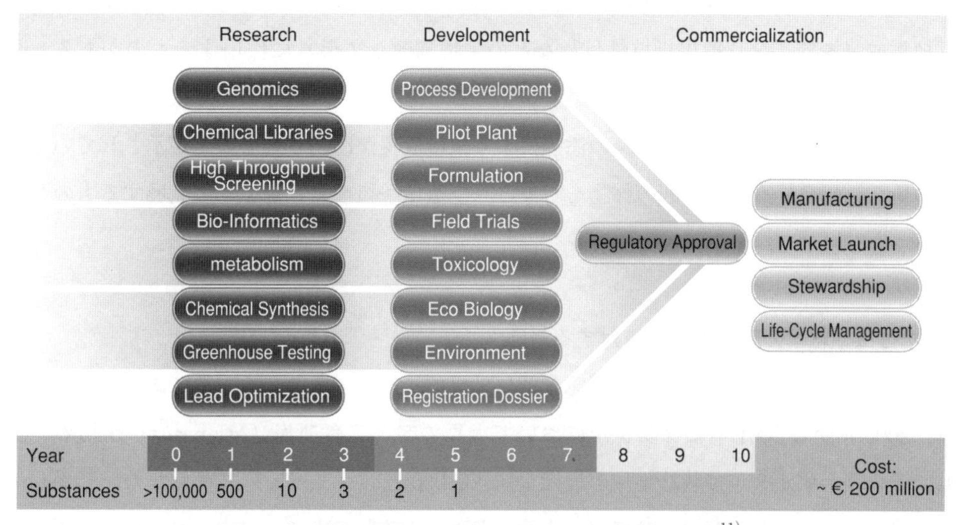

図4　化合物の発見から登録へ至るまでの段階と年数[11)]

3.4　非生物学的な要因に対して

現代の植物防疫研究では，生物学的な要因をどのように管理するかに適切な対応がなされている。一方，干ばつ，高温，寒冷，塩性土壌のような非生物学的ストレスが栽培不能あるいは収量減の原因となる場合がある。このような非生物学的ストレスに対する効果を検出する目的で新たなスクリーニング／観察方法が慣行的な農薬探索手法に加えられ，新規及び既存化合物の副次的

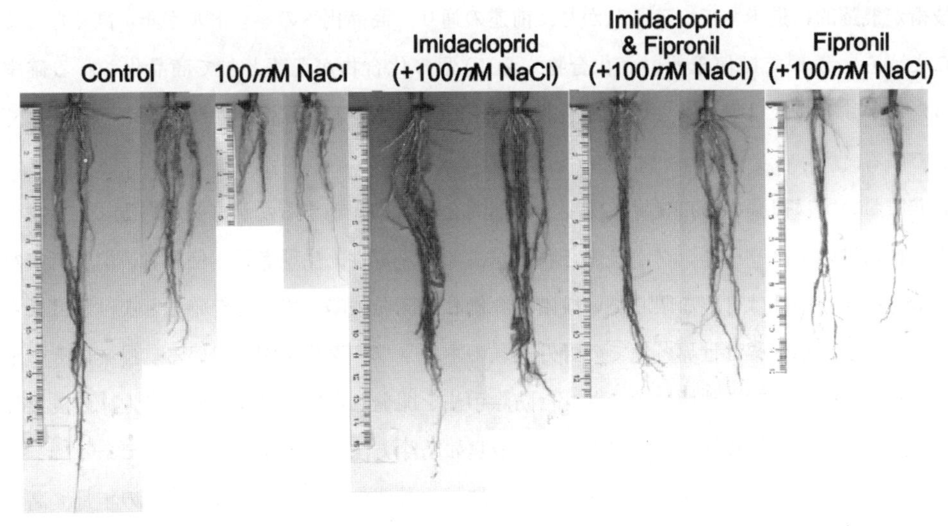

図5　塩水，イミダクロプリド，フィプロニルの水稲根に対する形態学的影響[12)]

効果について検討されている。

また，遺伝子組換え作物の作出は非生物学的ストレスを克服する良い方法であるが，化学物質にも植物成長調節，全身獲得抵抗性付与などの生物制御システムに作用するものがある。図5は，数種の殺虫剤がストレス抵抗性効果も呈することを示す[12)]。塩分により根の成長が阻害されるが，殺虫剤（イミダクロプリド）の添加により根の成長が助長されることが示されている。

この新しい研究分野は広範囲の作物を対象とし，遺伝子組換えと補完して発展するものと考えられる。

3.5　病害虫や雑草の突発的発生に対する対応

病害虫，雑草が突発的に発生する緊急事態に効果的に対処することも重要である。一例をあげれば，2000年から2001年にブラジルにおいて大豆のアジアさび病（Asian rust）が初めて確認され，その後わずか3年で栽培地域のほぼ全域（2,000万ヘクタール）に蔓延した。しかし，農薬開発メーカーにより既存のトリアゾール系の農薬による防除方法が見出され，作物の損失，病気の進展を防ぐことに成功した。このことは，農薬の研究開発部門は，新規農薬の開発のみならず，蓄積した技術ノウハウを駆使して既存化合物の新たな活用方法を開発する責務も担っていることを示している。

3.6　製剤技術と施用法による効果発現の最大化

医薬品は効果を発現すべき体内標的部位に到達させることが比較的容易である。一方，農薬は植物体自身や土壌，田面水に処理された後に吸収され，標的部位に移行することで効果を発揮する。処理後，農薬が加水分解や光分解，また，土壌微生物による分解などを受けずに効率的に吸収され，標的部位に到達して最大の効果を発現するためには製剤技術（粒剤や希釈する散布剤などの選抜，乳化剤の利用など）と施用法（病害虫の発生部位，農薬の根からの吸収移行性，処理労力の軽減などによる施用法の選抜）が連携することが必須である。最良の剤型・施用法の開発により農薬の機能が最大化され，環境への影響が最小化されることとなる。製剤技術の研究は新農薬の効果発現のみならず，いわゆる「古い」農薬を再活用することにも有用である。1例として，種子処理法は低薬量で農家自身がほとんど曝露することなく種子（ハイブリッド，遺伝子組換え，高価格の野菜種子など）を保護し，その価値を発揮させる技術である。図6に種子処理と通常の施用法の施用量の比較及び施用面積の比較を示すが，種子処理の割合は現在まだ少なく，今後伸びていく分野と考えられる。

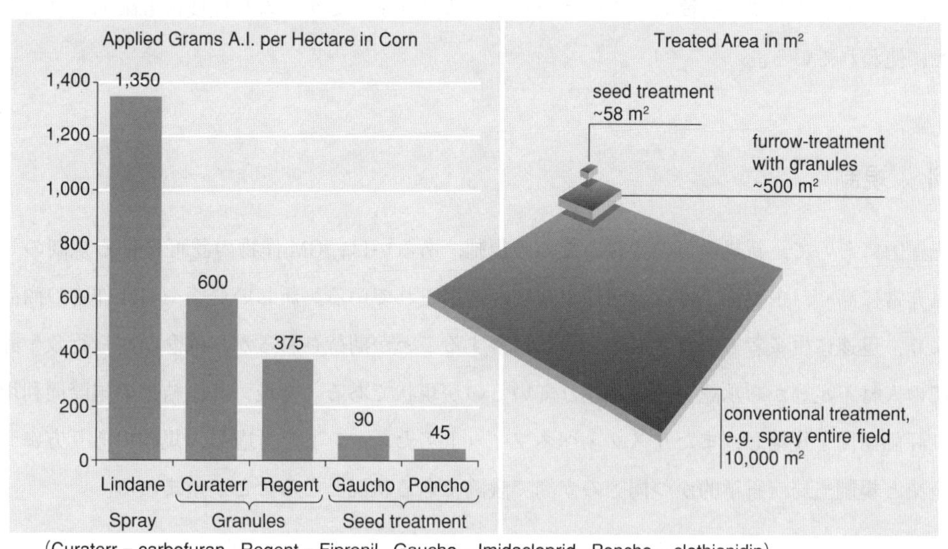

(Curaterr = carbofuran , Regent = Fipronil , Gaucho = Imidacloprid , Poncho = clothianidin)

図6　殺虫剤の種子処理と土壌処理[13)]

3.7　遺伝子組換え作物による食料増産の可能性

遺伝子組換え（GM）作物と農薬を用いる慣行的な植物防疫とは手法は異なるが食料増産や品質向上という目標は同じであり，この両者は補完し合い相乗効果を発揮する。

害虫あるいは除草剤に対する抵抗性の遺伝子を組入れたGM作物が1996年に導入されて以来，作物生産に変革がもたらされ[14)]，2008年にはGM作物の栽培面積は1億2,500万ヘクタールに達した。GM作物の特徴を以下に示す。

①高収量：組換え遺伝子を適切な作物に導入することで，対象である害虫や雑草に対する防除機能が付与され，高収量がもたらされる。その結果，新たな耕作地造成のための森林伐採が抑えられ環境保全に貢献している。

②低生産コスト：農薬処理や除草目的の耕起が不要となる。

③二酸化炭素発生の減少：農薬散布の削減，不耕起栽培により農業機械の使用が減少するなどにより，化石燃料が節約される。

上記の第一世代GM作物に続き，非生物学的ストレスに対する抵抗性を有する作物の開発が期待されている。「干ばつ」はそれ自体で作物生産に多大な影響を与える最重要ストレスの一つであるが，現在干ばつ耐性を示すいくつかのGM作物が開発されつつある。その一つ，干ばつ耐性ハイブリッドとうもろこしは2012年初期に上市される見込みである。また，非生物学的ストレスの他，作物に種々の機能性を付与したGM品種が実用化されつつある。

GM作物による成果は遺伝子技術により達成されたものであるが，一方，DNAマーカーを用い，目的の遺伝子を持つ品種同士を掛け合わせて新品種を作るゲノム育種技術も耐病性品種育成などに使われている。

4　規制

先進国において，新規農薬の登録のための規制，あるいは，GM作物の認可に係る規制のレベルは非常に高く，主要国ではほぼ同様な規制が適用されている。新しい農薬やGM作物の商品化により，迅速に生産者も消費者もその恩恵に浴することが期待されるが，残念ながら行政・評価機関の人材不足等から承認・認可が遅れているのが現状である。今後，評価結果の国際間利用により評価期間を短縮し，またリスク・ベネフィットアセスメントを考慮し，規制のあり方について企業と規制当局が科学的かつ同等の立場で議論できる状況となることが望まれる。

5　おわりに

農薬関係者は，農薬一辺倒あるいは無農薬・無化学肥料固執のいずれの立場もとらず，総合的病害虫雑草管理に適合する農薬開発を目指している。一方，日本を例にとれば一般消費者は，食料の99%までが農薬・化学肥料が使用されて生産され，輸入食料・飼料の1/2が遺伝子組換えであるにも関わらず，安全安心を求め，情緒的に不安を覚えている。

農薬は食料生産の一資材である。生産コストに占める農薬のコストの割合は非常に低いものの，食料生産には最も重要な寄与を果たしている。一方，コミュニケーションの場では食料生産と農薬などの資材，栽培方法が一体として議論されず個別の事項として取り扱われ，その結果，農薬の評価は低いままである。

「はじめに」で述べたように，増加する人口を養うための食料は従前の生産方法ではもはや量的に達成できなくなることは明白であり，生産量向上のためには農薬はもとより，GM作物，製剤技術，施用法など多くの技術を活用することが必須である。これを実現化するためには，産官学・マスコミ・生産者・消費者間のコミュニケーションが実効的に機能し，人口，食糧の需給，農業資源問題などが正しく認識されることが必要である。

そのようなコミュニケーションの参考となる出版物を以下にあげる。

・農薬の話ウソ・ホント？！―あなたの理解は間違っていないか：化学工業日報社農薬取材班編，化学工業日報社，1989
・農業と環境から農薬を考える―その視点と選択：梅津憲治，大川秀郎著，ソフトサイエンス社，1994
・残留農薬のここが知りたい　Q&A：杉本達芳著，日本食品衛生協会 1995
・農薬と人の健康―その安全性を考える：梅津憲治著，日本植物防疫協会，1998
・農薬に対する誤解と偏見：福田秀夫著，化学工業日報社，2000
・農薬のおはなし：松中昭一著，日本規格協会，2000
・農薬と農産物：坂井道彦，小池康雄編著，幸書房，2003
・農薬と食　安全と安心―農薬の安全性を科学として考える：梅津憲治著，ソフトサイエンス社，2003
・食の安全　心配御無用：渡辺　宏著，朝日新聞社，2003
・農薬に対する誤解と偏見（続）：福田秀夫著，化学工業日報社，2004

さらにものの考え方に触れるものとして下記をあげておく。

・反論！　化学物質は本当に怖いものか：宮本純之著，2003
・天然モノは安全なのか？　有機野菜やハーブもあぶない：渡辺　正，久村典子訳，丸善，2003
・環境リスク学　不安の海の羅針盤：中西準子著，日本評論社，2004
・メディア・バイアス　あやしい健康情報とニセ科学：松永和紀著，光文社，2007

文　献

1）World Population Prospects: The 2006 Revision, United Nations.
http://www.un.org/esa/population/publications/wpp 2006/

2）FAO, Agriculture, Food and Water, 2003.
http: // www.fao.org/docrep/006/Y 4683 e 00.HTM

3）World Urbanization Prospects: The 2007 Revision, United Nations.
http://esa.un.org/unup/

4）FAO, http://www.fao.org/desertification/default.asp?lang-en

5）E.C. Oerke, *Journal of Agricultural Science,* **144**, 31 (2006)

6）バイエルクロップサイエンス㈱社内市場分析データ

7）Herbicide Resistance Action Committee (HRAC):
http://www.hracglobal.com

8）Fungicide Resistance Action Committee (FRAC):
http://www.frac.info

9）Insecticide Resistance Action Committee (IRAC) :
http://www.irac-online.org

10）HRAC, Classification of Herbicides According to Mode of Action,
http://www.hracglobal.com/Publications/ClassificationofHerbicide/ModeofAction/tabid/222/Default.aspx

11）バイエルクロップサイエンス㈱社内データ

12）C. Cerboncini, A. Brandt, J. H. Krause, M. Jakobs, 2007: Influence of Imidacloprid and Fipronil on plant growth parameters and salt stress tolerance in two South-East Asian Indica rice varieties (Oryza sativa var. indica). Center of advanced European studies and research, CAESAR Foundation, Bonn, Germany. Internal Research Report.

13）バイエルクロップサイエンス㈱社内データ

14）C. James, ISSAA Brief 39, Global Status of Commercialized Biotech/GM Crops 2008,
http://www.isaaa.org

第2章　世界の農業生産と農薬市場の動向

高山千代蔵*

1　はじめに

国連人口基金（UNFPA）より2008年11月12日に世界同時発表された「世界人口白書2008」[1]によれば，世界の推計人口は前年改定値から約7,850万人増え，67億5,000万人となった。その内訳は，先進工業地域が12億人，中国やインドなどを含む開発途上地域が55億人である。国連人口部は，2050年には世界の人口が92億人に達すると推計している。その中で，先進工業地域の人口は殆ど変わらず，開発途上地域の人口が24億人増えて79億人を超えると見込まれている。

このように増えつづけている世界の人口に対し，食糧事情がどのようになっているかが重要な問題である。国連食糧農業機関（FAO）は，飢餓と栄養不足の撲滅や将来の十分な食料の確保のための方策を討議するために，186ヶ国の元首や首脳が参加する「世界食料サミット」を1996年11月ローマで開催した[2]。この会議で，世界の食料安全保障の達成と2015年までに8億人以上の栄養不足人口を半減することを目指した「政策声明（ローマ宣言）」及び，その具体的な方策を示した「行動計画」が採択された。しかしながら，現実はこの目標から大きく乖離している。FAOは2009年6月19日，世界の飢餓人口が2009年に前年比1億500万人増え，史上最悪の10億2,000万人になると予測する報告書を発表した[3]。世界人口の6人に1人が栄養不足に苦しむことになる。この飢餓人口の増加は世界的な不作によるものではなく，2008年秋に顕在化した世界的な経済危機により所得が低下し失業が増加したためである[3]。これにより貧しい人々の食料入手が困難になってきている。

このように開発途上の貧しい国々の多くの人々が飢えに苦しんでいるが，2009年3月31日に公表された農林水産省発行レポート[4]によれば，2008/09年度の世界の穀物および油糧種子（ダイズ，ナタネ等）の生産量はいずれも消費量を上回り，穀物全体及び油糧種子の期末在庫量は前年度よりそれぞれ15.6％，6.3％増加すると見込まれている。2009/10年度においても穀物全体及び油糧種子の生産量はいずれも消費量を上回り，需給は緩和すると見込まれている[5]。しかしながら，将来の世界の食料需給については多くの不安定性要因が存在しており，その決定要因は

---

*　Chiyozo Takayama　㈱住化技術情報センター　主幹研究員

複雑化している[6,7]。人口増加や所得向上に伴う需要の増加，収穫面積の動向といった基礎的な要因に加えて，近年ではバイオ燃料需要の増加や異常気象の頻発などの要因が食料需給に大きな影響を与えている[7]。

本章では，先ず世界の農業生産の現状と今後の予測について述べ，次いで農業生産性の向上に欠かせない農薬の世界市場の動向についてまとめる。

2　農業生産の現状と今後

2.1　世界の状況

2.1.1　最近の状況

FAOの統計データベース「FAOSTAT」[8]をもとに，主要作物について世界全体及び主要生産国（トップ5）の2007年の収穫面積と生産量を表1に示す。また，1998～2007年の10年間の世界の農業生産推移を表2に，世界最大の農作物輸出国であり，最大の農薬市場である米国の主要作物の生産推移を表3に示す。

表1に示すように，コムギ，コメ及びワタの2007年国別生産量の1位，2位を占めているのは，それぞれ世界の人口の2割近くを占めている大消費国の中国及びインドである。一方，トウモロコシ，ダイズでは米国の生産量が最も大きく，トウモロコシの場合2位の中国の生産量の2倍以上ある。世界全体の生産量に占める米国のシェアは，トウモロコシが42％，ダイズが33％である。

米国におけるトウモロコシの収穫面積及び生産量はいずれも2006年に前年比減少したが，2007年には反転して両方とも大きく増加した。一方，ダイズはその逆の傾向を示した。農場主がトウモロコシなどの作物の作付を計画・実施する際，バイオ燃料原料としてのトウモロコシへの需要，それと直接的・間接的に関係するトウモロコシやダイズなどの価格，農業資材として使用される肥料の価格などが判断要素となっている。トウモロコシ栽培にはダイズよりも多くの窒素肥料を必要とする。バイオ燃料関係の需要にもかかわらず，トウモロコシの収穫面積（作付面積）が2006年に減少したのは，肥料価格の高騰によると見られている。米国におけるワタの2007年収穫面積は424万haであった。この面積は1990年以降で最小である。

我が国では実用化されていないが，海外では，除草剤耐性や害虫抵抗性などの特質が導入された遺伝子組換え作物（GM作物）の商業栽培面積が増加の一途をたどり，ダイズやトウモロコシを中心に2008年には1億2,500万haに達した[9,10]。世界最大のGM作物栽培国である米国における2008年のGM作物栽培面積は全体で6,240万haであり，同国内で栽培されたダイズの92％，トウモロコシの80％，ワタの86％がGM作物であった[9,11]。

表1　2007年作物別主要生産国（トップ5）の収穫面積と生産量

（単位：百万 ha，百万トン）

順位	コムギ			コメ（水田，籾）		
	生産国	収穫面積	生産量	生産国	収穫面積	生産量
1	中国	23.7	109.3	中国	29.2	187.4
2	インド	28.0	75.8	インド	43.8	144.6
3	米国	20.6	55.8	インドネシア	12.1	57.2
4	ロシア	23.5	49.4	バングラデシュ	10.7	43.1
5	フランス	5.2	32.8	ベトナム	7.2	35.9
	世界計	214.2	606.0	世界計	155.8	659.6
順位	トウモロコシ			オオムギ		
	生産国	収穫面積	生産量	生産国	収穫面積	生産量
1	米国	35.0	331.2	ロシア	8.4	15.7
2	中国	29.5	151.9	スペイン	3.2	11.6
3	ブラジル	13.8	52.1	カナダ	4.0	11.0
4	メキシコ	7.3	23.5	ドイツ	1.9	10.4
5	アルゼンチン	2.8	21.8	フランス	1.7	9.5
	世界計	158.0	791.9	世界計	55.4	133.4
順位	ダイズ			バレイショ		
	生産国	収穫面積	生産量	生産国	収穫面積	生産量
1	米国	26.0	72.9	中国	4.4	56.2
2	ブラジル	20.6	57.9	ロシア	2.9	36.8
3	アルゼンチン	16.0	47.5	インド	1.5	22.1
4	中国	8.9	13.8	米国	0.5	20.4
5	インド	8.9	11.0	ウクライナ	1.5	19.1
	世界計	90.2	220.5	世界計	18.5	309.3
順位	ナタネ			ワタ（実綿）		
	生産国	収穫面積	生産量	生産国	収穫面積	生産量
1	中国	7.1	10.4	中国	5.4	22.9
2	カナダ	6.3	9.5	インド	9.4	13.2
3	インド	6.8	7.4	米国	4.2	10.4
4	ドイツ	1.5	5.3	パキスタン	3.1	5.9
5	フランス	1.6	4.6	ブラジル	1.1	4.1
	世界計	30.8	50.6	世界計	33.1	73.6

FAO「FAOSTAT」[8]より，2009年6月23日更新データ

表2　世界における主要農作物の収穫面積と生産量の推移

（単位：百万 ha，百万トン）

年	コムギ		コメ（水田，籾）		トウモロコシ		オオムギ	
	収穫面積	生産量	収穫面積	生産量	収穫面積	生産量	収穫面積	生産量
1998	220.1	593.6	151.7	579.2	138.8	615.8	56.8	137.7
1999	213.3	587.7	156.8	610.9	137.2	607.5	53.3	128.4
2000	215.5	585.9	154.1	598.8	137.0	592.5	54.5	133.1
2001	214.5	589.7	151.8	597.5	137.5	615.5	56.2	144.0
2002	213.7	574.5	148.1	570.0	137.3	604.7	55.3	136.7
2003	207.6	559.8	148.6	584.3	144.8	645.1	57.7	142.6
2004	216.8	632.5	150.7	608.1	147.6	729.4	57.5	153.9
2005	219.7	626.8	154.8	632.3	147.7	714.9	55.3	138.6
2006	212.0	605.1	155.8	641.6	148.1	706.2	56.5	139.6
2007	214.2	606.0	155.8	659.6	158.0	791.9	55.4	133.4
年	ダイズ		バレイショ		ナタネ		ワタ（実綿）	
	収穫面積	生産量	収穫面積	生産量	収穫面積	生産量	収穫面積	生産量
1998	71.0	160.1	18.8	300.8	25.8	35.7	33.5	52.0
1999	72.1	157.8	19.7	300.7	27.7	43.2	32.7	53.0
2000	74.4	161.3	20.1	328.7	25.8	39.5	31.8	52.9
2001	76.8	178.2	19.7	312.6	22.6	35.9	34.8	60.1
2002	79.0	181.7	19.1	317.1	22.9	34.4	31.0	53.9
2003	83.6	190.6	19.0	314.0	23.4	36.7	31.3	55.6
2004	91.5	205.5	18.9	331.2	25.2	46.3	35.2	70.4
2005	92.4	214.3	19.0	319.9	27.5	49.7	35.0	69.6
2006	94.9	218.2	18.3	299.3	28.0	48.9	34.2	71.2
2007	90.2	220.5	18.5	309.3	30.8	50.6	33.1	73.6

FAO「FAOSTAT」[8]より，2009年6月23日更新データ

表3　米国における主要農作物の収穫面積と生産量の推移

（単位：百万 ha，百万トン）

年	コムギ		トウモロコシ		ダイズ		ワタ（実綿）	
	収穫面積	生産量	収穫面積	生産量	収穫面積	生産量	収穫面積	生産量
1998	23.9	69.3	29.4	247.9	28.5	74.6	4.3	7.9
1999	21.8	62.6	28.5	239.5	29.3	72.2	5.4	9.5
2000	21.5	60.8	29.3	251.9	29.3	75.1	5.3	9.6
2001	19.6	53.0	27.8	241.4	29.5	78.7	5.6	11.2
2002	18.5	43.7	28.1	227.8	29.3	75.0	5.0	9.4
2003	21.5	63.8	28.7	256.3	29.3	66.8	4.9	10.0
2004	20.2	58.7	29.8	299.9	29.9	85.0	5.3	12.5
2005	20.3	57.3	30.4	282.3	28.8	83.4	5.6	12.9
2006	18.9	49.5	28.6	267.5	30.2	83.5	5.2	11.7
2007	20.6	55.8	35.0	331.2	26.0	72.9	4.2	10.4

FAO「FAOSTAT」[8]より，2009年6月23日更新データ

表4　世界の穀物の収穫面積・単収・生産量の推移

年	収穫面積 （百万 ha）	単収 （kg／ha）	穀物生産量 （百万トン）
1967	680	1,654	1,124
1977	719	2,025	1,456
1987	698	2,540	1,772
1997	670	2,994	2,095
2007	696	3,380	2,351

FAO「FAOSTAT」[8]より，2009年6月23日更新データ

FAOSTAT[8]をもとに，世界の穀物全体の収穫面積，単収及び生産量の1967～2007年まで40年間の10年毎の推移を表4に示す。収穫面積はこの40年間にあまり増えておらず，1977年頃と比べるとむしろ減少している。しかし，生産量は着実に増加し，全体的な単収はこの期間に2倍以上増えている。このように大きな単収の増加は，各種の優れた農薬などの農業資材の貢献無しには実現できなかったと言える。

2.1.2　今後の予測

世界の農業生産（或いは，農産物需要）は今後どのようになるだろうか。農林水産省（農林水産政策研究所）は，平成20年度より開始された世界の食料需給に関するプロジェクト研究の一環として，世界食料需給モデルを開発し，2018年における世界の食料需給見通しに関する定量的な予測分析を行い，その結果を「2018年における世界の食料需給見通し―世界食料需給モデルによる予測結果―」[12]として2009年1月16日に公表した。本予測においては，2018年を目標年次とし，基準年次は穀物の価格高騰前の2006年とされた。また，試算の前提として，耕種作物について現状の単収の伸びが継続し，作付面積の拡大についても特段の制約がないとされた。更に，バイオ燃料原料用の需要については，予測年における米国のトウモロコシを原料とするバイオエタノールの需要が150億ガロンであるという前提で試算が行われた。

本報告書[12]において，予測結果のポイントとして，「世界の食料需給は，中長期的には人口の増加，所得水準の向上等に伴うアジアなどを中心とした食用・飼料用需要の拡大に加え，バイオ燃料原料用需要の拡大も影響し，今後とも穀物等の在庫水準が低く需給がひっ迫した状態が継続する見通しであり，食料価格は2006年以前に比べ高い水準で，かつ，上昇傾向で推移する見通しである」と記述されている。本報告書に基づいた主要穀物等の世界の需給見通しを表5に示す。穀物（コムギ，トウモロコシ，その他粗粒穀物およびコメ）の消費量は，2006年から2018年までの12年間で5億トン増加し26億トン（2,577百万トン＝752＋970＋344＋511）に達すると予測されている。そのうち，コムギおよびコメの消費量は主に食用需要の伸びにより増加し，

表5　2018年における世界の主要穀物等の需給見通し

（単位：百万トン）

		コムギ	トウモロコシ	その他粗粒穀物	コメ	ダイズ
2006年	生産量	609	734	281	422	225
	消費量	621	736	288	420	225
	食用	516	206	129	420	210
	飼料用等	105	530	159	0	15
	期末在庫量	130	120	32	77	55
2018年	生産量	751	969	343	511	275
	消費量	752	970	344	511	275
	食用	623	231	147	511	258
	飼料用等	129	739	197	0	17
	期末在庫量	119	105	29	71	51

（注）①コメは精米ベースである。②飼料用等には，バイオエタノール等工業用の消費量が含まれる。③ダイズの食用については，搾油用の消費量が含まれる。
農林水産省「2018年における世界の食料需給見通し―世界食料需給モデルによる予測結果―」[12]より

トウモロコシの消費量は主に飼料用とバイオ燃料原料用の需要の伸びにより増加すると予測されている。

FAOが2006年に行った試算[13]では，2050年の世界の穀物需要は1999～2001年の1.6倍増大し，30億トンになると予想されている。

2.2　日本の状況

我が国では，基幹的な農作物であるコメの消費が減退し，大量の輸入農産物を必要とする食料の消費が増加すること等のために，食料自給率は継続的に低下傾向にある。1965年度（昭和40年度）のカロリーベースの食料自給率は73％であったが昭和の終わり頃には50％と低下し，平成に入ってからは50％台を割り，1998年度（平成10年度）には40％となり，それ以降，2005年度まで8年連続横ばいで推移し，その後39％，40％，41％（2008年度）と推移してきている（表6参照）[14]。先進国の中で最低水準である。このような中,2005年3月に閣議決定された「食料・農業・農村基本計画」[15]において，食料自給率目標として将来的にはカロリーベースで50％以上を目指しつつ，当面の目標として2015年度の自給率がカロリーベースで45％，生産額ベースで76％に設定された（表6参照）。

1998年（平成10年）の我が国の田畑計の耕地面積は490万5,000 ha，農作物の延べ作付（栽培）面積は461万6,000 haであった[16]。その後，耕地面積，作付面積ともに毎年減少し，2007年（平成19年）の田畑計の耕地面積は465万ha，延べ作付面積は430万6,000 haであった[16]。

表6　我が国の食料自給率の実績と目標

（単位：%）

	2003年	2004年	2005年	2006年	2007年	2008年	2015年（目標）
総合食料自給率（カロリーベース）	40	40	40	39	40	41	45
総合食料自給率（生産額ベース）	70	69	69	68	66	65	76
穀物自給率（主食用）	60	60	61	60	60	61	63
穀物自給率（飼料用を含む）	27	28	28	27	28	28	30
飼料自給率	23	25	25	25	25	26	35

農林水産省「食料需給表（平成20年度）」[14]，「食料・農業・農村基本計画」（2005年3月閣議決定）[15]より

2007年に雑穀（ソバ，アワ，ヒエ，キビ等）の作付面積は増加したが，水稲，ムギ類，飼肥料用作物等の作付面積が減少したために，結局，延べ作付面積は前年に比べ4万ha（1%）減少した。作物別内訳では言うまでもなく水稲の作付面積割合が大きく，2007年では全体の延べ作付面積の39%を占めている。なお，当面の目標とする2015年度の自給率を達成するための生産努力目標に関わる耕地面積はその年に450万haに減少するが，延べ作付面積は471万haへと増加するものと見込まれている[16]。

我が国における水稲の作付面積及び収穫量の推移を表7に示す[17]。作付面積は，作況指数74と大不作であった1993年（平成5年）の翌年に220万haに増加したが，その後減少し，作況指数が90であった2003年の翌年，翌々年に一旦増加したが，その後再度減少に転じ，2008年には162万4,000ha（前年比2.7%減）となった。一方，2008年産収穫量は881万5,000トンで前年産に比べ1.3%増加した。なお，2015年度の生産努力目標に関わる水稲の作付面積とし

表7　我が国における水稲の作付面積・収穫量の推移

年産	作付面積（万ha）	10a当たり収量（kg）	収穫量（万トン）	作況指数
1998	179.3	499	893.9	98
1999	178.0	515	915.9	101
2000	176.3	537	947.2	104
2001	170.0	532	904.8	103
2002	168.3	527	887.6	101
2003	166.0	469	777.9	90
2004	169.7	514	872.1	98
2005	170.2	532	906.2	101
2006	168.4	507	854.6	96
2007	166.9	522	870.5	99
2008	162.4	543	881.5	102

農林水産省「農林水産統計」[17]より

ては165万haが見込まれている[15]。

3 農薬市場

3.1 世界の市場

3.1.1 全体的状況

CropLife Internationalの出版物[18,19]や雑誌[20]などに記載された数値情報をもとに，2004年以降の世界の農薬（作物保護用）の売上高の推移を表8（用途別）及び表9（地域別）に示す。農薬全体の売上高は2006年に前年比減少したが，2007年には増加し，更に，2008年には前年比20％超の増加を示し，400億ドルの大台を超えた。用途別内訳を見ると，除草剤の売上高が最も大きく，いずれの年も全体の売上高の50％弱を占めている。殺虫剤（殺ダニ剤を含む）および殺菌剤の売上高規模は互いに同程度で，それぞれ全体の1/4ほどを占めている。地域別内訳を見ると，欧州地域の売上高が最も大きく，全体の売上高の約30％を占めている。次いで，ここ2～3年ではアジアの市場が大きい。

表8　世界の農薬（作物保護用）の用途別売上高の推移[18～20]

（単位：百万ドル）

用　途	2004年	2005年	2006年	2007年	2008年
除草剤	14,660	14,863	14,805	16,115	19,625
殺虫剤*	7,690	7,763	7,380	8,016	9,235
殺菌剤	7,330	7,491	7,180	8,105	10,355
その他	1,045	1,073	1,060	1,154	1,260
合　計	30,725	31,190	30,425	33,390	40,475

*殺ダニ剤を含む

表9　世界の農薬（作物保護用）の地域別売上高の推移[18～20]

（単位：百万ドル）

地　域	2004年	2005年	2006年	2007年	2008年
NAFTA	7,567	7,792	7,379	7,507	8,325
中南米	5,475	5,348	5,203	6,170	8,405
欧　州	9,015	9,119	9,217	10,568	12,850
アジア*	7,560	7,722	7,405	7,815	9,360
中東・アフリカ	1,108	1,209	1,221	1,330	1,535
合　計	30,725	31,190	30,425	33,390	40,475

*アジアには大洋州が含まれる

農薬の売上高には，各国の経済状況，農業・食糧事情やそれに関わる政策，各種農作物の栽培状況，GM作物の栽培状況，バイオ燃料用作物の需要状況，天候やそれに関連する病害虫・雑草の発生状況，農薬の価格，肥料や燃料の価格など，さまざまな要因が複雑に絡み合って影響する。2006年に売上高が減少したが，これには天候など幾つかの要因がマイナス方向に働いた[18,20]。北欧，オーストラリア，北米，ブラジル南部では干ばつが影響した。遺伝子組み換え作物種子の作付面積が引き続き増加したことや，EUの幾つかの国で単一農家支払い制度が採用されたことなどもマイナス要因となった。

2006年とは対照的に，2007年の市況はおおむねずっと好ましかった。世界的な需要の増大による農産物の価格の高騰やバイオ燃料用作物の需要増，欧州や中南米で天候に恵まれたことなどがプラス要因となり，前年に縮小した世界の農薬市場は一転して10％増と押し上げられる結果となった[19,20]。2008年には更に大きく増加した。前年に始まった農産物価格の上昇傾向は2008年にも続いた。EUでは1988年に穀物生産を抑制するために義務的休耕（セットアサイド）制度が導入され，1999年以降セットアサイド率が原則10％に固定されていたが，2007年9月には世界的に厳しい穀物需給を背景に，2007年秋及び2008年春に播種する耕地については 0％とされた[21]。その後，2008年秋にこの制度は廃止された。これによりEUにおける作付面積が増加した。2008年には中南米における経済状況は比較的安定していた。これらが2008年の農薬売上高を押し上げるプラス要因となった[19]。この2008年に，世界の農薬業界のビッグツーとも言えるSyngentaやBayer CropScienceを始めとして，多くの企業が過去最高の収益を記録した。

3.1.2　用途別状況

(1)　除草剤

世界における除草剤の売上高は2007年に前年比 9％弱増加して161億ドルとなり，更に，2008年には前年比22％弱増加し，196億ドルとなった（表8参照）。除草剤耐性作物種子及び害虫抵抗性・除草剤耐性作物種子（掛け合わせ遺伝子品種）の作付面積増は除草剤全体の売上げにマイナス要因として影響するが，そのマイナス要因を相殺して余りある除草剤需要があったと言える。2007年の除草剤売上高の地域別割合を見ると，NAFTA 31％，中南米18％，欧州30％，アジア18％，中東・アフリカ 3％となっている[20]。

薬剤系列別に見ると，最大の農薬である非選択性除草剤のglyphosateやglufosinateなどを含むアミノ酸構造を持った系列（作用機構は同一ではない）の売上高が断然大きく，次いで，スルホニル尿素系，アセトアミド系，トリアジン系の売上高が大きい。

Glyphosateの場合，すでに特許が切れてジェネリック品化しているために中国企業などの売上高もかなりあるが，最初の開発企業であるMonsantoのglyphosate（芝生・ガーデン用を含む）の売上高推移を見ると，2006会計年度（2005年9月～2006年8月）22億6,200万ドル→2007

年度25億6,800万ドル（前年比14％増）→2008年度40億9,400万ドル（前年比59％増）となっている[22]。Roundup Readyダイズに代表されるglyphosateに耐性を示すRoundup Ready作物（害虫抵抗性を併せ持つ作物も含む）の作付面積の増加が売上高にプラスに寄与している。米国農務省（USDA）発表資料[23]によれば，米国におけるダイズ全体の栽培面積に占める除草剤耐性品種の作付割合は2006年89％→2007年91％→2008年92％→2009年91％と推移している。トウモロコシの場合，全体の栽培面積に占める，除草剤耐性品種と害虫抵抗性・除草剤耐性品種を合計した遺伝子組み換え品種の作付割合は2006年36％→2007年52％→2008年63％→2009年68％と推移している。ワタでは，除草剤耐性品種と害虫抵抗性・除草剤耐性品種を合計した遺伝子組み換え品種の作付割合は2006年65％→2007年70％→2008年68％→2009年71％と推移している。

Glyphosateに次いで売上高の大きい除草剤はビピリジリウム系非選択性除草剤のparaquatである。Syngentaにおけるparaquatの2007年売上高は前年比大きく増加し（47％増），4億6,500万ドルとなった[20]。アジアにおける根強い需要による伸びは，欧州における段階的販売の減少を相殺して余りあるものがあった[24]。2008年にはバーンダウン剤としての競合品であるglyphosateの供給逼迫がプラス要因として働いた[24]。

ALSを阻害するスルホニル尿素系除草剤はこれまで，この系列のパイオニア企業であるDu-Pontを始めとして多くの企業で開発・上市されているが，DuPontのスルホニル尿素系除草剤全体の売上高は2006年に減少したが，2007年には一転増加し，9億2,000万ドルとなった[20]。更に，2008年上半期の売上高は前年同期比17％増加し，6億ドルを上回る額に達した[25]。この系列の中で売上高の大きい除草剤の一つであるBayer CropScienceのムギ用除草剤mesosulfuron（2002年上市）の売上高は，2006年1億6,900万ユーロ→2007年2億700万ユーロ→2008年2億4,400万ユーロと大きく伸びた[26]。EUにおいてセットアサイド政策の停止により作付面積が増加したことがプラス要因として働いた。

(2) 殺虫剤

世界における殺虫剤（殺ダニ剤を含む）の売上高は2007年に前年比9％弱増加して80億ドルとなり，更に，2008年には前年比15％強増加し，92億ドルとなった（表8参照）。2007年売上高の地域別割合を見ると，アジア市場が最大で全体の37％を占めており，次いで，中南米，NAFTAおよび欧州の割合がそれぞれ20％，18％，17％となっている[20]。

土壌細菌*Bacillus thuringiensis*（*B. t.*）の毒素遺伝子が導入された害虫抵抗性の作物種子（除草剤耐性特質を併せ持った掛け合わせ遺伝子品種も含む）の作付面積の増加は殺虫剤全体の売上高にマイナス要因として影響するが，そのような作物種子の最大市場である米国における栽培状況は以下に述べるとおりである。USDA発表資料[23]によれば，米国の個々の作物において，全体の栽培面積に占める害虫抵抗性品種と害虫抵抗性・除草剤耐性品種を合計した遺伝子組み換え品種の作付割合は，トウモロコシの場合2006年41％→2007年49％→2008年57％→2009年63％と推移している。また，ワタでは，2006年57％→2007年59％→2008年63％→2009年65％と推移している。

薬剤系列別に見ると，有機リン系，ネオニコチノイド系，ピレスロイド系の売上高が大きい。その中で，有機リン系の占める割合は減少傾向にあり，対照的にネオニコチノイド系の占める割合が大きくなっている。

薬剤別に見ると，ネオニコチノイド系のimidaclopridの売上高が殺虫剤の中で最大である。Bayer CropScienceにおけるimidacloprid（芝生・観賞植物用や環境害虫防除用なども含む）の売上高推移を見ると，2006年5億6,400万ユーロ→2007年5億5,400万ユーロ→2008年5億9,900万ユーロとなっている[26]。ユーロベースで2007年に前年比1.4％減となったが，2008年には前年比7.7％増と盛り返した。中南米で最近上市された，ピレスロイド系のbeta-cyfluthrinやカルバメート系のthiodicarbとの混合剤の売上が一つのプラス要因となった[26]。Syngentaのネオニコチノイド系殺虫剤thiamethoxamの売上高も大きい。茎葉散布剤Actara，種子処理剤Cruiserとも継続的に成長し[24]，2007年に合計売上高が4億5,500万ドル（前年比12％増）となった[20]。2008年にも引き続き成長した[24]。Actaraの場合，特に中南米で継続的に大きく成長した。また，Cruiserは米国におけるダイズ作付面積の増加やフランスでの登録取得の恩恵を受けた。

有機リン系では，chlorpyrifosの売上高が大きい。Dow AgroSciencesにおける本殺虫剤の2007年売上高は2億7,500万ドルであった[20]。

ピレスロイド系では，deltamethrinやlambda-cyhalothrinの売上高が大きい。Bayer CropScienceにおけるdeltamethrin（ベクター・不快害虫防除用などを含む）の売上高推移を見ると，2006年1億8,300万ユーロ→2007年1億7,800万ユーロ→2008年1億7,500万ユーロとなっており，ユーロベースでは減少傾向にある[26]。一方，Syngentaにおけるlambda-cyhalothrinの2008年売上高（ドルベース）は，米国におけるダイズ・アブラムシの広範囲にわたる発生や殺菌剤との新規混合剤が大きなプラス要因となり，前年に比べて増加した[24]。

上記殺虫剤とは作用機構が異なり，GABA作動性塩素イオンチャンネルに作用するfipronilの売上高も大きい。BASFにおけるfipronilの2007年売上高は3億9,500万ドルであった[20]。

(3)　殺菌剤

世界における殺菌剤の売上高は2007年に前年比13％弱増加して81億ドルとなり，更に，2008年には前年比28％弱増加して100億ドルを超えた（表8参照）。2007年売上高の地域別割合を見ると，欧州市場が最大で全体の47％を占めており，次いで，アジア，中南米及びNAFTA

の割合が21％，19％，10％となっている[20]。薬剤系列別に見ると，トリアゾール系及びストロビルリン系の売上高が大きい。

薬剤別に見ると，ストロビルリン系のazoxystrobinの売上高が殺菌剤の中で最大である。Syngentaにおけるazoxystrobinの売上高は2007年に前年比25％以上増加し，2008年には更に大きく増加し，10億ドルを超えた[24]。この2008年の売上高成長は，広範囲の作物で使用される各種混合剤製品の成功を反映した。Azoxystrobinは現在100カ国で120作物用に販売されている[24]。本殺菌剤は優れた病害防除に加えて，作物の収量を増加させるという特長も明らかにされており，プラス要因として働いている。ストロビルリン系では，pyraclostrobinやtrifloxystrobinの売上高も大きい。Bayer CropScienceにおけるtrifloxystrobinの売上高推移を見ると，2006年1億8,100万ユーロ→2007年2億4,300万ユーロ（前年比34％増）→2008年3億6,500万ユーロ（50％増）となっている[26]。

トリアゾール系ではtebuconazole，epoxiconazole，prothioconazoleなどの売上高が大きい。Bayer CropScienceにおけるtebuconazoleの売上高推移を見ると，2006年2億7,600万ユーロ→2007年2億3,500万ユーロ（前年比15％減）→2008年2億4,200万ユーロ（3％増）となっている[26]。2007年に売上高が減少しているのは主に，新規活性成分や新規混合剤への計画転換によった[26]。2004年にBayer CropScienceによって上市されたprothioconazoleの売上高は，2006年1億4,400万ユーロ→2007年1億7,500万ユーロ（前年比22％増）→2008年2億4,600万ユーロ（41％増）と大きく成長した[26]。

マルチサイトに作用するジチオカルバメート系殺菌剤mancozebの売上高も大きい。Dow AgroSciencesにおけるmancozebの2007年売上高は2億3,000万ドルであった[20]。

3.2 日本の市場

農薬工業会ホームページ掲載の統計データ[27]により，我が国における農薬出荷金額の最近の推移を表10に示す。また，平成19農薬年度（2006年10月～2007年9月）及び平成20農薬年度の作物別・種類別農薬出荷金額を表11に示す。

農薬出荷金額は平成16年度から平成19年度まで毎年減少していたが，平成20農薬年度に前年度比5.3％増加し，3,300億円を超えた（表10参照）。また，平成21農薬年度の6月末の累計出荷実績（2008年10月～2009年6月）は，前年同期比3.6％増加し2,890億円となった[27]。このように我が国の農薬市場は平成20農薬年度，平成21農薬年度6月末累計と増加しているが，世界の2008年の農薬市場の20％超の伸びと比べると小さい。

使用分野別で見ると，いずれの分野の出荷金額も平成20農薬年度に増加した。特に，その他（非農耕地・林野・芝・ゴルフ場・家庭園芸）は18.8％増と大きく伸びた。種類別で見ると，

表10　我が国における農薬出荷金額の推移

（単位：億円）

使用分野	平成16年度	平成17年度	平成18年度	平成19年度	平成20年度
水　稲	1,214	1,178	1,177	1,120	1,174
果　樹	596	547	516	516	557
野菜・畑作	1,095	1,132	1,115	1,130	1,140
その他*	329	310	312	287	341
分類ナシ**	114	127	126	101	110
合　計	3,348	3,292	3,247	3,154	3,321

*その他：非農耕地・林野・芝・ゴルフ場・家庭園芸
**分類ナシ：使用分野の分類をしないもので，植調剤・殺鼠剤・補助剤・その他
農薬工業会「数値データ」[27]より，平成21農薬年度６月末出荷実績表発表時現在

表11　我が国における平成19及び平成20農薬年度の作物別・種類別農薬出荷金額

（単位：億円）

使用分野	殺虫剤*		殺菌剤		殺虫殺菌剤		除草剤		合　計	
	H19	H20	H19	H20	H19	H20	H19	H20	H19	H20
水　稲	126	136	142	127	299	315	553	596	1,120	1,174
果　樹	247	260	187	193	1	0.5	82	103	516	557
野菜・畑作	546	562	406	369	7	16	171	193	1,130	1,140
その他**	61	60	58	53	7	8	161	220	287	341
中　計	980	1,018	793	742	314	339	966	1,112	3,053	3,211
分類ナシ***	－	－	－	－	－	－	－	－	101	110
合　計	980	1,018	793	742	314	339	966	1,112	3,154	3,321

*殺ダニ剤，殺線虫剤を含む
**その他：非農耕地・林野・芝・ゴルフ場・家庭園芸
***分類ナシ：使用分野の分類をしないもので，植調剤・殺鼠剤・補助剤・その他
農薬工業会「数値データ」[27]より，平成21農薬年度６月末出荷実績表発表時現在

殺菌剤の出荷金額は減少したが，殺虫剤，殺虫殺菌剤および除草剤では増加した（表11参照）。特に，除草剤は15.1％増と大きく伸びた。

4　おわりに

開発途上国を中心とした大幅な人口増加や食生活の変化などにより，世界の食料や飼料用穀物の需要は今後も大幅に拡大し，その需要を満たすために農産物の生産量も着実に増加していくと予想される。その一方で，農業に適した耕地面積は減少している。単収を更に増加させ，限られ

た土地で安定した農業生産を可能にすることが必須の要件である。そのために，農薬の重要性は今後一層高まり，世界の農薬市場は年によって増減はあるとは思われるが拡大傾向で推移していくものと予想される。我が国では，カロリーベースの食料自給率を将来的に50％以上にすることを目標としている。このような自給率の向上を図るための一つの重要な軸として，病害虫や雑草による農作物の損失をでき得る限り抑えることが挙げられる。適切に病害虫や雑草を防除するために，農薬の果たす役割は大きく，不可欠である。このように必要とされる農薬の原体・製剤が，環境保全型農業につながるIPM（総合的病害虫・雑草管理）に適したものであることが望まれることは言うまでもない。

文　献

1） United Nations Population Fund（日本語版監修：阿藤誠），「世界人口白書2008」，家族計画国際協力財団（ジョイセフ）（2008）
2） http://www.fao.org/wfs/index_en.htm（FAOホームページ）
3） http://www.fao.or.jp/media/press_090619.pdf（FAO日本事務所ホームページ）
4） 農林水産省，「海外食料需給レポート2008」（2009）
5） 農林水産省，「海外食料需給レポート（Monthly Report）2009年8月」（2009）
6） 大賀圭治，農業および園芸，**77**，78-84（2002）
7） 農林水産省，「平成21年版　食料・農業・農村白書」（2009）
8） http://faostat.fao.org/（FAOSTAT）
9） Clive James, "Global Status of Commercialized Biotech/GM Crops: 2008"（ISAAA Brief 39-2008）（2009）
10） 農林水産省，「遺伝子組換え農作物をめぐる状況について」（2009）
11） 佐藤卓，植物の生長調節，**44**，100-102（2009）
12） 農林水産省，「2018年における世界の食料需給見通し—世界食料需給モデルによる予測結果—」（2009）
13） FAO, "World agricultures: towards 2030/2050（Interim report）"（2006）
14） 農林水産省，「食料需給表（平成20年度）」（2009）
15） http://www.maff.go.jp/j/keikaku/pdf/20050325 honbun.pdf（農林水産省ホームページ）
16） http://www.maff.go.jp/toukei/sokuhou/data/nobemenseki 2007/nobemenseki 2007.pdf（農林水産省・農林水産統計）
17） http://www.maff.go.jp/toukei/sokuhou/data/sakutuke-suitou 200810/sakutuke-suitou 200810.pdf（農林水産省・農林水産統計）
18） CropLife International, "Annual Report 2004-2005", "Annual Report 2005-2006", "Annual Report 2006-2007"

19）CropLife International, "Facts and Figures–the status of global agriculture–2008","Facts and Figures–the status of global agriculture（2008–2009）"

20）高城仙三，化学経済，2006・3月臨時増刊号，168–174（2006）；2007・3月臨時増刊号，176–183（2007）；2008・3月臨時増刊号，170–178（2008）；2009・3月臨時増刊号，143–152（2009）

21）http://lin.lin.go.jp/alic/（畜産情報ネットワーク・ホームページ）

22）http://www.monsanto.com/（Monsanto ホームページ）

23）http://usda.mannlib.cornell.edu/MannUsda/viewDocumentInfo.do?documentID＝1000（National Agricultural Statistics Service, USDA）

24）http://www.syngenta.com/（Syngenta ホームページ）

25）http://www.dupont.com/（DuPont ホームページ）

26）http://www.bayer.com/（Bayer ホームページ）

27）http://www.jcpa.or.jp/data/index.html（農薬工業会・統計データ）

第3章　殺菌剤の動向

真鍋明夫[*1]，髙野仁孝[*2]，永野栄喜[*3]

1　はじめに

『新農薬開発の最前線―生物制御科学への展開』（シーエムシー出版）[1)]が2003年に刊行され，それまでの文献を基に，1998年からの殺菌剤の開発動向を中心に，各種殺菌剤の活性の特徴や作用機構について詳細にかつ要領よくまとめられている。1997年までの動向については，『新農薬の開発展望』（シーエムシー出版）[2)]も参照されたい。本稿では，前書との重複をなるべく避け，主に2003年以降の殺菌剤の動向について概説する。

殺菌剤は遺伝子組み換え作物の影響を最も受けない分野と考えられており，実際に実用化された作物は執筆時点では見られていない。しかしながら病原菌の進入に関与する酵素の阻害剤を遺伝子導入する，進入防御に関与する酵素の強発現化などの取り組みがなされており，ある程度の効果が見られているようである[3,4)]。またサリチル酸，ジャスモン酸，エチレンが誘導する感染抵抗性に関する研究の結果，唯一実用化されているイネいもち病の抵抗性誘導について抵抗性誘導に関する重要因子が明らかになりつつある[5)]。一方，植物ホルモンの作用がこれら抵抗性誘導機構と複雑に関連している事，ジャスモン酸誘導系がサリチル酸誘導系と相互に抑制的に作用する場合があることが明らかになってきた[6)]ことから，生物感染防御機構と非生物感染防御機構が密接に結びついたシステムを理解した上で研究を進める事が求められている。イネに関してはササニシキBL米やコシヒカリBL米に見られる真性抵抗性品種マルチライン栽培がいもち防除上大きな役割を持つに至っている[7〜9)]。これらついては後述するが，イネ以外の研究については紙面の関係上，本章では取り上げない。それらの参考文献に記載の総説を参考いただきたい。

最近の殺菌剤の動向を化合物群の点から概観すると，まず，ストロビルリン系化合物が各社から上市され，その防除スペクトルの広さから着実に販売を伸ばしていることが目に付く。近年，ブラジルを中心として，ダイズさび病（*Phakospora pachyrhizi*）防除剤の市場が拡大してきた

＊1　Akio Manabe　住友化学㈱　農業化学品研究所　主席研究員

＊2　Hirotaka Takano　住友化学㈱　農業化学品研究所　探索生物グループ
グループマネージャー

＊3　Eiki Nagano　住友化学㈱　農業化学品研究所　リサーチフェロー

が，本系統のこの分野での存在感も大きい。今や本系統化合物はアゾール系化合物と共に，殺菌剤として最も大きなグループとなった。しかし，各種病害にストロビルリンに対する高度抵抗性菌が圃場レベルで確認されるに留まらず，ある種の病害においては防除効果の顕著な低下がみられている。

一方，従来イネ紋枯れ病防除に使われてきたアミド化合物（呼吸系 Complex IIの阻害剤）の中から，イネ紋枯れ病以外の分野での開発，上市化合物が顕在している。すでに上市されている boscalid は灰色かび病，菌核病に使用されており，さらに適応分野を広める開発がなされている。このような状況は，本系列化合物が比較的防除スペクトルが広いことなどにも起因するが，本系列の開発意図がストロビルリン系の抵抗性対策とは無縁であるとは考えにくい。

べと病，疫病分野では，2003年以降も，fluopicolide のような新規な作用機構の剤も含めて，専用剤が多数上市，開発されている。

うどんこ剤として，cyflufenamid に引き続き，新規骨格の剤がいくつか開発されている。いもち剤として植物の全身抵抗性付与剤の tiadinil が上市され，また，従来のアゾール殺菌剤の植物体内での移行性を大きく改善したアゾール系殺菌剤として初の Pro-drug アゾール系殺菌剤 prothioconazole が開発，上市され，急激に売り上げを伸ばしている。

2節では，このような2003年以降の上市または開発剤を中心に動向を記述する。3節では抵抗性対策の観点から，FRAC（Fungicide Resistance Action Committee）の分類に従ってその他の殺菌剤の動向を概説する。

2　2003年以降の殺菌剤開発の動向と上市，開発薬剤

2.1　Complex III 阻害剤

ストロビルリン系殺菌剤は，fenamidone，famoxadone と共に Complex III（cytochrome bc 1（ubiquinol oxidase）の Qo site（*cyt b*））を標的とする QoI 殺菌剤（Quinone outside inhibitors）として，FRAC Code では Target No. C 3（Serial No. 11）に分類されている（FRAC については3節を参照されたい）。

1996年同時期に上市された kresoxim-methyl と azoxystrobin 以降，多くのストロビルリン系化合物が上市された。trifloxystrobin（1999年上市），metominostrobin（1999年上市），pyraclostrobin（2000年上市），picoxystrobin（2002年上市）以外にも数点が開発されており，殺菌剤としては大型商品に成長している。これらはいずれも天然物ストロビルリン A を構造変換した体をフェニル基で固定した構造のエノールエーテルスチルベンの誘導体とみなすことができる（図1）[10,11]。ウシの cytochrome bc_1 複合体と azoxystrobin，エノールエーテルスチルベンの共結晶

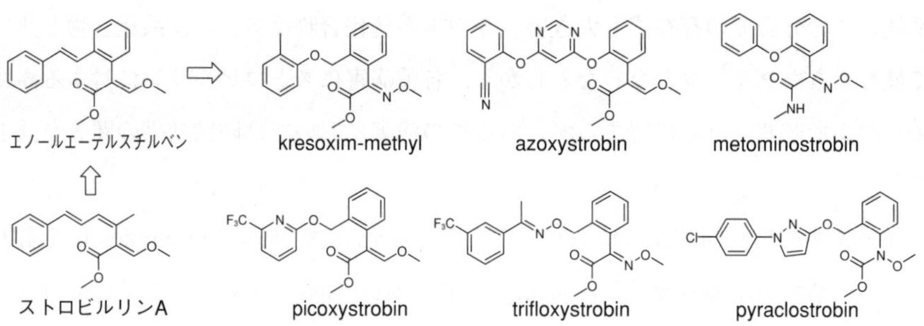

エノールエーテルスチルベン　kresoxim-methyl　azoxystrobin　metominostrobin

ストロビルリンA　picoxystrobin　trifloxystrobin　pyraclostrobin

図1　ストロビルリンA，エノールエーテルスチルベンおよび2002年までに上市されたストロビルリン系殺菌剤

がとられており，X線結晶解析の結果が報告されている[12]。驚くべき事にウシのcytochrome bへの結合は後述する抵抗性変異と良く相関しているばかりでなく，cytochrome bの生物間の相同性の高い領域にこれらが結合し活性を表していることが判る。またユビキノンが結合した正常状態の共結晶との差をみることで，これらの化合物はcytochrome bのコンフォーメーション変化を起こし，その結果として鉄イオウタンパクの膜貫通部分のコンフォーメーション変化を起こす事で鉄イオウタンパクの正常な電子移動を阻害すると推測されている[12,13]。このような推測を基にすれば，基礎活性を評価するための*in vitro*試験として，膜に結合した標的であるbc_1 complexへのストロビルリン類の結合定数を測定することはあまり意味の無い事になるが，膜タンパクとの結合定数を正確に測定することが容易では無い現状では，ミトコンドリアから調製したcytochrome bc_1複合体を用いて得られた50％阻害濃度（I_{50}値）は基礎活性として意味のあるものといえる。Sauterの報告では，酵母，灰色かび病菌，とうもろこし，イエバエおよびラットから調製した，ミトコンドリアを用いて14のストロビルリン系化合物とmyxothiazoleについて試験したところ，すべての種において活性の強さの順序はほぼ同一[10]となり，cytochrome bのアミノ酸配列から想像されたように，標的レベルでの種の選択性は見られなかった。Saulterらは側鎖Rをkresoxim-methylのものに固定した化合物群について，パン酵母のミトコンドリア調製液を用いた阻害試験結果を図1のエノールエーテルスチルベンとの相対効力比で評価した。（図1のエノールエーテルスチルベンを対照化合物として用い，式(1)にしたがってF値を算出して基礎活性を評価した。F値が小さいほど活性は強い[10]。

$$F = I_{50}\text{（試験化合物）} / I_{50}\text{（エノールエーテルスチルベン）} \quad (1)$$

構造活性相関結果はメトキシアクリル酸メチル部分の構造要求性を明確に示している（図2）[10]。すなわち，（グルタミン酸のアミノ基のH原子と）水素結合可能なカルボニル基またはそれに相当するプロトン受容性基が水素結合可能な位置に存在できる事が活性発現には重要であ

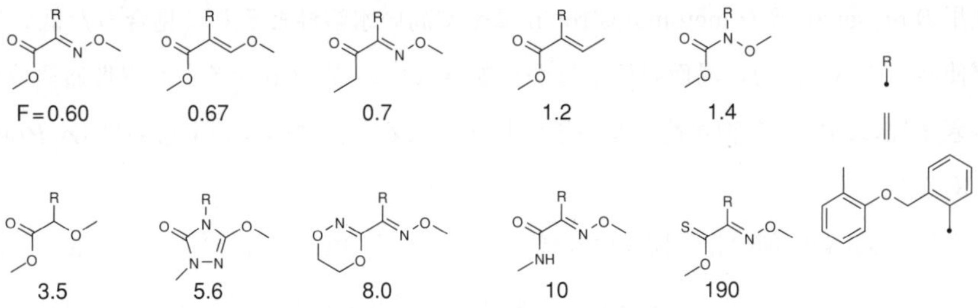

F=0.60　0.67　0.7　1.2　1.4

3.5　5.6　8.0　10　190

図2　ファーマコフォアと基礎活性

ることがわかる。

in vivo 活性は，標的部位に対する活性と薬物動態によって決定される[14)]。表1[10)]に上市剤の基礎活性（F値），物理化学性質および薬物動態の特徴を示す。物理化学的性質と薬物動態の特徴が関連していることがわかる。例えば，うどんこ剤であるkresoxim-methyl，trifloxystrobinおよびpicoxystrobinは高い基礎活性と$2.3 \sim 5.5 \times 10^{-6}$Paという相対的に高い蒸気圧を持つものが使われている。これは葉の表面に寄生するうどんこ病菌に適した性質である事が窺える。一

表1　ストロビルリン系殺菌剤の諸性質

	水溶解度 mg/L 20℃	log *P*ow	蒸気圧 Pa, 20℃	F *mycosph. fijiensis*	薬物動態の特徴
trifloxystrobin	0.6	4.5	3.4×10^{-6} (25℃)	0.26	episystemic[1)]
pyraclostrobin	1.9	4.0	2.6×10^{-8}	0.27	葉から速い吸収；translamilar[2)]
picoxystrobin	3	3.6	5.5×10^{-6}	0.61	episystemic；導管移動
kresoxim-methyl	2	3.4	2.3×10^{-6}	2.2	episystemic
fluoxastrobin	2.5	2.9	6×10^{-10}	2.9	導管浸透移行性；translamilar
dimoxystrobin	4	3.6	6.0×10^{-7}	4.1	導管浸透移行性
azoxystrobin	6	2.5	1.1×10^{-10}	4.9	導管浸透移行性；translamilar
orysatrobin	81	2.4	7×10^{-7}	9.5	根から吸収；高い導管移動性
metominostrobin	128	2.3	1.8×10^{-5} (25℃)	20	根から吸収；高い導管移動性

1）ベーパーが葉面を移動，分布していく擬似浸透移行性

2）葉の表から裏，裏から表への浸達性

方，水稲用のorysatrobinやmetominostrobinはやや高い水溶性とそれに見合った低い基礎活性のものが使われており，使用場面の要求性が反映されている。Qoサイトが膜貫通領域であることからも親水性の高い化合物が適さない事が想像されるが，すべての上市品はLog*P*owが2～5の範囲にある。

このように，QoI殺菌剤の化学構造は多様であるが，そのすべてにおいて，図3[10]に示すように作用点では，比較的剛直なシート構造に位置するプロリンのピロリジン環に平行に配されたベンゼン環はピロリジン環の反対側に位置するcd 1 Helixのグリシンに挟まれ，且つカルボニル基はグルタミン酸のアミノ基との水素結合で安定化した構造をとっている[12,15]。X線結晶解析はパン酵母，ウシのものに限られているが，この構造部位いわゆるQoポケットは種間での保存性が高く，且つ後述する抵抗性変異の情報から防除対象菌においても広く適用可能な情報と考えられる。azoxystrobinなど側鎖に芳香環を持つものはef Helixのフェニルアラニンとの抱合関係をとる事でより強い結合を示すと考えられている[12]。

FRACによるQoI殺菌剤の実用上の抵抗性リスクは，上市前の様々な調査ではmediumと見積もられていたが，これは過少評価であった。上市後すみやかに抵抗性問題が持ち上がったことから，QoI殺菌剤はhigh-riskへと再分類されることとなった[16]。上市後の菌の集団（population）における抵抗性機構の中で，標的のG 143 A変異，即ち，cyt bタンパク質におけるグリシンからアラニンへの1アミノ酸の変換が実用上最も重要である[16]（驚くべき事にムギのCyt bのこの部分はアラニンである）。この変異はQoI殺菌剤の標的への結合を妨げ，薬剤の感受性を大幅に落とす一方，基質であるユビキノンの結合には影響なく高い適応性を併せ持つ事になった（ユビキノンの共結晶の結晶解析はないが，ユビキノンに構造が近くQiサイトにも阻害を示すNQNOの共結晶[12]は前述のプロリン領域まで芳香環が入り込んでいないためG 143 A変異の影響は極めて少ないと想像される）。実用場面では，1998年にコムギうどんこ病に対して，2002年にコムギ葉枯れ病で相次いで抵抗性が報告された。コムギうどんこ病に対しては，他の殺菌剤（例えば，DMI剤，アミン剤，cyprodinil，quinoxyfen，metrafenone）があったこと，QoI殺菌剤は他の病

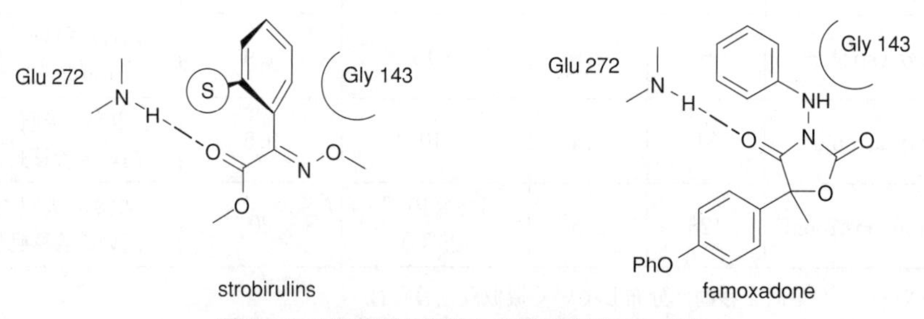

図3　QoI殺菌剤と標的との相互作用のモデル

害にも使用できたことから，このときは欧州での麦類生産におけるQoI殺菌剤の使用にほとんど影響はなかった。しかし，葉枯病防除は欧州のコムギ生産において経済的に重要であることから，葉枯病のQoI殺菌剤に対する抵抗性が広がった2003年以降，欧州でのQoI殺菌剤のムギ葉枯れ病への使用は減少した[16)]。他の病害においてもQoI殺菌剤のG 143 A変異による抵抗性は知られている[16,18〜20,22,23)]。一方，さび病菌やある種のアルタナリア菌ではG 143 A変異株が見られない事から，RNAを解析した結果，これらの菌ではGly 143の塩基配列の直後にイントロンの配列が入る事がわかった。このような菌ではG 143 A変異がスプライシングを阻害する結果，この変異株が生き残れないと推測されている[16,17,21)]。これによればG 143の周辺構造から抵抗性菌の可能性を予測することもできるとされている[16,17)]。なお，G 143 A変異以外による抵抗性問題も知られているが，実用上はさほど問題とはならないとされていた[16)]。しかし上述のG 143 A変異が見られない菌にはF 129 Lの変異が有意に増加していることが確認されている。また，うどんこ病の中にはG 143 A変異と無関係な高度抵抗性が拡大しているとの報告もある[24)]。このような変異とは別に，DMI剤において見られたような排出タンパクの誘導増加についても報告があり，極めて短時間で排出タンパク誘導がかかることも合わせて報告されている[25)]。FRACはQoI殺菌剤の抵抗性対策として，①季節当たりの処理回数を制限すること，②交差抵抗性のない殺菌剤との混合剤でのみ使用すること，③治療的使用を避けること，を推奨している[16)]。

2003年以降の上市品としては，dimoxystrobin，enestrobin，fluoxastrobin，oryzastrobinの4剤がある。また，開発品としてpyribencarbがある。最近の上市化合物および開発化合物を図4にまとめて示す。

dimoxystrobinはBASFにより2004年に上市された。Fusarium病害に高活性を示す。

fluoxastrobinはBayerにより開発，上市された。分子全体の構造としてはazoxystrobinに類似しているが，エステル部位がジヒドロジオキサジン構造で置き換えられている点で特徴的である。同様に広スペクトルであり，優れた予防効果と持続効果，顕著な葉の浸透移行性および治療活性も有する。麦類の葉枯病およびさび病に安定した持続的な効果を示す。prothioconazoleとの混合剤は麦用殺菌剤として上市されている。fluoxastrobinはazoxystrobinに近い物理化学的性質を有しており，同様に導管移行性を示し，種子処理剤としても開発され，急速に市場に受け入れられつつある。代謝分解は色々な箇所から起こるが，明らかにazoxystrobin以上の生態系安定性（azoxystrobinの土壌半減期72〜160 days）を持ち，特徴付けられる[27〜29)]。

oryzastrobinはいもち病および紋枯病防除用のイネ育苗箱処理剤を意図してBASFが開発した化合物である[10)]。この目的を達するには，化合物が根から容易に取り込まれ，求頂的に葉まで移行する必要がある。そこで，分子の脂溶性を抑え，水溶解度が高くなるように，アミド部位および4つのオキシムエーテル部位が化学構造に巧みに組み込まれている。実際，育苗箱処理によ

構造式	一般名	開発会社	上市年
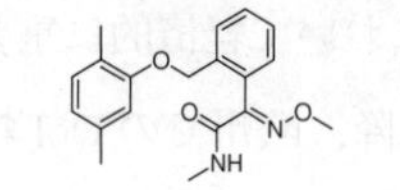	dimoxystrobin	BASF	2004
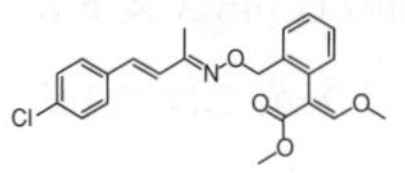	enestrobin	Shenyang	2004
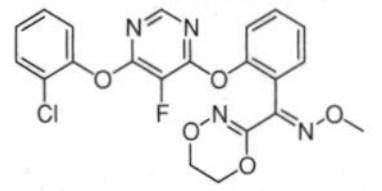	fluoxastrobin	Bayer	2004
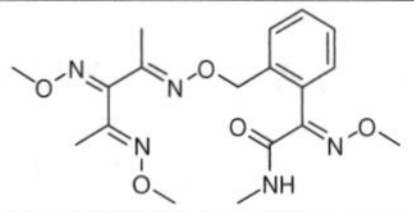	orysastrobin	BASF	2006
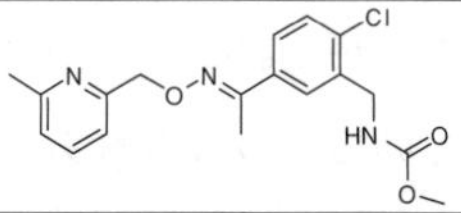	pyribencarb	クミアイ化学 イハラケミカル	
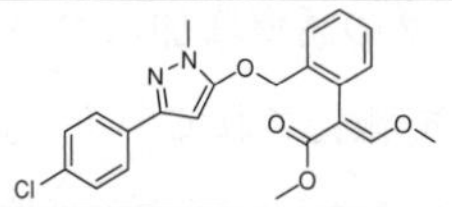	pyraoxystrobin	Shenyang	
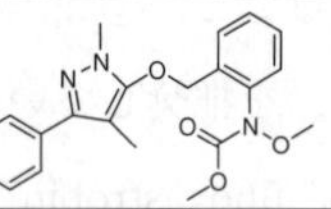	pyrametostrobin	Shenyang	

図4 最近のCompleX III阻害型殺菌剤

り，圃場において葉および穂いもち病および紋枯病に対して安定した高い防除効果と持続効果を示す[30~32]。metominostrbinが日本で水稲に使用される以前の1999年と2001～2005年のいもち菌の感受性モニタリングの結果では，感受性の低下をもたらすと予想されるG 143 A，F 129 Lの遺伝子の変異は認められなかった[26]。これは主にイネ病害の防除がこれらQoI剤に偏った体系になっていないためであろうと想像される。

pyribencarbはクミアイ化学とイハラケミカルによって発明された化合物で，構造的にはQoIのpharmacophoreであるカーバメート部分と側鎖のオキシムエーテル部分がメタ位に配されている点で特徴がある。N-(*m*-フェニルベンジル）カーバメート誘導体をリードとして創製されたと報告されている（図5）[33]。野菜の灰色かび病，菌核病，ナシの黒星病などに有効である。キュウリ褐斑病菌のコハク酸-チトクロムc還元酵素（SCR）に対する阻害活性を比較することにより，従来のQoI剤と交差の関係にあることから，その作用点はCyt bのQoサイトと推定されるが，ユビキノンとは不拮抗性の関係にあり，結合部位は従来のQoI剤と全く同じではないと見られている[35]。即ち，G 143 Aキュウリ褐斑病菌SCRの本剤に対するRS比は16. 5であり，

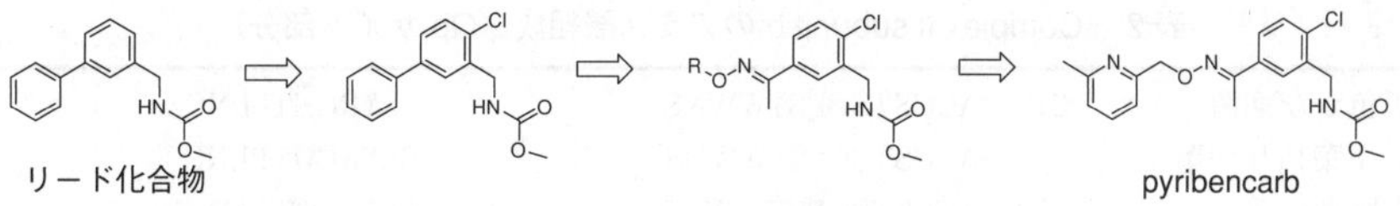

リード化合物

pyribencarb

図5　pyribencarb への構造展開

耐性比は高くは無い。一方，ラット，コイおよび植物（トマト，インゲン，キュウリ）に対するSCR 阻害活性は弱く，従来の QoI 剤に比べ作用点における選択性が向上したとの報告もある[34]。

cytochrome b Qi サイトに作用する化合物としては，antimycin 類が非常に高い阻害活性を有する事から多くの構造展開が図られているが，前書にて紹介された cyazofamid と後述する amisulbrom の2剤のみが上市，開発されている。

2.2　Complex II 阻害剤の新展開

Complex II（succinate dehydrogenase）阻害剤は SDHI（succinate dehydrogenase inhibitors）として，FRAC Code では Target No. C 2（Serial No. 7）に分類されている。

Complex II を阻害するカルボキサミド系殺菌剤の開発の歴史は古い。calboxin（1968 年上市）に始まり，mepronil（1981 年上市），flutolanil（1986 年上市）を経て，furametpyr（1997 年上市），thifluzamide（1997 年上市）に至っている。しかし，いずれも *Rizoctonia* 病害などの担子菌に防除対象が限られていた。それに対して，最近上市された次世代の Complex II 阻害剤である boscalid および pentiopyrad では，従来の剤と比較して防除スペクトルが拡大している[36~38]。

各種の果樹，野菜の子嚢菌，不完全菌にも効力を有する初の Complex II 阻害剤である boscalid は BASF により開発された。ビフェニル構造を持つニコチンアミドである。2003 年に上市され，各種作物の灰色かび病や菌核病他の幅広い病害に対する防除剤として使用され，急速に市場に浸透している。同剤は灰色かび病菌に対して，強い胞子発芽阻害および発芽管伸長阻害作用を示す。ブドウの葉内で蒸散流により葉先，葉緑に移行する[39]。ブドウ灰色かび病ではすでに感受性が低下した菌株が確認されている。これらの低感受性菌株はすべて SDH の subunit b に変異を示しており P 225 L，P 225 F，H 272 Y については有意に感受性が低下している[40]。またピスタチオの Alternaria 菌についても subunit b の H→Y の変異した耐性菌が圃場から単離されている[41]。

subunit b の H→Y の変異による耐性菌の発現はすでに同じ作用性を持つ calboxin において見られており[42~44]，この点からも両者の作用点の共通性が窺える。大腸菌の SDH と calboxin の共結晶が X 線結晶解析されている[45]。一方，ヒトの SDH と大腸菌の SDH については1次構造，3次構造ともに解析されており，これらアニリドが結合すると考えられている Qp サイトについては subunit b の構造が極めて類似している事が示されている[46]。カビの SDH の3次元構造につい

表２　Complex II subunit b のアミノ酸組成（Qp サイト部分）

灰色かび病菌	218	ACCSTSCPSYWWNS		SLYRCHTI LNC
ムギ葉枯れ病菌	213	ACCSTSCLSYWWNS		SLYRCHTI LNC
大腸菌	153	ACCSTSCPSFWWNP	202	SVFRCHSI MNC
ヒト	190	ACCSTSCPSYWWNG	239	SLYRCHTI LNC

＊網かけの部分が抵抗性株での変異点[40〜44]

ては不明な部分が多いが，subunit b の Qp サイトのアミノ酸組成は大腸菌と類似しており（表２），変異の確認されたＨやＰの位置関係についても大腸菌のそれと類似していると推測される。大腸菌の SDH と calboxin 共結晶のＸ線結晶解析によれば，変異点のＨやＰは酸部分の近傍であり，酸部分が水を介した水素結合とファンデルワールス結合によって subunit b の Qp サイトに結合していることがわかる。アニリンの置換基はタンパクの外側（膜脂質部分）に位置する事もわかる[45]。

Complex II の Qd サイトについては，現状のデータからはアニリド化合物がアクセスしているか否かを判断する事ができないが，今後明確になると思われる。

三井化学は penthiopyrad を発明，開発し，2008 年に日本で上市した。構造的には 1,3-ジメチルブチル基で置換されたチオフェン環を有している点で特徴的である[47,48]。penthiopyrad は各種作物の灰色かび病，うどんこ病，リンゴ，ナシの黒星病などの他，麦類の葉枯病，芝のブラウンパッチやダラースポットなどに高活性を示す[49]。菌糸から抽出したミトコンドリアを用いた実験により，灰色かび病菌に対する優れた Complex II 阻害活性（I_{50}＝14 nM）が示されている[38]。

boscalid および penthiopyrad に至る構造改変の流れを図６に示す。

boscalid や penthiopyrad の成功に触発され，特に今世紀に入って，本系統の研究開発が熱を帯びてきた。各社から新規化合物をクレームした特許出願は急増し，新しい化合物が続々と開発されている。最近の上市化合物および開発化合物を図７にまとめて示す。

Bayer は fluopyram および bixafen を開発中である。fluopyram では酸部位は flutolanil と同一だが，アミン側がピリジルエチルアミン構造に展開されている。bixafen の酸部位は penthiopyrad のそれに，アミン部位は boscalid のそれに類似している。

Syngenta は isopyrazam および sedaxane を開発している。両化合物ともにアミン側の構造がユニークである。フェニル基に，isopyrazam ではビシクロ環が縮合しており，sedaxane では 1,1'-ジシクロプロピル基が結合しており，それぞれ，penthiopyrad の 1,3-ジメチルブチル基が修飾された形態と見ることができる。なお，両化合物の酸部位は bixafen のそれと同一である。

このように，Complex II 阻害剤が再検討されている背景として，ストロビルリン抵抗性問題が挙げられる。特に，単一作物としては最大の市場であるコムギ分野において，最も重要な病害の

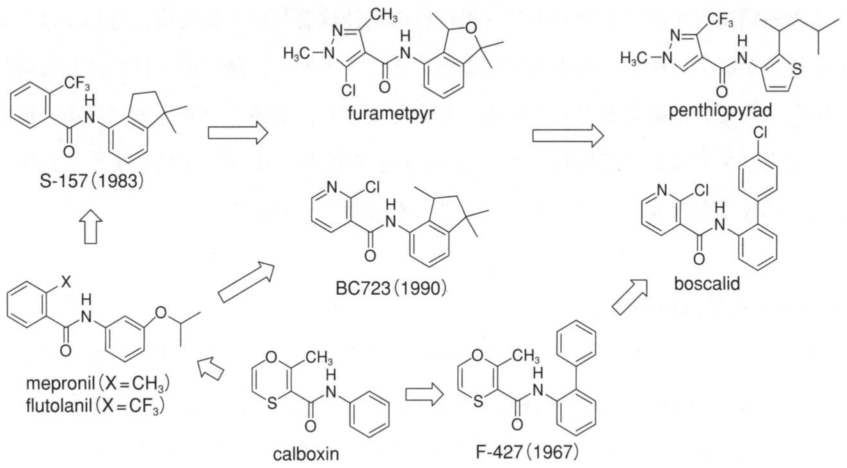

S-157 (1983)

furametpyr

penthiopyrad

BC723 (1990)

boscalid

mepronil (X = CH_3)
flutolanil (X = CF_3)

calboxin

F-427 (1967)

図6　CompleX II 阻害型殺菌剤の構造展開

構造式	一般名 Code No.	開発会社	上市年 (上市予定年)
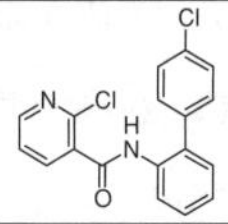	boscalid	BASF	2003
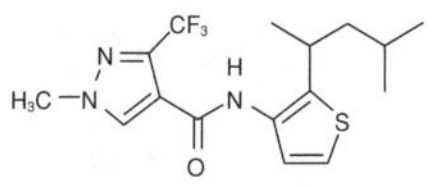	penthiopyrad	三井化学	2008
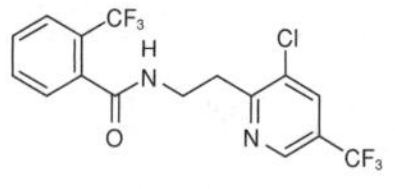	fluopyram	Bayer	(2010)
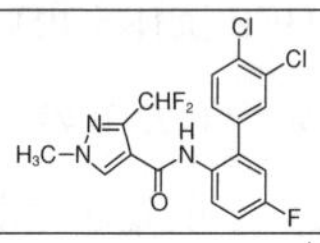	bixafen	Bayer	(2010)
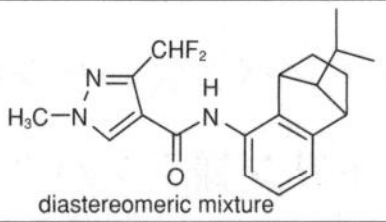 diastereomeric mixture	isopyrazam SYN-520	Syngenta	(2010)
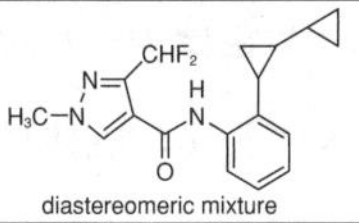 diastereomeric mixture	sedaxan SYN-524	Syngenta	(2010-2012)
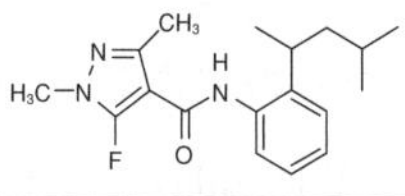	penflufen BYF14182	Bayer	

図7　最近の Complex II 阻害型殺菌剤

一つである葉枯病に対するストロビルリン抵抗性の発達は著しい。葉枯病に対しては，アゾール剤も低感受性化が深刻に懸念される状況になってきたことから，葉枯剤を目的にした新規剤の探索研究が強化されていた結果と考えられる。しかしながら，上述した灰色カビ病菌の低感受性例の他にも，イギリスでコムギ葉枯れ病菌のH→Yの変異株がcarboxin抵抗性を示した屋外事例[43]もあり，Complex II阻害剤は慎重に使用することが必要と思われる。

2.3 べと病・疫病防除剤の増加

卵菌の内，ブドウべと病およびジャガイモ疫病は大きな被害をもたらすことから最も重要な病害である。これまで多くの作用部位特異的な殺菌剤が開発されてきた。その中で，2003年から2008年の間に上市された化合物として以下の6剤がある（図8）。しかしこれら6剤の中で新規作用性と考えられるのはfluopicolideのみであり，他の5剤には既存剤との交差抵抗性のリスクがある。

fluopicolideはAventisにより発明され，Bayerにより開発され，2005年に上市された。Aventis社内の技術にDow社のうどんこ病菌防除活性化合物XRD-563の部分構造を取り入れた結果生まれたと報告されている[50]。べと病，疫病のみならず，ピシウム病害にも高活性を示し，ベンズアミドとしてFRAC Codeでは新規Target No. B 5（Serial No. 43）に分類されている。適度な脂溶性（log*P* ow＝2.9）と水溶解度（2.8 ppm，20 ℃，pH 7）から予想される通りの求頂的な浸透移行性を有する。遊走子の発芽阻害が形態観察において見られ，スペクトリン様タンパクの局在化阻害を引き起こす事が報告されている[51]。スペクトリンは真核細胞においてアクチン等他の細胞骨格タンパク質と細胞膜の間に介在して，細胞膜の安定性に重要な役割を果たしていると見られている。トリあるいはヒト赤血球のα/β-スペクトリンに対するGFP抗体を用いて，疫病菌でスペクトリン様タンパク質の分布を観察した結果，fluopicolideを処理したものは，本来細胞膜付近に局在するスペクトリン様のタンパク質が細胞質に分布するという明確な差が認められた。この現象と作用点はまだ結びついていないが，スペクトリン様のタンパク質のリン酸化の阻害による可能性が推測されている[52]。ただし最近の報告では，スペクトリン様タンパク質の遺伝子が取られていないこと，トリのスペクトリン抗体と反応するタンパク質は*Phytophthora infestans*では熱ショックタンパク（Hsp 70）であった事から，トリのスペクトリン抗体は必ずしもスペクトリンに特異的に結合していない懸念が示されている[53]。

benalaxyl-Mは，ラセミ体であるbenalaxylを光学活性化したものである。benalaxylはRNA polymerase Iを阻害するフェニルアミド（PA-fungicides）としてmetalaxylなどと共に，FRAC CodeではTarget No. A 1（Serial No. 4）に分類されている。

benthiavalicarb-isopropyl，mandipropamidおよびvalifenalateは，iprovalicarb（1998年上市），

構造式	一般名	開発会社	上市年
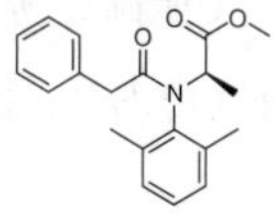	benalaxyl-M	Isagro	2003
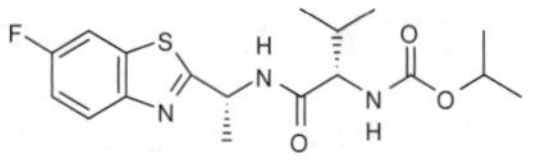	benthiavalicarb -isopropyl	クミアイ化学	2003
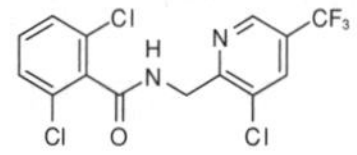	fluopicolide	Bayer	2005
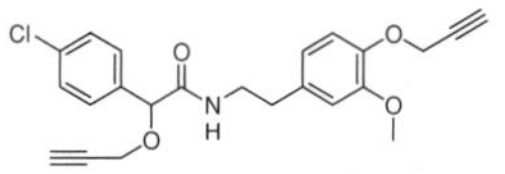	mandipropamid	Syngenta	2005
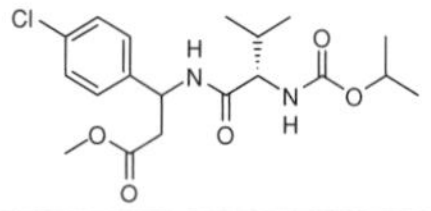	valifenalate	Isagro	2007
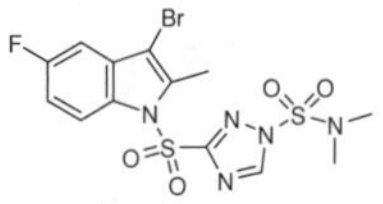	amisulbrom	日産化学	2008
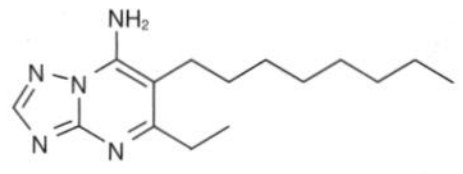	ametoctradin	BASF	

図8　最近のべと病，疫病防除剤

dimethomorph（1988年上市）およびflumorph（2000年上市）と共に，リン脂質生合成および細胞壁生成（cell wall deposition）を阻害する（proposed）カルボン酸アミド殺菌剤（CAA-fungicides）として，FRAC CodeではTarget No. F 5（Serial No. 44）に分類されており，互いに交差抵抗性を示す事が確認されている。被嚢胞子あるいは遊走子嚢の発芽段階が最も感受性である[56~59]。作用機構についてはリン脂質の生合成（Kennedy pathway）阻害，細胞壁の生合成不良などが報告されているが，1次作用点とは考えられていない。Gisiらは細胞膜と細胞壁の間のインターフェースに作用部位があると推測しているが，詳細は未だ不明である[54,55]。ただし既存のべと病菌の抵抗性遺伝子が劣性遺伝子であることから，問題は大きくないと想像されていた。いずれも，べと病や疫病には高活性を示すが，ピシウム病害には活性を示さない。

benthiavalicarb-isopropylはクミアイ化学により発明，開発され，2003年に上市されたバリンアミドカーバメート化合物である[58]。iprovalicarbの4-メチルフェニル基が6-フルオロベンゾチアゾール-2-イル基で置き換えられた構造を有する。適度な脂溶性（log$P$ ow＝2.52～3.29）と水溶解度（9.40～13.14 ppm）により高い予防効果と治療効果が実現した[59]。benthiavalicarb-isopropyl の他の光学異性体は極めて低活性であり，2 個の不斉について明確な効力差がある[58]。

valifenalate は Isagro により開発，上市されたバリンアミド化合物であり，iprovalicarb に類似した構造を有する。

mandipropamid は Syngenta（発明当時は Novartis）によって開発，上市されたマンデル酸アミド化合物である。ヒトの皮膚病に活性が知られていたマンデル酸アミド化合物を基に Agrevo が殺菌剤リード SX 623509 を見出していたが，そこに 2 つのプロパルギル基を導入することにより創製された（図 9）[60]。mandipropamid 分子は不斉炭素を一つ含み，鏡像体の合成も可能であるが，生物活性面で優位性がなかったことから，ラセミ体が開発された[54]。mandipropamid は log Pow＝3.2（25 ℃），水溶解度は 4.2 ppm と他の CAA 類に比べ疎水性が高い事から，葉のワックス層に比較的すみやかにしっかりと結合し，優れた耐雨性と残効性を発揮する。また，上記物化性からも予想できるように translamilar 活性も有する[61]。

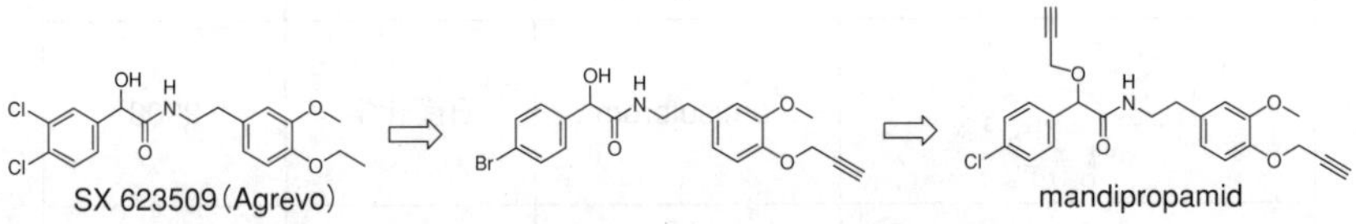

SX 623509（Agrevo）　⇨　⇨　mandipropamid

図 9　mandipropamid への構造展開

amisulbrom は日産化学工業により発明され，開発，上市された化合物である。三菱油化の特許化合物であるスルファモイルトリアゾールのフェニル基をインドール環に変換することにより創製されたとの報告がなされている（図 10）[62]。べと病，疫病に対して高い予防効果を示し，残効性，耐雨性にも優れる。ジャガイモ疫病菌の遊走子嚢発芽，遊走子遊泳および被嚢胞子発芽を阻害する[63]。Complex III の Qi site に作用する QiI 殺菌剤として cyazofamide と共に，FRAC Code では Target No. C 4（Serial No. 21）に分類されているが，amisulbrom が QiI である旨の報告は無

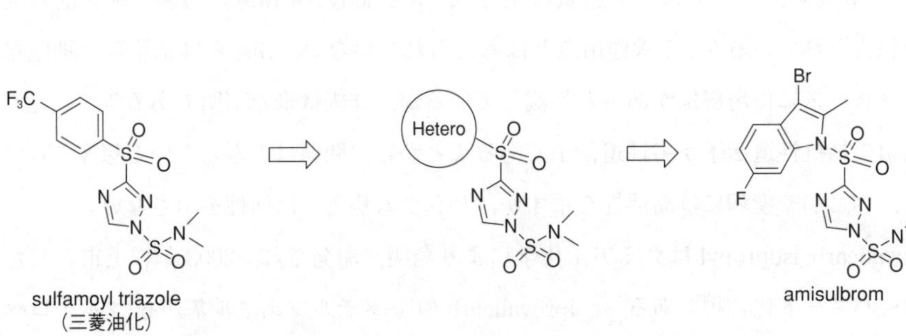

sulfamoyl triazole（三菱油化）　⇨　Hetero　⇨　amisulbrom

図 10　amisulbrom への構造展開

いようである。

2.4　うどんこ病防除剤

うどんこ病は多種多様の作物において発生するのみならず，多くの既存殺菌剤に対する感受性が低下していることから，抵抗性対策の観点から，継続して新規作用機構と考えられる有効成分が開発されている[64]。最近の上市化合物および開発化合物を図11にまとめて示す。

cyflufenamidは日本曹達により発明，開発され2003年に上市されたベンズアミドキシム化合物である[65]。リード化合物の構造は殺ダニ剤benzoximateとmetalaxylから導かれた（図12）[65,66,68]。新展開葉での防除効果を達成するために，浸透移行性に代わる移行手段として，最適化に際してはベーパー効果に注目した[67]。最終的にフッ素原子を導入して，農薬としては高い蒸気圧（3.54×10^{-5}Pa（20℃））の化合物に仕上げられている[66]。麦類およびスペシャリティー作物のうどんこ病に対して，高い予防効果，治療効果に加えて，残効性，ベーパー効果およびtranslamilar効果を示す。ベンズイミダゾール系，DMI剤，ストロビルリン系などの既存剤耐性菌と交差耐性は認められていないことから，これらとは異なる作用機構と推測される[68〜70]。cy-

構造式	一般名	開発会社	上市年
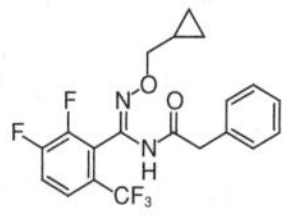	cyflufenamid	日本曹達	2003
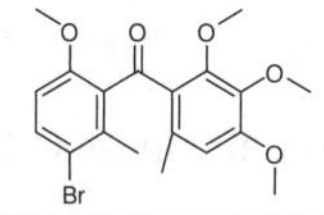	metrafenone	BASF (←ACC)	2004
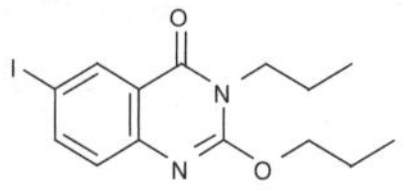	proquinazid	DuPont	2005
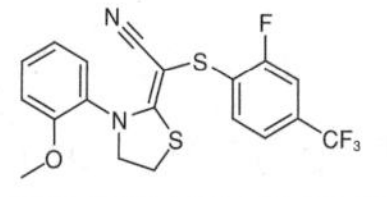	flutianil	大塚化学	

図11　最近のうどんこ病防除剤

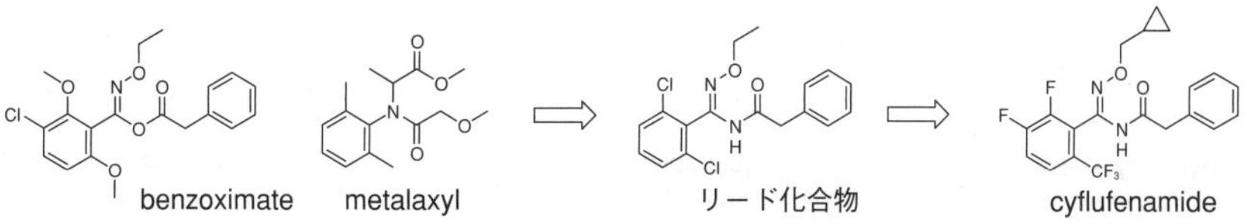

benzoximate　metalaxyl　⇒　リード化合物　⇒　cyflufenamide

図12　cyflufenamidへの構造展開

flufenamidを処理したうどんこ病菌では吸器の形成が阻害される。一方モモ灰星病菌においては菌糸の膨化，内容物の流出が観察される。菌糸の電子顕微鏡映像からは液胞内のポリ燐酸などの光電子密度物質の減少，隔壁形成不全が観察される事から，細胞壁の形成への影響が推測されている[69]。FRACでは，作用機構は不明，Target siteはunkown（Serial No. U 6）に分類されている。2000年から2004年にわたる西欧での感受性モニターの結果，ムギうどんこ病菌に感受性の低下は認められていない[71]。

metrafenoneはAmerican Cyanamidにより発明され，BASFにより2004年に上市されたベンゾフェノン化合物である。麦類，ブドウおよび野菜類のうどんこ病に対して，高い予防効果，治療効果を示す。蒸気圧が高く（2.56×10^{-4}Pa（25℃）），ベーパー作用により，translamilar効果および求頂的な移動効果を示す。コムギ，オオムギの眼紋病にも有効である[64]。形態的観察では菌糸の先端部の膨潤，側枝形成が見られ[72]，先端部のアクチンの局在化減少が見られる[73]。アクチンの生合成については影響が見られないことから，極性移動に必要なアクチンの局在化を阻害すると考えられるが，作用点は未だ不明である。FRACでは，作用機構は不明，Target siteはactin disruption（proposed）（Serial No. U 8）に分類されている。

proqunazidはDuPontで発明，開発され，2005年に上市されたキナゾリノン化合物である。うどんこ病に弱い活性が見出されたリードのピリドピリミドン化合物がきっかけとなって，再調査の結果，社内の過去の関連するキナゾリノン化合物がうどんこ病に活性があるという情報に気づき，それをさらに構造変換して創製された旨報告されている（図13）[74]。麦類，ブドウなどのうどんこ病に対して，高い予防効果および残効性を示す。前2剤同様ベーパー効果により，処理されていない葉にも効果があることが示されている[74]。作用機構は不明であるが，quinoxyfenと交差抵抗性が見られる場合がある事が報告されている[74,76]。Protein kinase C発現遺伝子（PKC 1）やRAS系のGTPase活性化タンパク遺伝子（GAP）の発現についてquinoxyfenと同様に影響が見られるが，明らかに異なった発現影響が見られているため，quinoxifenとは作用点が異なる可能性が高い[75]。FRACでは，作用機構は不明，Target siteはunkown（Serial No. U 7）に分類されている。

flutianilは大塚化学が発明し，開発中のチアゾリジン系化合物である。二つのフェニル基が無

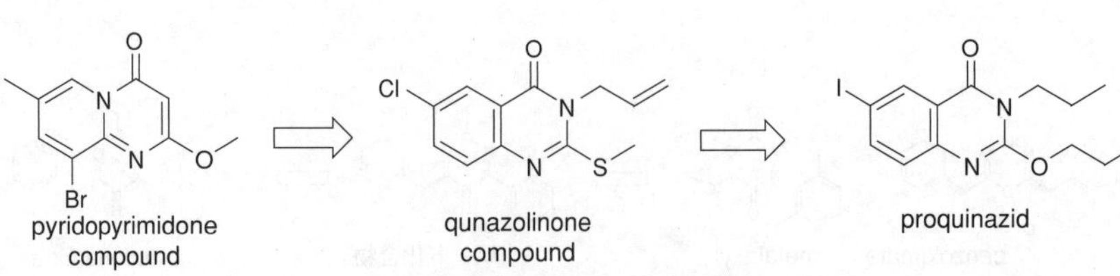

pyridopyrimidone compound　⇨　qunazolinone compound　⇨　proquinazid

図13　proquinazidへの構造展開

置換の化合物をリードして見出された（図14）[77]。うどんこ病に特異的に防除効果を示す。オオムギうどんこ病菌で吸器の形成を阻害し，グルコース添加による2次菌子の成長が阻害されたことから，吸器からの養分吸収が阻害されている可能性を示唆する報告がある[78]が作用点に関する報告は無いようである。

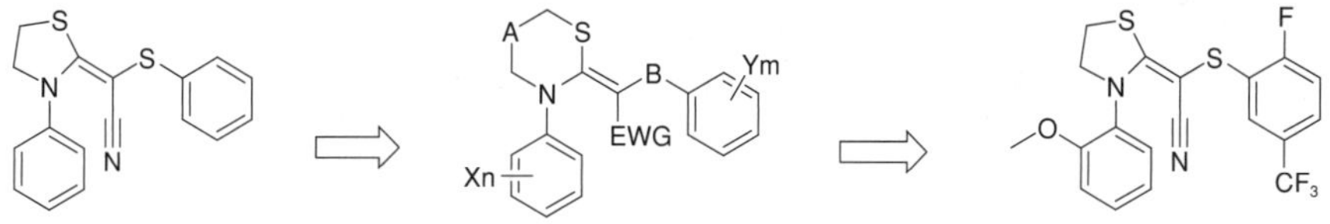

図14　flutianil への構造展開

2.5　植物の全身抵抗性付与剤

植物独自の耐病性誘導機構である全身獲得抵抗性（systemic acquired resistance）は，非親和性病原体の感染による壊死病斑の形成からサリチル酸（SA）の蓄積を介してシグナルが伝えられて（SA のリセプターについては未だ解明されていない），全身に誘導される病害抵抗性であると考えられている。全身獲得抵抗性が誘導された植物では，引き金になった病害だけでなく，感染経路の異なる幅広い病原体の感染，増殖も抑制され，その効果は数週間持続するものもある。全身抵抗性として前書で取り上げられている[1]。PR（pathogenesis-related proteins）遺伝子タンパクについては発見順に PR 1 から PR 17 までに分けられているが，PR 1，PR 17 については未だ機能が不明である。PR タンパクはキチナーゼ，β-1,3-グルカナーゼのようなカビの細胞壁を分解する酵素が含まれているが，これら PR 遺伝子を強発現させても充分な抵抗性を示さない事から，PR タンパク以外にも抵抗性に重要な機構が誘導されている事が推測された[79]。後述する WRKY タンパクも SA シグナリングによって誘導される抵抗性誘導タンパクであるが，今後感染誘導遺伝子の解明によって全身抵抗性の実態が明らかになっていくと思われる。この様な全身抵抗性は主に茎葉部分に観察される現象であるが，根に感染する寄生菌についてもほぼ同様の抵抗性誘導が見られる。共生菌についてはその菌によってその信号伝達は異なるが詳細は最近の総説を参考していただきたい[80]。

これまでに全身獲得抵抗性を誘導する多くの plant activator が見出されている（図15）[81,98~102]。モデル植物としてのシロイヌナズナにおいての，作用部位は，probenazole，BIT では全身獲得抵抗性誘導経路上の SA の上流であるのに対して，acibenzolar-S-methyl（BTH），tiadinil，INA，NCI，CMPA では全身獲得抵抗性誘導経路上の SA の下流である（これらは SA のミミックとも取れる）ことが示されている。しかしながらこれらの化合物が実用化されているイ

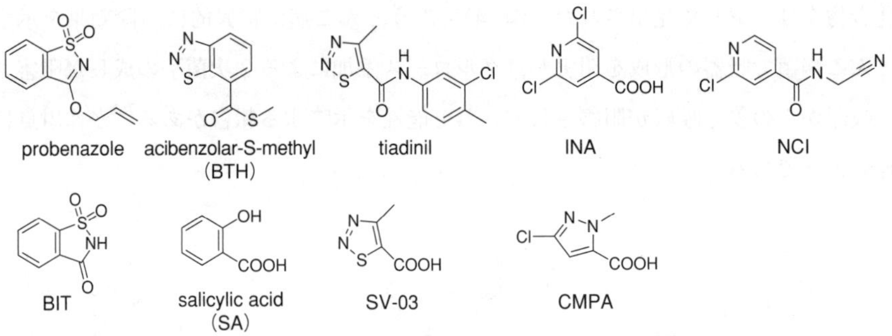

probenazole　acibenzolar-S-methyl (BTH)　tiadinil　INA　NCI

BIT　salicylic acid (SA)　SV-03　CMPA

図 15　plant activator 活性が知られている化合物例

ネにおいては，内生 SA 含量が他の植物に比較して 2 桁多い事から上記の機構については疑問視されていた。すでに前書で述べられているイネの内生 SA 量はいもち病の感染によって少量であるが有意に増加する事[1,81]，シロイヌナズナ *NPR 1* をイネに強発現させたものはいもち菌に耐性を示す事[82]，*NPR 1* のオルトローグと考えられた *NH 1* 遺伝子を強発現させたイネも同様にいもち菌に耐性を示す事から，イネにおいても同様の系が存在する事は確認された。しかしながら上記の薬剤が提供する抵抗性をこれのみで説明することは困難であった[83]。probenazole の効果を遺伝子発現面から解析した初期の研究は *PR 10* に近い遺伝子 *PBZ 1* の特徴的発現を見出し[84,85]上記のような方向性をもたらしたが，44000 個のイネ遺伝子を用いたより網羅的な BTH 誘導遺伝子の解析では 326 個の遺伝子が BTH に関与している事が判った[86]。これらすべてについて個々に解析された結果が今後報告されてくると期待されるが，生物感染防御機構において重要である転写因子 WRKY タンパク[87~89]についてその発現を見たところ，イネいもち病感染時には 15 の *OsWRKY* 遺伝子が発現の変化を示し，SA によって発現が増加するものは *OsWRKY 45* と *OsWRKY 62* であることが判った[90]。一方 BTH によって発現増加したものは SA と同様 *OsWRKY 45* と *OsWRKY 62* であった。さらにこれらの遺伝子を強発現した変異株で耐性をみたところ，*OsWRKY 62* 強発現株ではいもち病菌に感受性株と感受性の差が見られなかったが，*OsWRKY 45* 強発現株に高い耐性が見られ，WRKY 45 転写因子の重要性が確認された。SA のシグナル系にある WRKY 45 タンパクの作用は，SA のシグナル系の NH 1 タンパクとはそれぞれの KD 株を用いた結果から独立した伝達系と考えられており，グルタチオン S トランスフェラーゼや p 450 酵素が活性化される。SA と SA の下流に作用する BTH とが NH 1 と独立した WRKY 45 にも同様に作用することは，BTH が SA と共通の作用点に作用している可能性を示唆している[91]。特に内生 SA 含量の高いイネと低いシロイヌナズナでは異なったリセプター機構を有していると想像されるが，これらに関する報告は見られない。

2003 年以降に上市または開発された plant activator を図 16 に示す。

tiadinilは日本農薬で発明，開発され，2003年に上市されたチアジアゾールカルボキアニリド化合物である。リード化合物は社内に保有していた中間体であるアシルヒドラジンから1,2,3-チアジアゾールへ合成展開を行うことにより見出された（図17）[92]。イネいもち病に対して育苗箱処理および本田施用で長期間高い防除効果を示す。また，イネの白葉枯病，もみ枯細菌病などの細菌病にも有効である。いもち病菌に対して直接抗菌力を示さないが，イネが本来保有している宿主抵抗性を誘導する。動物（ラット）および植物（イネ）においてはアミド結合の加水分解，メチル基の酸化などにより，土壌においてはアミド結合の加水分解などにより代謝される。イネの主要代謝産物として対応するカルボン酸（SV-3）が認められ，tiadinilを施用したイネ葉身中でのSV-3と防除効果の間に相関が認められることから，SV-3が活性本体であると考えられている[93,94]。SV-3はタバコにおいてSAの蓄積を伴わずに全身獲得抵抗性を誘導する[95,96]。

isotianilはBayerが発明し，開発しているイソチアゾールカルボキシアニリド化合物である。抵抗性誘導剤であるが，従来剤よりも低薬量で葉いもち病を防除可能である[97]。

tiadinilおよびisotianilはBTHと同様の作用点に作用していると推測されるが，宿主防御誘導剤として，FRAC CodeではTarget No. P 3に分類されている。

全身獲得抵抗性の制御機構についても研究が進展している。モデル植物としてのシロイヌナズナにおいて全身獲得抵抗性の制御機構が解析されており，サリチル酸（SA），ジャスモン酸（JA），エチレン（ET），オーキシン（AU），ジベレリン（GA），サイトカイニン（CK），ブラシノステロイド（BR），アブシジン酸（ABA）が感染抵抗性の誘導に関わっている事が判っている。感染についてはBiotrophs感染（うどんこ病，いもち病など）とNecrotrophs感染（灰色か

構造式	一般名	開発会社	上市年（上市予定年）
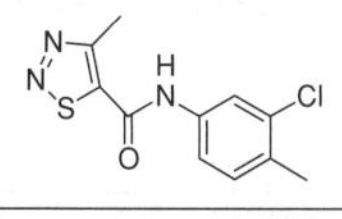	tiadinil	日本農薬	2003
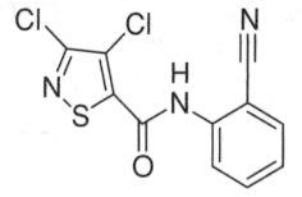	isotianil	Bayer 住友化学	(2010)

図16　最近のplant activator

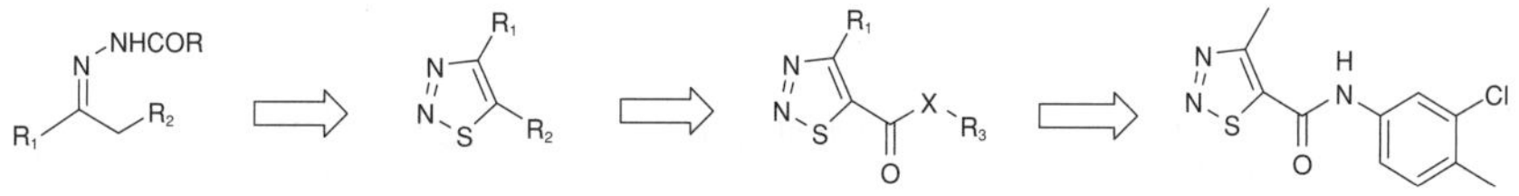

図17　tiadinilへの構造展開

び病，ピシウム病，アルタナリア病など）ではそれぞれ異なる効果を示す。すなわち，Biotrophs感染に対してSA，GA，BRは抵抗性増強に働き，JA，ET，AU，CK，ABAは抑制に働く一方，Necrotrophs感染に対してJA，ET，AU，CKは抵抗性増強に働き，SA，GAは抑制的に働く事が知られている[103]。環境ストレス応答により誘導される植物ホルモンであるABAシグナルが，全身獲得抵抗性誘導剤の効果に抑制的に働き，逆に，全身獲得抵抗性の活性化はABAを介する環境ストレス応答に抑制的に働くことが示され，全身獲得抵抗性誘導シグナルと環境ストレス応答シグナルの間に複雑なクロストークが存在することが示された。これはイネやタバコでも認められる植物種によらない一般的なストレス応答制御機構であり，ストレスの強さや緊急性に応じてシグナルを制御することにより不良環境を耐え抜く植物の生存戦略の一つであると考えられる[81,104]。

2.6　その他の上市，開発剤

上記に含まれない2003年以降の上市，開発剤として，prothioconazole，meptyldinocap，tebufloquinが挙げられる（図18）。

Bayerはアゾール系殺菌剤としてtriadimefon（1976上市）に始まり，tebuconazole（1988上市）でも大きな成功を収めているが，これに引き続き，次世代のアゾール剤として2004年にprothioconazoleを上市した。prothioconazoleは1,2,4-triazole-3-thione構造を有する点で構造的にユニークであるが，従来注目されていなかったトリアゾール環の3，5位の変換に注力した結果，創製された。不斉炭素については両鏡像体とも活性を有するが，S-体がより高活性である[105]。植物，動物における主要代謝産物はdesthio体であり，ムギ，ピーナッツでは茎葉部にprothioconazoleの約10倍量のdesthio体が確認されており[106]，植物を介しない抗菌試験の結果，desthio体がprothioconazoleに比べて極めて高活性であることから，これが活性本体と考え

構造式	一般名	開発会社	上市年
	prothioconazole	Bayer	2004
	meptyldinocap	Dow（←Rohm&Haas）	2007
	tebufloquin	明治製菓	

図18　その他の最近の殺菌剤

られる（図19）。コムギの葉枯病，さび病，うどんこ病のような従来剤で防除可能であった病害に加えて，赤かび病などのフザリウム病害や眼紋病などの難防除病害にも高活性を示し，コムギの重要なすべての病害を防除することができる[108]。ムギ類の眼紋病の2つのタイプに活性を示す点，および，トリアゾール耐性菌かまたはprochloraz耐性菌のどちらか一方と交差耐性しない，という点でユニークである[107]。また，ナタネ菌核病[109]など他の作物のいくつかの病害にも良好な活性を示す。茎葉散布だけでなく，種子処理剤としても開発されている。fluoxastrobinなどとの混合剤[110]での種子処理剤，コムギ用殺菌剤として高性能を発揮している。

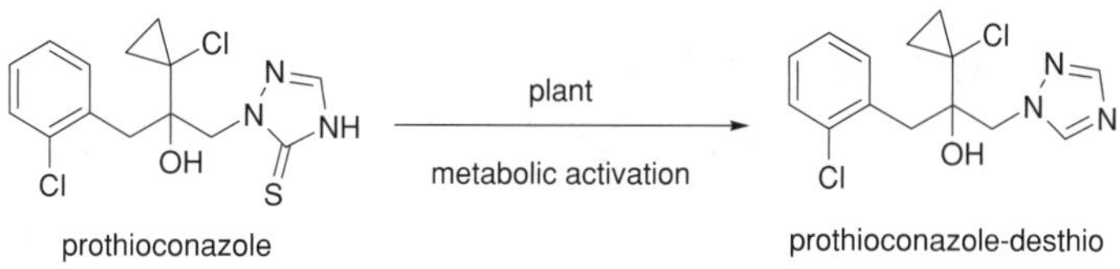

図19　プロチオコナゾールの代謝的活性化

meptyldinocapは2007年にDowが上市した果樹，蔬菜のうどんこ病防除剤である[111]。酸化的リン酸化の脱共役剤として，binapacryl，dinocap，fluazinam（2,6-dintro-anilines），ferimzone（pyrimidinone hydrazone）と共に，FRAC CodeではTarget No. C5（Serial No. 29）に分類されている。

3　ターゲット（作用機構）からみた殺菌剤の動向

農薬の中で薬剤抵抗性の問題は殺菌剤において最も顕著である。抵抗性問題は殺菌剤の宿命とも言える。

しかし，銅剤をはじめとしたマルチサイト接触型殺菌剤は200年以上使用されてきたが，抵抗性問題の報告はまれであり，実用上の問題は少ない。それに対して，特異的な作用点を有する最近の殺菌剤では，1970年のベンズイミダゾール系殺菌剤についての報告を最初の例として，実用上問題となるような抵抗性がいくつか報告されていた。一方で日米欧ともに，農薬に求められる安全性と農薬登録の規制は益々厳しくなり，新規剤の開発は益々困難になりつつあった。したがって，企業としては開発費用を回収するためにも，上市した殺菌剤をできるだけ長く使用できるように抵抗性管理の戦略を考えて実行していく重要性が高まっていた。

このような背景のもと，ベンズイミダゾール系殺菌剤などの抵抗性問題についてのセミナーが1981年および1982年にオランダのワーゲニンゲン大学で開催された後，化学工業会の代表は，抵抗性管理戦略の調整を行う会社間のグループを立ち上げることを決めた。The Fungicide Resistance Action Committee (FRAC) はこれにしたがって設立された委員会で，殺菌剤抵抗性について議論し，その予防および管理に向けて協同で取り組む事を任務としている[112]。この目的を達するため，FRAC は世界中のすべての重要な登録された殺菌剤を生化学的作用機構および／または抵抗性機構に基づいて分類し，FRAC code を付した。同じ FRAC code が付された殺菌剤は交差抵抗性を示すリスクがある。合わせて，FRAC code ごとに，ある殺菌剤または殺菌剤グループの抵抗性の内在的 (intrinsic) リスクの程度が low-medium-high でコメントされ，抵抗性管理の必要性と方法についても記載されている[112]。これらは FRAC のホームページで公開され，毎年更新されている[113]。

以下，2003 年以降の動向，新しい知見を中心にして FRAC の分類に沿って作用機構別に概説する。但し，2 節の記述との重複はなるべく避ける。

3.1 核酸合成

核酸合成を阻害する殺菌剤としては下記の 4 種類がリストされている（表 3）[112,113]。RNA の生合成を阻害するフェニルアミド系化合物は，高度抵抗性が知られているが未だにその抵抗性遺伝子，変異について知られていない[114]。

表 3　Group A：核酸合成を阻害する殺菌剤

Target Code	FRAC Code	Target site	Chemistry	Examples	備考
A 1	4	RNA polymerase I	phenylamides	metalaxyl	Oomycetes 剤
A 2	8	adenosine deaminase	hydroxy-pyrimidines	ethirimol	うどんこ剤
A 3	32	DNA/RNA synthesis (proposed)	heteroaromatics	hymexazol	広スペクトル
A 4	31	DNA topoisomerase type II (gyrase)	carboxylic acids	oxolinic acid	抗細菌剤

3.2 有糸分裂および細胞分裂

有糸分裂および細胞分裂に影響を及ぼす殺菌剤としては下記の 5 種類が知られている（表 4）[112,113]。

zoxamide は，除草剤 pronamide の類縁体合成からリードが発見され，植物に対する薬害を軽減する方向で最適化を進めた結果，創製された（図 20）[115]。zoxamide 分子は 2 つのエナンチオマーからなり，(*S*)-体が活性本体であるがラセミ体が開発された[115]。

zoxamide は微小管の assembly を阻害する。一方，zoxamide と構造類似の RH-5854 は colchicine や nocodazole と競合する結合を示すこと[116]から，zoxamide はウシの脳 β-tublin の cys-

pronamide　リード化合物　zoxamide

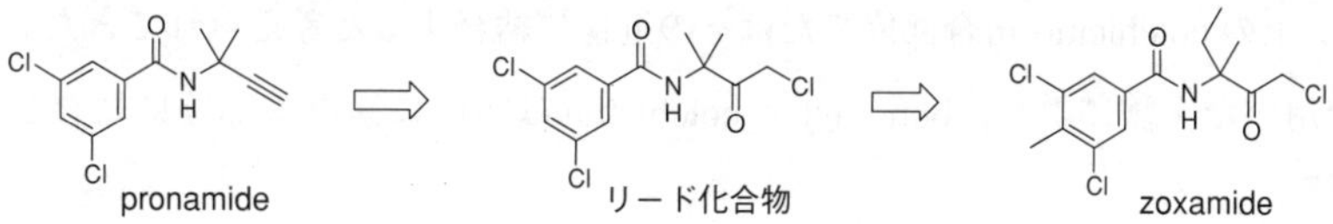

図20　zoxamide への構造展開

表4　Group B：有糸分裂，細胞分裂を阻害する殺菌剤

Target Code	FRAC Code	Target site	Chemistry	Examples	備考
B 1	1	β-tublin assembly in mitosis	methylbenzimidazole carbamate	benomyl carbendazim thiophanate-methyl	広スペクトル
B 2	10	β-tublin assembly in mitosis	N-phenylcarbamates	diethofencarb	B 1 と負相関交差耐性
B 3	22	β-tublin assembly in mitosis	benzamides	zoxamide	Oomycetes 剤
B 4	20	cell division (proposed)	phenylureas	pencycuron	Rhizoctonia solani 剤
B 5	43	delocalization of spectrin-like proteins	pyridinylmethyl-benzamides	fluopicolide	Oomycetes 剤

239 に相当するシステイン残基と共有結合すると推測されている[117]。また，carbendazim と diethofencarb の両方に耐性の灰色かび病菌は zoxamide にも耐性であることなどから，これらの3化合物も共通の結合領域を持つことが示唆されている[115]。これらのチューブリン結合化合物の化学構造を図21に示す。

colchicine のチューブリンへの結合を benomyl は阻害することから，これまで，benomyl は

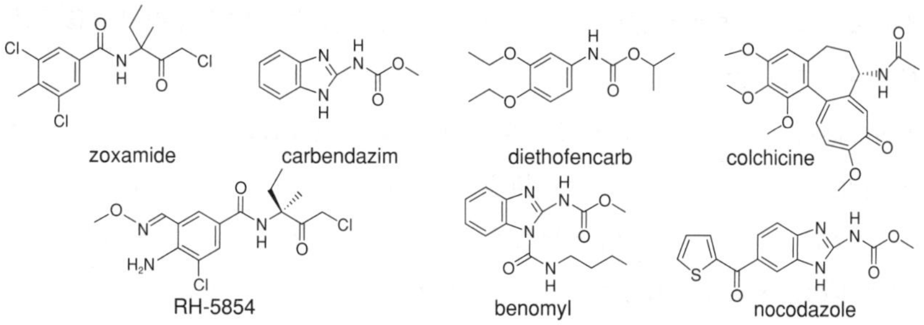

zoxamide　carbendazim　diethofencarb　colchicine　RH-5854　benomyl　nocodazole

図21　関連性のあるチューブリン結合化合物

チューブリン上のcolchicine結合部位またはその近傍に結合すると考えられてきた。しかし，最近，NMRを用いた実験により，benomylとcolchicineは明確に異なる部位に結合していることが示された[118]。

pencycuronは，DCMUを手がかりに除草剤を探索していたところ，pencycuronのシクロプロピル基がイソプロピル基である化合物に殺菌活性を見出し，これをリードとして最適化することにより創製された（図22）[119]。*Rizoctonia solani*に特異的に効果を示すが作用性については未だ不明確である[119]。

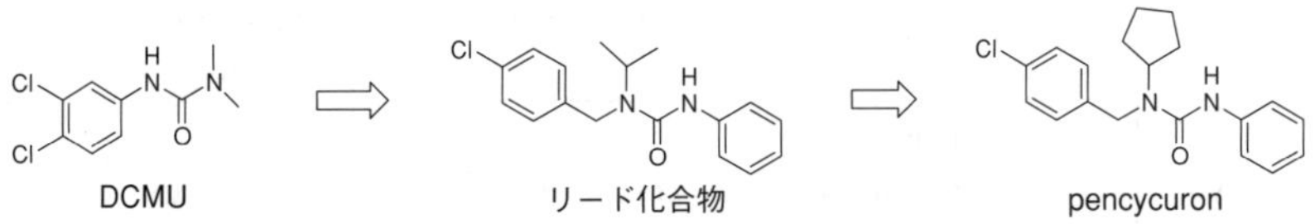

DCMU　⇨　リード化合物　⇨　pencycuron

図22　pencycuronへの構造展開

3.3　呼吸

菌の呼吸系を阻害する殺菌剤（表5）[112,113]は，標的が生命活動にとって基本的に重要であることから，多くの場合，広スペクトルの活性を示し，卵菌と真菌の双方を防除し得る化合物が多い。しかし，silthiofamはtake-allの防除のための種子処理剤として専ら使用される。

抗生物質のantimycin Aは真核生物のQiIとして知られる天然物であり[120]，多くの類縁体があるが，殺菌剤として実用化されたものはない。Dowにおいて，antimycin A_1をリードとして，アミン側を構造単純化するという方向で精力的に構造変換が行われ，アミン側はシクロヘキサン構造で置き換えられることが見出された[121]。最適化された化合物V（図23）の活性は総じて良好であり，特にべと病菌のミトコンドリアではQoIであるazoxystrobinより明らかに優れていた。本系統化合物は酵母においてantimycin Aとは交差耐性があるが，ストロビルリン耐性株とは交差しないことが確認された。化合物Vは，温室試験でもべと病，疫病などに高活性を示し，圃場試験においても，特にブドウべと病で良好な活性が見られたが，効果が安定しなかった。圃場での効果が不安定である原因が詳細に研究された結果，化合物の安定性や浸透移行性に問題があったと推測されている[121]。

一方，前書で詳述されたcyazofamidが卵菌のQiにのみ選択的に作用していることは真核生物のQiに広く作用するアンチマイシンとは極めて対照的である[122]。ferimzoneは，細胞質から細胞膜を通したプロトンの漏出を引き起こす事[124]から脱共役剤にリストされてはいるが，ferimzoneそのものが塩基性であること，内生サリチル酸の増加をもたらす事[125]などから必ずしも単一の作用性によって効果が発揮されているのではないと考えられる[123]。

表５　Group C：呼吸を阻害する殺菌剤

Target Code	FRAC Code	Target site	Chemistry (Group name)	Examples	備考
C 1	39	complex I: NADH oxido–reductae	pyrimidineamines	diflumetorim	
C 2	7	complex II: succinate–dehydrogenase	carboxamides	calboxin boscalid	多くの場合 広スペクトル
C 3	11	complex III: cytochrome bc 1 (ubiquinol oxidase) at Qo site (*Cyt b* gene)	strobilurins and related (quinone outside inhibitors: QoI fungicides)	azoxystrobin pyraclostrobin trifloxystrobin famoxadone fenamidone	多くの場合 広スペクトル
C 4	21	complex III: cytochrome bc 1 (ubiquinone reductase) at Qi site	(quinone inside inhibitors: QiI fungicides)	cyazofamid amisulbrom	Oomycetes 剤
C 5	29	uncouplers of oxidative phosphorylation	diverse	binapacryl fluazinam ferimzone	広スペクトル
C 6	30	inhibitors of oxidative phosphorylation, ATP synthase	organotins	fentin acetate	
C 7	38	ATP production (proposed)	thiophene–carboxamides	silthiofam	

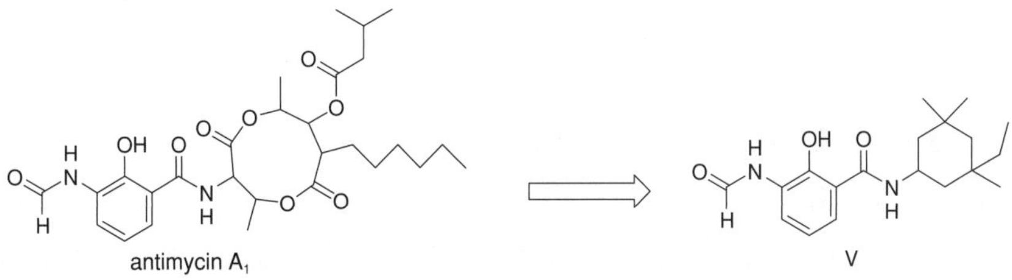

図23　アンチマイシン A_1 とその関連化合物

3.4　アミノ酸およびタンパク質合成

アミノ酸およびタンパク質の合成を阻害する殺菌剤としては以下の５種類が知られている（表６）[112,113]。いもち剤 blasticidin–S と kasugacycin はいずれも古くからリボゾームに結合してタン

表6　Group D：アミノ酸およびタンパク質合成を阻害する殺菌剤

Target Code	FRAC Code	Target site	Chemistry	Compounds	備考
Dl	9	methionine biosynthesis (proposed) (*cgs gene*)	anilino-pyrimidines (AP fungicides)	mepanipyrim pyrimetanil cyprodinil	広スペクトル
D 2	23	protein synthesis	enopyranuroicacid antibiotic	blasticidin-S	いもち剤
D 3	24	protein synthesis	hexopyranosyl antibiotic	kasugamycin	いもち剤
D 4	25	protein synthesis	glucopyranosyl antibiotic	streptomycin	抗細菌剤
D 5	41	protein synthesis	tetracycline antibiotic	oxytetracycline	抗細菌剤

パク合成を阻害することが知られている[126)]が，その詳細な結合部位については未だ不明である。

anilinopyrimidineの作用性については前書にて詳説されているが，灰色カビ病菌の抵抗性株の解析結果からanilinopyrimidineの阻害点はcystathionine-β-lyase（CBL）では無く[127)]cystathionine-γ-synthase（CGS）と考えられる。一方，抵抗性株の変異（S 24 P，I 64 V）はCGSのregulatory部分であり，抵抗性株は生成物抑制が低い状態にあると考えられた[128)]。mepanipyrimの病害防除活性はペクチナーゼなどの分泌阻害と深く関係するが，高濃度では非特異的にアミノ酸やグルコースなどの取り込みを阻害し，菌糸生育阻害活性を示すことも実用場面では想定される[129)]。

3.5　シグナル伝達

シグナル伝達を阻害する殺菌剤としては以下の３種類が知られている（表７）[112, 113)]。

ジカルボキシイミド系，フェニルピロール系殺菌剤の作用機構は前書で記載されたようにヒスチジンキナーゼ（OS-1）を含む浸透圧シグナル伝達系に浸透圧負荷信号として作用することによるグリセロールの異常蓄積や活性酸素発生であると考えられている[130)]。灰色かび病菌などの耐性変異はヒスチジンキナーゼのN末端側のアミノ酸リピート側にあることも示されている[131)]。アカパンカビではOS-4 MAPKK kinase→OS-5 MAPK Kinase→OS-2 MAP Kinaseのkinaseシグナル系へのfludioxonilの影響はないことが確認されているが，OS-2 MAP kinaseの阻害剤との混合試験の結果はfenpiclonilではその効果が低下するがvinclozolinでは低下が見られない[132)]ことから，ジカルボキシイミド系殺菌剤は異なるシグナル系をも活性化している可能性がある。

表7　Group E：シグナル伝達を阻害する殺菌剤

Target Code	FRAC Code	Target site	Chemistry	Compounds	備考
E 1	13	G-proteins in early cell signalling (proposed)	quinolines	quinoxyfen	うどんこ剤
E 2	12	MAP/Histidine-kinase in osmotic signal transduction (*os-2, HOG 1*)	phenylpyrroles	fenpiclonil fludioxonil	広スペクトル
E 3	2	MAP/Histidine-kinase in osmotic signal transduction (*os-1, Daf 1*)	dicarboximides	chlozolinate iprodione procymidone vinclozline	灰色かび他

quinoxyfenはうどんこ病菌が付着器を吸器に分化させていく段階に強く作用すると考えられている。耐性うどんこ病菌と感受性菌との比較からRAS-typeのGタンパク遺伝子が発現増していること[133]から本分類に分けられているが，最近セリンエステラーゼ活性が感受性菌でより強く阻害されている事が報告されている[134]。

3.6　脂質および膜合成

グループFの化合物は脂質および膜合成を阻害するもので，広い範囲の標的をカバーしているが，多くの場合，その作用機構の解明は不十分であり，必ずしも確定していない（表8）[112,113]。

3.7　膜ステロール合成

1960年代から1970年代にかけてアミン化合物とDMI化合物が最初に導入されて以来，菌のステロール生合成の阻害は殺菌剤の最も成功した生化学的標的になった。子嚢菌および担子菌に属するすべての病害をカバーする広スペクトルの活性に加えて，卓越した治療活性を有すること，および，抵抗性リスクが比較的低かったことがステロール生合成阻害剤（SBI：sterol biosynthesis inhibitors（表9）[112,113]）の特徴である[135,138]。

2004年の統計によれば，73.3億ドルの殺菌剤市場の内，SBI剤の市場占有率は31.1％であり，SBI剤は殺菌剤の中では最も重要な化学種となっている。トリアゾール剤が25.7％，アミン系が2.7％を占め，トリアゾール剤が圧倒的に重要である。SBI剤の市場占有率は，地域別では，西欧が42％，ラテンアメリカが28％であり，作物別では，ムギ類が44.7％，ダイズが15.3％である。ブラジルのダイズ生産において，壊滅的な被害をもたらすダイズさび病（*Phak-*

表8　Group F：膜および膜合成を阻害する殺菌剤

Target Code	FRAC Code	Target site	Chemistry	Examples	備考
F 1			formerly dicarboximides		
F 2	6	phospholipid biosynthesis, methyltransferase	phosphoro–thiolates/ dithiolanes	edifenphos pyrazophos/ isoprothiolane	多くの場合いもち剤
F 3	14	lipid peroxidation (proposed)	aromatic hydrocarbons /thiadiazoles	tolclofos–methyl /etridiazole	
F 4	28	cell memhrane permeability, fatty acids (proposed)	carbamates	propamocarb	Oomycetes 剤
F 5	40	phospholipid biosynthesis and cell wall deposition (proposed)	carboxylic acid amides	dimethomorph iprovalicarb mandi–propamide	Oomycetes 剤
F 6	44	microbial disrupters of pathogen cell membranes	*Bacillus subtilis* and the fungicidal lipopeptides they produce	*Bacillus subtilis* strain QST 713	
		ergosterol; disrupters of pathogen cell membranes	polyene macrolide	amphotericin B	FRAC リストになし；医療用抗真菌剤

opsora pachyrhizi）の出現により，ラテンアメリカはトリアゾール殺菌剤にとって益々重要になってきている[135]。

ムギ葉枯病はヨーロッパの多くの国においてコムギの最も重要な病害であり，その防除のため，マルチサイト剤（chlorothalonil など），ベンズイミダゾール系，QoI 剤，DMI 剤の 4 種類の殺菌剤が主に使用されてきた。しかし，ベンズイミダゾール系はカルベンダジムの登録抹消問題や QoI 剤は抵抗性問題のため，使用が困難になりつつある。DMI 剤に対する圃場での顕著な抵抗性は未だ報告されていないが，今世紀に入ってから圃場での感受性が低下しているとの報告がある（後述）。

植物およびヒトの病原菌において，主な DMI 抵抗性機構は次の 3 つである[138]。

(1)　ステロール 14-α-脱メチル化酵素をコードする *CYP 51* 遺伝子の点変異による DMI 剤の

表９　Group G：膜ステロール生合成を阻害する殺菌剤

Target Code	FRAC Code	Target site	Chemistry (Group name)	Examples	備考
G 1	3	C 14-demethylase in sterol biosynthesis (*erg 11/cyt 51*)	triazoles imidazoles piperazines pyridines (demethylation inhibitors: DMI fungicides)	tebuconazole	広スペクトル
G 2	5	Δ^{14}-reductase and $\Delta^{8}\rightarrow\Delta^{7}$ isomerase in sterol biosynthesis (*erg 24, erg 2*)	(amines) morpholines piperidines spiroketal-amines	fenpropimorph fenpropidin spiroxamine	主として うどんこ，さび剤
G 3	17	3-keto reductase, C 4-demethylation in sterol biosynthesis (*erg 27*)	hydroxyanilides	fenhexamid	主として 灰色かび剤
G 4	18	squalene -epoxidase in sterol biosynthesis (*erg 1*)	thiocarbamates allylamines	pyributicarb terbinafine	医療用抗真菌剤

標的への親和性の低下[137)]

(2)　*CYP 51* 遺伝子の過剰発現による CYP 51 タンパクの増加

(3)　活性な排出タンパク質の増加による菌細胞内での DMI 剤の減少：ABC（ATP 結合カセット）トランスポーターなどがかかわり，多様な種類の殺菌剤への多剤抵抗性を媒介し得る

これらの機構の組み合わせは，DMI 抵抗性のポリジーン制御につながり，*Candida albicans* の fluconazole の臨床での採取菌に普通に見られる[136)]。類似の現象が葉枯病菌のような植物病原菌の抵抗性株の原因にもなり得る。しかし，2006 年までにフランスで採取されたムギ葉枯病菌の DMI 剤感受性の変化は，上記３個の要因が全てあてはまるが，*CYP 51* 遺伝子の変異と最も相関していた。変異点（V 136 A，Y 137 F，I 381 V，Y 459 S/D/H G 460 D，Y 461 S/H）によって７つの変異種に分別され[138)]，これらは DMI 剤の履歴を反映したものと想像されている。2007 年の調査ではさらに L 50 S，S 188 N，A 379 G，G 510 C，N 513 K，V 136 C が新たに確認されており，

西ヨーロッパでは野生株は極めて稀となっている[139)]。V 136 A/C，A 379 G，I 381 V は *Candida albicans* には見られない変異点である[139)]。V 136 A 変異は prochloraz 使用履歴で，I 381 V 変異は tebuconazole，metconazole 使用履歴で増加する傾向が見られ[140)]，これらの剤が誘導した変異である可能性が高い。epoxiconazole に約 10 倍の低感受性の変異株 R 7$^+$（A 379 G，I 381 V，Δ Y 459 G 460），R 6 a 2（I 381 V，Y 461 S/H）はイギリス，フランス，デンマーク，ドイツで優先しているが，epoxiconazole の圃場での効果は未だ維持されている[139,141)]。多くの場合，低感受性株の ebricol（真菌においては CYP 51 の主たる基質と考えられる）の含量は高いが，エルゴステロール含量は野生株と変わらない。V 136 A 変異は特に ebricol 含量が高く，CYP 51 活性が低下していると想像される[142)]。これらの変異は CYP 51 の基質認識部分の SRS–1（V 136 A，Y 137 F），SRS–5（A 379 G，I 381 V）を含む ebricol の結合部分[143～145)]であり，アゾール殺菌剤に応じた変異が積算されていると考えられる[141)]。現在新たに見られた変異は今のところ epoxiconazole によって誘導されたと考えられるものは無い[139,141)]。pyraclostrobin の抵抗性が大きな問題となった現在，epoxiconazole への依存が高まれば，新たな変異が積算され，耐性増加の懸念があるように思われる。

ステロイド骨格の生合成系では特徴的なカルボカチオン経由の反応が知られている。2,3–エポキシスクアレンの環化，$\Delta^8 \rightarrow \Delta^7$ 異性化は 8 位のカルボカチオンを経由する事からこの位置により安定なアンモニウムイオンを生成できるアミン部分構造を配する試みが継続しているが[146)]，1980 年代の半ば以降，トリアゾール殺菌剤に対するムギ類のうどんこ病の抵抗性問題のため，fenpropimorph や fenpropidin がトリアゾール殺菌剤の混合相手として重要になってきた[147,148)]。cis：trans＝1：1 のジアステレオマー混合物である spiroxamine は最も新しく導入されたアミン系化合物であるが，4 個の異性体はいずれも活性を有しており，cis≧trans の傾向が見られる[149,150)]。spiroxamine はムギ類のうどんこ病やさび病防除に使用されるだけでなく，薬害の面からブドウうどんこ病防除に使用できる唯一のアミン化合物である。アミン系化合物の標的部位である Δ^{14}–reductase および $\Delta^8 \rightarrow \Delta^7$isomerase の阻害の強さは化合物により異なり，fenpropidin および spiroxamine は Δ^{14}–reductase を，fenpropimorph は $\Delta^8 \rightarrow \Delta^7$isomerase をより強く阻害する。高濃度ではスクアレンのエポキシ化および 2,3–エポキシスクアレンの環化の阻害も見られる[150)]。

他のステロール生合成阻害剤と異なり，fenhexamid による防除は灰色かびとその関連の病害に限定される。作用性については前書で述べられている以上の報告はないようであるが，作用酵素である 3–ketoreductase が灰色かび病菌に特異的ではないので，今後別の菌への適応が可能となる化合物が発見されると思われる。fenhexamid は，除草剤を目的として光化学系 II の阻害剤に向けて合成を行っていたところ，下記の 4–ヒドロキシアニリド化合物が灰色かびに弱いなが

らも安定した *in vitro* および *in vivo* 活性を示すことを見出し，これをリードとして最適化を行うことにより創製されたと報告されている（図24）[135]。

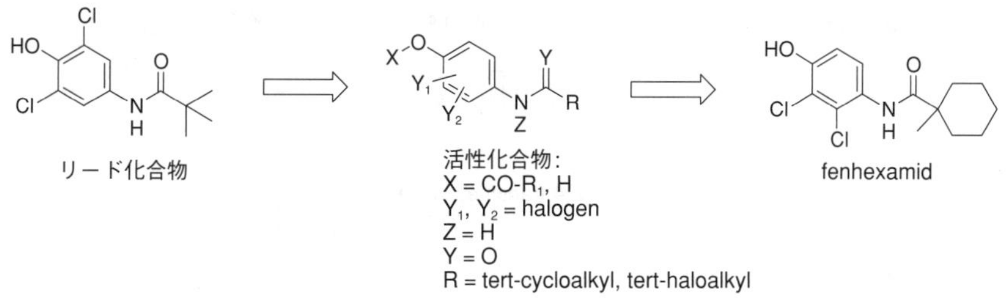

リード化合物

活性化合物：
X = CO-R_1, H
Y_1, Y_2 = halogen
Z = H
Y = O
R = tert-cycloalkyl, tert-haloalkyl

fenhexamid

図24　fenhexamid への構造展開

FRAC でリストされているものの，スクアレンエポキシダーゼ阻害剤の中で農業用殺菌剤として実用化されたものはない。しかし，菌のスクアレンエポキシダーゼは哺乳動物のものと系統発生学的には遠いため，選択的抗菌剤の標的には適していると言える[135]。実際，下記のアリルアミン系化合物[151]が医療用抗真菌剤として知られており，特に terbinafine は重要な位置を占めている（図25）。

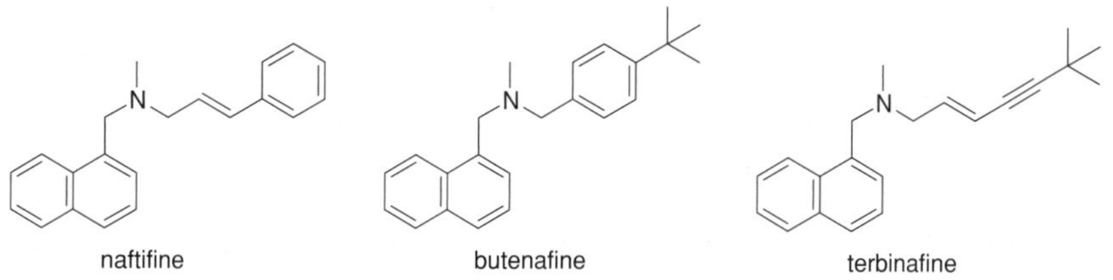

naftifine　　butenafine　　terbinafine

図25　アリルアミン系抗真菌剤

アミジン系化合物 Compound 1 がコムギうどんこ病や葉枯病に，Compound 4 がダイズさび病に，圃場において活性を示すことが報告されている[152]。これらは，エルゴステロール生合成の C-24 transmethylase（Sterol 24-C-methyltransferase）を阻害するとされている。農薬として新規の標的部位であり，興味深い。但し，商品化に近いということはないため，FRAC リストには記載されていない。同酵素の反応機構からは25位のカルボカチオンの安定性が重要である事が推測され，前述のアミン系化合物と同じ発想から阻害剤が見出されている[153]。Nes らは最近，基質類縁体の 24 が，真菌の同酵素を阻害するのみならず，医療用抗真菌剤 itraconazole と同等の *in vitro* 抗真菌活性を示すことを報告している[154]。関連化合物の構造を図26に示す。

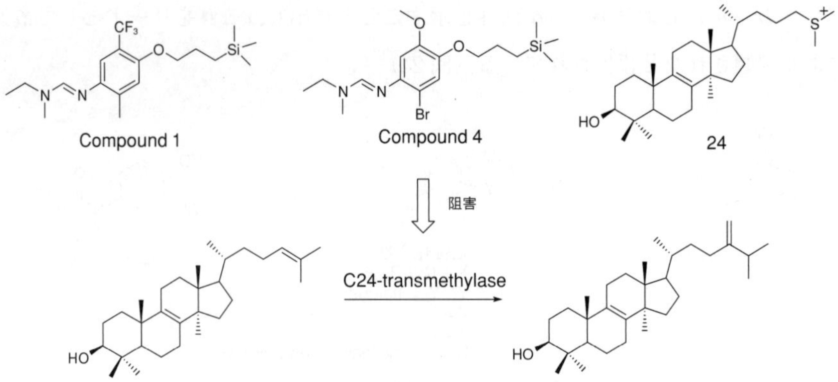

図26　ステロール24-C-メチルトランスフェラーゼ阻害剤

3.8　グルカン合成

グルカン合成を阻害する殺菌剤としてFRACではvalidamycin類とpolyoxin類の2種がリストされている（表10）[112,113]。validamycin Aは細胞壁に存在するトレハラーゼに対してトレハロースとの拮抗阻害を示す事[155]が知られているが，トマトに関してはSAシグナル系の抵抗性誘導活性が見出されている[156]。polyoxin Bは，哺乳動物の細胞壁において真菌に比べ極めて低含量のキチンの生合成を阻害することから広スペクトル殺菌活性が期待できる標的であるが，作用点が細胞膜の原形質側にあるきわめて親水性の部分という特徴的な作用部位特性から，その酵素阻害活性に反して実際の使用は限定される。

1,3-β-D-glucanは真菌類の細胞壁の主要成分であり，哺乳動物にはないことから，その生合成阻害剤は選択的な抗真菌剤になり得る。実際，1,3-β-D-glucan synthase阻害剤であるcaspofunginが医療用抗真菌剤として開発され，2001年に上市されている。その後，同系統のエチノカンジン系[157]と称される半合成環状ペプチド構造の化合物がいくつか上市され，医療用抗真菌

表10　Group H：グルカン合成を阻害する殺菌剤

Target Code	FRAC Code	Target site	Chemistry (Group name)	Examples	備考
H 3	26	trehalase and inositol-biosynthesis	glucopyranocyl antibiotic	validamycinA	紋枯れ剤
H 4	19	chitin synthase	peptidyl pyrimidine nucleoside	polyoxinB	広スペクトル
		1,3-β-D-glucan synthase	lipopolipeptide (echinocandins)	caspofungin	FRACリストになし；医療用抗真菌剤

剤として重要な位置を占めていることから，将来の殺菌剤の標的として魅力的な作用点であるが，既に高い抵抗性を示す変異株が見られている[158]。農業用の化合物は見出されていない。

最近，aldose 還元酵素阻害型の糖尿病合併症治療薬である epalrestat の関連化合物である Compound 1 を手がかり化合物として殺菌剤リードの探索が試みられ，キュウリベと病に有効な Copound 23 が見出された（図 27）[159]。aldose 還元酵素は，ポリオール経路の最初の酵素であり，glucose から sorbitol への NADPH 依存性の還元を触媒する。

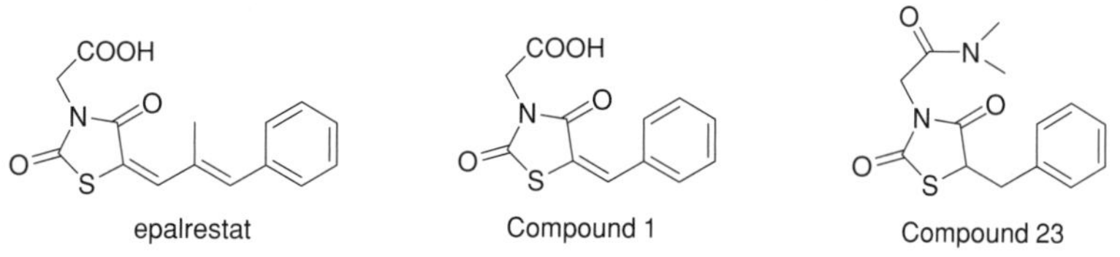

epalrestat　Compound 1　Compound 23

図 27　epalrestat およびその関連化合物

3.9　細胞壁でのメラニン合成

菌の細胞壁におけるメラニン合成の阻害はイネいもち病防除のための特異的標的と言える。還元酵素を阻害する MBI-R 剤と脱水酵素を阻害する MBI-D 剤の 2 種が知られている（表 11）[112,113]。MBI-D 剤は 2001 年に効力の減退が認められ，耐性菌が検出された。耐性変異株のシタロン脱水酵素は 75 位のアミノ酸がバリンからメチオニンに変化（V 75 M）していることがわかった[160]。酵素―阻害剤複合体の X 線結晶構造解析で V 75 はアミン部分のフェニル基の固定に重要[161〜163]であり，V 75 M では立体的制限から阻害剤がアクセスできない事，予想されるシタロン結合様式には V 75 M 変異はほとんど影響が無いであろうと想像された[164]。この知見を基に，酸，アミンを最適化した結果 carpropamid のアミン部位を修飾することで耐性菌にある程度の効力が得られたが，現状では満足する結果を得てはいないようである[165]。

表 11　Group I：細胞壁でのメラニン合成を阻害する殺菌剤

Target Code	FRAC Code	Target site	Group name	Examples	備考
I1	16.1	reductase in melanine biosynthesis	melanine biosynthesis inhibitors-reductase: MBI-R	fthalide tricyclazole	いもち剤
I2	16.2	dehydratase in melanine biosynthesis	melanine biosynthesis inhibitors-dehydratase: MBI-D	carpropamid	いもち剤

3.10　宿主防御誘導

宿主防御誘導剤はかびに直接抗菌活性を示さず，植物に全身獲得抵抗性を誘導する化合物であり，下記の4種，5化合物がFRACリストに挙げられている（表12）[112,113]。

表12　Group P：宿主防御誘導剤

Target Code	FRAC Code	Target site	Chemistry	Compounds	備考
P 1	P	salicylic acid pathway	benzothiadiazole	acibenzolar-S-methyl	
P 2	P	(salicylic acid pathway)[1)]	benzisothiazole	probenazole	主として いもち剤
P 3	P	(salicylic acid pathway)[1)]	thiadiazole－carboxamide	tiadinil isotianil	主として いもち剤
P 4 (proposed)	P		natural product	laminarin	

1)　FRACリストでは空欄である。

3.11　不明

多くの研究にもかかわらず，いくつかの殺菌剤は生化学的作用機構が不明である（表13）。cymoxanilおよびfosetyl-Alは卵菌剤として長い間市場に受け入れられてきた。cymoxanilは灰色かび病菌感受性変異株でよりすみやかに代謝されるが，非感受性株では代謝されないため主要代謝物の活性が確認されているが，いずれもcymoxanilに比べて低活性であった[167]。何らかの活性化された化合物が活性本体ではないかと考えられるが，未だその活性本体は同定されていない[166]。

表14[112,113]に示された化合物は最近上市された化合物で，作用機構が不明か，または，必ずしも未だ明確になっていない化合物である。したがって，作用機構または抵抗性リスクが明らかになれば，新たにFRAC Codeが付され，他に分類され得る。

3.12　マルチサイト接触活性

マルチサイトの作用を有する殺菌剤の多くは，何十年も使用されてきた（表15）[112,113]。最も古い殺菌剤である銅剤や硫黄剤を含めて，マルチサイト殺菌剤は，一般に，抵抗性リスクは低いと考えられている。

表13　作用機構不明の殺菌剤

FRAC Code	Target site	Chemistry	Compounds	備考
27	unkown	cyanoacetamide –oxime	cymoxanil	Oomycetes 剤
33	unkown	ethyl phosphonates	fosetyl–Al	Oomycetes 剤
34	unkown	phthalamic acids	tecloftalam	抗細菌剤
35	unkown	benzotriazines	triazoxide	
36	unkown	benzene –sulfonamides	flusulfamide	
37	unkown	pyridazinones	diclomezine	主として紋枯れ剤
42	unkown	thiocarbamate	methasulfocarb	

表14　作用機構不明の最近の殺菌剤

FRAC Code	Target site	Chemistry	Compounds	備考
U 5	microtubule disruption (proposed)	thiazole carboxamide	ethaboxam	Oomycetes 剤
U 6	unkown	phenyl actamide	cyflufenamid	うどんこ剤
U 7	unkown	qunazolinone	proqunazid	うどんこ剤
U 8	actin disruption (proposed)	benzophenone	metrafenone	主としてうどんこ剤

表15　Group M：マルチサイト作用の殺菌剤

FRAC Code	Chemistry	Examples
M 1	inorganic	copper
M 2	inorganic	sulphur
M 3	dithiocarbamates and relatives	mancozeb
M 4	phthalimides	captan
M 5	phthalonitriles	chlorothalonil
M 6	sulfamides	dichlofluanid
M 7	guanidines	dodine
M 8	triazines	anilazine
M 9	antharaquinones	dithianone

4 イネいもち病抵抗性品種のマルチライン栽培の進展

イネの真性抵抗性については殺菌剤の話題の中で触れられる事は従来無かったが，ササニシキBL米，コシヒカリ新潟BL米，コシヒカリ富山BL米は，現在いもち病抵抗性品種として登録され，マルチライン栽培によって新潟県では非常に大きな減いもち病防除殺菌剤作付け割合を示していることから，敢て記載する事とした。

これらのBL米品種は，従来から知られている真性抵抗性遺伝子をコシヒカリやササニシキに連続戻し交配することで導入したものであり，抵抗性遺伝子以外はササニシキやコシヒカリと同一であるとみなされている。従来，真性抵抗性は2～3年でその抵抗性が無効化（ブレークダウン）することが実験事実から知られており，単独では充分な抵抗性が確保できないとされてきた[168]。ササニシキBL米の4系統（抵抗性遺伝子；*Pik*，*Pik-m*，*Piz*，*Piz-t*）混合作付けによって9年間の間いもち病についてブレークダウンが起こらない事が見出され，複数の真性抵抗性系統のマルチライン栽培の有効性が確認された。マルチラインの結果生じると懸念されたスーパー抵抗性レースは顕在化しないことも同時に確認されている[7]。真性抵抗性遺伝子については現在73個が知られている。その抵抗性メカニズムについてはほとんど知られていないが，その約80％がヌクレオチド結合部分，ロイシンリッチ部分（NBS-LRR）を持っており，何らかのタンパクと複合体を作る転写因子と想像される[169]。現在*Pi-ta*，*Pia*，*Pib*，*Pii*，*Pik*，*Pit*，*Piz*，*Pizt*，*Pi-ta 2*の抵抗性遺伝子系統については共通の機構があるように思われる。これらの系統に対応するいもち病菌のレースにはすべて抵抗性遺伝子を発現させる非毒性タンパク遺伝子（AVR遺伝子）が確認されており[170]，AVRタンパク（例えばAVR―Pita）が抵抗性タンパク（Pita）と結合することで信号が発せられ，過酸化酵素やファイトアレキシン生合成等がおこると考えられている[168]。AVRタンパクはいもち菌の宿主判別の目的でつくられたものであると想像されるが，その本来の役割は不明である。このような真性抵抗性系統の抵抗性のブレークダウンはAVRタンパク遺伝子の変異によるものと考えられ[171,172]，感染菌が変異する可能性も指摘されている。マルチラインが何故抵抗性の発現を抑制するのかについては未だ不明であるが，いもち菌のAVRタンパクの変異が感染後に起こり，その結果イネが抵抗性タンパクの発現を止めるため抵抗性レースは優先しえないため，いもち菌が全体に低水準の発生に留まることで発病を防いでいると想像される。このためその圃場でのレース分布の把握とそのレース分布に対応したBL米系統の選択と配分が重要であり，*Pia*系統であるササニシキ栽培地域と真性抵抗性遺伝子の無いコシヒカリ栽培地域では，異なったいもち菌レース配分であるため，BL米系統配分も異なったものが求められる[7~9]。

このような真性抵抗性とは異なる圃場抵抗性についても11個の有効な遺伝子が知られてい

る[169,173]。圃場抵抗性については真性抵抗性のようないもち菌レースとの相互関係は無いが，その抵抗性機構については明確なものは無い。またイネ遺伝子データベース上，抵抗性遺伝子と推測される遺伝子は約4100ある[169]ことから，今後も有効な圃場抵抗性遺伝子が確認されることが期待される。

5　おわりに

ここ6年は順調に各種殺菌剤が上市，開発されてきたが，ポストアゾール剤やポストストロビルリン系剤となり得るような新規な作用機構の広スペクトル剤として有望な化合物は現在のところ見当たらないようである。当面は新規 Complex II 剤やその他の新規専用剤で新たなビジネスが展開されることになろう。しかし，殺菌剤をクレームした作用機構新規で広スペクトルと思われる化合物についての特許出願は相変わらず活発であり，近々そのような剤が開発ステージに入る可能性もあると思われる。

一方，従来化学農薬が主流と見られていた殺菌剤分野においても総合防除の時代が近づいている事は確実であり，今後の殺菌剤に求められる性質も変わってくることが予想される。

文　献

1）三浦一郎，新農薬開発の最前線―生物制御科学への展開，山本出 監修，シーエムシー出版，pp.26–81（2003）
2）佐野愼亮ほか，新農薬の開発展望，井倉勝弥太 監修，シーエムシー出版，pp.23–69（1997）
3）V. Meyer, *Appl. Microbiol. Biotechnol*., **78**, 17–28（2008）
4）J. F. Marcos *et al., Annu. Rev. Phytopathol*., **46**, 273–301（2008）
5）R. B. Ferreira *et al., Mol. Plant Phathology*, **8**, 677–700（2007）
6）J. L. Smith *et al., Pest Manag. Sci*., **65**, 497–503（2009）
7）佐々木武彦，宮城古川農試報，**3**，1–35（2002）
8）石崎和彦ほか，日本作物学会紀事，**74**，438–443（2005）
9）小島洋一朗ほか，農業技術，**59**，77–81（2004）
10）H. Sauter, Modern Crop Protection Compounds, ed. by W. Kramer, U. Schirmer, WILEY–VCH, 2007, vol. 2, pp.457–495
11）D. W Bartlett *et al., Pest Manag. Sci*., **58**, 649–662（2002）
12）L. Esser *et al., J. Mol. Biol*., **341**, 281–302（2004）

13) J. W. Cooley *et al., Biochemistry*, **48**, 1888–1899 (2009)
14) S. F. Donovan, Synthesis and Chemistry of Agrochemicals VII, ed. by J. W. Lyga, G. Theodoridis, American Chemical Society, pp. 7–22 (2007)
15) X. Gao *et al., Biochemistry*, **41**, 11692–11702 (2002)
16) K.–H. Kuck, Pesticide Chemistry, ed. by H. Ohkawa, H. Miyagawa, P. W. Lee, WILEY–VCH, 2007, pp. 275–283
17) V. Grasso *et al., Pest Manag. Sci*., **62**, 465–472 (2006)
18) S. L Toffolatti *et al., Pest Manag. Sci*., **63**, 194–201 (2007)
19) Sierotzki *et al., Pest Manag. Sci*., **63**, 225–233 (2007)
20) H. Avenot *et al., Plant Pathol*., **57**, 135–140 (2008)
21) S. Banno *et al., Plant Pathol*., **58**, 120–129 (2009)
22) S. Fontaine *et al., Pest Manag. Sci*., **65**, 74–81 (2009)
23) S. FF Torriani *et al., Pest Manag. Sci*., **65**, 155–162 (2009)
24) D. Fernández–Ortuño *et al., Pest Manag. Sci*., **64**, 694–702 (2008)
25) R. Roohparvar *et al., Pest Manag. Sci*., **64**, 685–693 (2008)
26) Y. Araki *et al., J. Pesticide Sci*., **30**, 203–208 (2005)
27) I. Häuser–Hahn *et al., Pflanzenschutz–Nachrichten Bayer*, **57**, No.3, 437–450 (2004)
28) H. Reiner *et al., Pflanzenschutz–Nachrichten Bayer*, **57**, No.3, 391–414 (2004)
29) S. Dutzmann *et al., Pflanzenschutz–Nachrichten Bayer*, **57**, No.3, 415–435 (2004)
30) 小島研一ほか，日本農薬学会平成 17 年度大会講演要旨集，D 109 (2005)
31) G. Stammler *et al., J. Pesticide Sci*., **32**, 10–15 (2007)
32) B. van Ravenzwaay *et al., J. Pesticide Sci*., **32**, 270–277 (2007)
33) 尾崎正美ほか，日本農薬学会平成 17 年度大会講演要旨集，C 105 (2005)
34) 片岡智ほか，日本農薬学会平成 18 年度大会講演要旨集，B 210 (2006)
35) 片岡智ほか，日本農薬学会平成 19 年度大会講演要旨集，SI 10 (2007)
36) 汲田泉，新しい農薬原体の創製 2006, シーエムシー出版，pp. 220–231 (2006)
37) J. Rheinheimer, Modern Crop Protection Compounds, ed. by W. Krämer, U. Schirmer, WILEY –VCH, 2007, vol. 2, pp.496–505
38) Y. Yanase *et al*., Pesticide Chemistry, ed. by H. Ohkawa *et al*., WILEY–VCH, 2007, pp. 295–303
39) 澤井伸光ほか，日本農薬学会平成 17 年度大会講演要旨集，D 108 (2005)
40) G. Stammler *et al.*, Proceeding of XVI International Plant Protection Congress 2007, 40–45 (2007)
41) H.F. Avenot *et al., Phytopathology*, **98**, 736–742 (2008)
42) J. P. R. Keon *et al., Curr. Genet*., **19**, 475–481 (1991)
43) W. Skinner *et al., Curr. Genet*., **34**, 393–398 (1998)
44) Y. Ito *et al., Mol. Gen. Genomics*, **272**, 328–335 (2004)
45) R. Horsefield *et al., J. Biol. Chem*., **281**, 7309–7316 (2006)
46) F. Sun *et al., Cell*, **121**, 1043–1057 (2005)
47) 勝田裕之ほか，日本農薬学会平成 16 年度大会講演要旨集，A 204 (2004)
48) 勝田裕之，日本農薬学会平成 19 年度大会講演要旨集，S 19 (2007)

49） 柳瀬勇次ほか，日本農薬学会平成16年度大会講演要旨集，A 205（2004）
50） G. Briggs *et al., Pflanzenschutz-Nachrichten Bayer*, **59**, 141-152（2006）
51） V. Toquin *et al*., Modern Crop Protection Compounds, ed. by W. Krämer, U. Schirmer, WILEY-VCH, 2007, vol. 2, pp.675-682
52） V. Toquin *et al., Pflanzenschutz-Nachrichten Bayer*, **59**, No.2-3, 171-184（2006）
53） M. Cotado-Sampayo *et al., Fungal Genetics and Biology*, **45**, 1008-1015（2008）
54） U. Gisi *et al*., Modern Crop Protection Compounds, ed. by W. Krämer, U. Schirmer, WILEY-VCH, 2007, vol. 2, pp.651-674
55） U. Gisi *et al., Eur. J. Plant Pathol*., **122**, 157-167（2008）
56） Y. Cohen *et al., Phytopathology*, **97**, 1274-1283（2007）
57） Y. Cohen *et al., Eur. J. Plant Pathol*., **122**, 169-183（2008）
58） 柴田卓，新しい農薬原体の創製2006，シーエムシー出版，pp. 118-127　（2006）
59） Y. Miyake *et al., J. Pesticide Sci*., **30**, 390-396（2005）
60） C. Lamberth *et al., Pest Manag. Sci*., **62**, 446-451（2006）
61） D. Hermann *et al*., Proceedings of The BCPC international Congress- Crop Science & Technology 2005. 93-98（2005）
62） 高橋寛明ほか，日本農薬学会平成19年度大会講演要旨集，SI 3（2007）
63） 蓮沼奈香子ほか，日本農薬学会平成17年度大会講演要旨集，D 107（2005）
64） J. Dietz, Modern Crop Protection Compounds, ed. by W. Krämer, U. Schirmer, WILEY-VCH, 2007, vol. 2, pp.727-738
65） 佐野愼亮ほか，日本農薬学会平成19年度大会講演要旨集，AL 3（2007）
66） 笠原勇，ファインケミカル，**34**（7），29-37（2005）
67） 山中誉，日本農薬学会平成19年度大会講演要旨集，SI 5（2007）
68） 佐野愼亮ほか，農薬誌，**32**，151-156（2007）
69） M. Haramoto *et al., J. Pesticide Sci*., **31**, 95-101（2006）
70） M. Haramoto *et al., J. Pesticide Sci*., **31**, 116-122（2006）
71） M. Haramoto *et al., J. Pesticide Sci*., **31**, 397-404（2006）
72） M. R Schmitt *et al., Pest Manag. Sci*., **62**, 383-392（2006）
73） K. S Opalski *et al., Pest Manag. Sci*., **62**, 393-401（2006）
74） T. P. Selby *et al*., Synthesis and Chemistry of Agrochemicals VII, ed. by J. W. Lyga, G. Theodoridis, American Chemical Society, pp. 209-222（2007）
75） S. R. Gilbert *et al., Pest. Biochem. Physiol*., **94**, 127-132（2009）
76） J.-L. Genet *et al., Pest. Manag. Sci*., **65**, 878-884（2009）
77） 遠藤康弘ほか，日本農薬学会平成21年度大会講演要旨集，9 B 27（2009）
78） 小村朋三ほか，日本農薬学会平成21年度大会講演要旨集，9 B 28（2009）
79） L. C. van Loon *et al., Annu. Rev. Phytopathol*., **44**, 135-162（2006）
80） C. Gutjahr *et al., Molecular Plant-Microbe Interactions*, **22**, 763-772（2009）
81） 安田美智子，農薬誌，**31**，291-296（2007）
82） H.A. Fitzgerald *et al., Molecular Plant-Microbe Interactions*, **17**, 140-151（2004）
83） M. Chern *et al., Molecular Plant-Microbe Interactions*, **18**, 511-520（2005）

84） N. Midoh *et al., Plant Cell Physiol*., **37**, 9–18（1996）
85） H. Nakashita *et al., Biosci. Biotechnol. Biochem*., **65**, 205–208（2001）
86） S. Kikuchi *et al*., Rice Improvement in the Genomics Era, CRC Press, pp, 15–58（2007）
87） T. Eulgem *et al., The EMBO J*., **18**, 4689–4699（1999）
88） L. Du *et al., The Plant J*., **24**, 837–847（2000）
89） T. Eulgem *et al., Trends in Plant Sci*., **5**, 199–206（2000）
90） H.-S. Ryu *et al., Plant Cell Rep*., **25**, 836–847（2006）
91） M. Shimono *et al., The Plant Cell*, **19**, 2064–2076（2007）
92） 嶋岡孝史ほか，日本農薬学会平成 16 年度大会講演要旨集，A 209（2004）
93） 津幡健治ほか，農薬誌，**31**，174–181（2006）
94） 津幡健治ほか，新しい農薬原体の創製 2006，シーエムシー出版，pp. 128–137（2006）
95） M. Yasuda *et al., J. Pesticide Sci*., **29**, 46–49（2004）
96） M. Yasuda *et al., J. Pesticide Sci*., **31**, 329–334（2006）
97） 沢田治子，日本農薬学会平成 21 年度大会講演要旨集，8 A-1（2009）
98） J. Görlach *et al., The Plant Cell*, **8**, 629–643（1996）
99） S. W. Morris *et al., Molecular Plant-Microbe Interactions*, **11**, 643–658（1998）
100） M.Nishioka *et al., J. Pesticide Sci*., **28**, 416–421（2003）
101） 鳴坂義弘ほか，農薬誌，**33**，196–200（2008）
102） C. Knoth *et al., Plant Physiol*., **150**, 333–347（2009）
103） R. Bari *et al., Plant Mol. Biol*., **69**, 473–488（2009）
104） B. Asselbergh *et al., Molecular Plant-Microbe Interactions*, **21**, 709–719（2008）
105） M. Jautelat *et al., Pflanzenschutz-Nachrichten Bayer*, **57**, No.2, 145–162（2004）
106） M. Haas *et al., Pflanzenschutz-Nachrichten Bayer*, **57**, No.2, 207–224（2004）
107） K. -H. Kuck *et al., Pflanzenschutz-Nachrichten Bayer*, **57**, No.2, 225–236（2004）
108） S. Dutzmann *et al., Pflanzenschutz-Nachrichten Bayer*, **57**, No.2, 249–264（2004）
109） P. Davies *et al., Pflanzenschutz-Nachrichten Bayer*, **57**, No.2, 283–293（2004）
110） A. Suty-Heinze *et al., Pflanzenschutz-Nachrichten Bayer*, **57**, No.3, 451–472（2004）
111） A. E. Hufnagl *et al*., Proceedings of XVI International Plant Protection Congress 2007, 32–39（2007）
112） K.-H. Kuck *et al*., Modern Crop Protection Compounds, ed. by W. Krämer, U. Schirmer, WILEY-VCH, 2007, vol. 2, pp.415–432
113） FRAC website, www.frac.info.
114） U. Müller *et al*., Modern Crop Protection Compounds, ed. by W. Krämer, U. Schirmer, WILEY-VCH, 2007, vol. 2, pp.739–746
115） D. H. Young, Modern Crop Protection Compounds, ed. by W. Krämer, U. Schirmer, WILEY-VCH, 2007, vol. 2, pp.581–590
116） D. H. Young *et al., J. Biomol. Scr*., **11**, 82–89（2006）
117） R. Bai *et al., J. Biological Chem*., **275**, 40443–40452（2000）
118） M.-J. Clément *et al., Biochemistry*. **47**, 13016–13025（2008）
119） I. Uneyama *et al*., Modern Crop Protection Compounds, ed. by W. Krämer, U. Schirmer,

WILEY-VCH, 2007, vol. 2, pp.591-603
120) L.-s. Huang *et al., J. Mol. Biol*., **351**, 573-597 (2005)
121) W. J. Owen *et al*., Synthesis and Chemistry of Agrochemicals VII, ed. by J. W. Lyga, G. Theodoridis, American Chemical Society, pp. 137-152 (2007)
122) 大島武ほか，農薬誌，**29**，147-152 (2004)
123) W. G. Whittingham, Modern Crop Protection Compounds, ed. by W. Krämer, U. Schirmer, WILEY-VCH, 2007, vol. 2, pp.505-528
124) 松浦一穂ほか，農薬誌，**19**，S 197-S 207 (1994)
125) M. Nakayama *et al., J. Pestcide Sci*., **21**, 69-72 (1996)
126) H. Buchenauer *et al*., Modern Crop Protection Compounds, ed. by W. Krämer, U. Schirmer, WILEY-VCH, 2007, vol. 2, pp.539-551
127) R. Fritz *et al., Pest. Biochem. Physiol*., **77**, 54-65 (2003)
128) U. Gisi *et al*., Modern Crop Protection Compounds, ed. by W. Krämer, U. Schirmer, WILEY-VCH, 2007, vol. 2, pp.551-560
129) I. Miura *et al., J. Pesticide Sci*., **32**, 77-82 (2007)
130) R. Noguchi *et al., Fungal Gene. and Biol*., **44**, 208-218 (2007)
131) 藤村真，農薬誌，**28**，484-488 (2003)
132) C. Pillonel, *Pest Mang. Sci*., **61**, 1069-1076 (2005)
133) I. E. Wheeler *et al., Mol. Plant Phathol*., **4**, 177-186 (2003)
134) S. Lee *et al., Pest Manag. Sci*. **64**, 544-555 (2008)
135) K. H. Kuck *et al*., Modern Crop Protection Compounds, ed. by W. Krämer, U. Schirmer, WILEY-VCH, 2007, vol. 2, pp.605-650
136) R. D. Cannon *et al., Microbiology*, **153**, 3211-3217 (2007)
137) P. Marichal *et al., Microbiology*, **145**, 2701-2713 (1999)
138) P. Leroux *et al., Pest Manag. Sci*., **63**, 688-698 (2007)
139) G. Stammler *et al., Crop Protection*, **27**, 1448-1456 (2008)
140) B. A. Fraaije *et al., Mol. Plant Phathol*., **8**, 245-254 (2007)
141) H. J. Cools *et al., Pest Manag. Sci*., **64**, 681-684 (2008)
142) T. P. Bean *et al., FEMS Microbiol. Lett*., **296**, 266-273 (2009)
143) R. Raag *et al., Biochemistry*, **32**, 4571-4578 (1993)
144) A. Bellamine *et al., J. Lipid Res*., **45**, 2000-2007 (2004)
145) C. A Hasemann *et al., Structure*, **2**, 41-62 (1995)
146) J. Burbiel *et al., Steroids*, **68**, 587-594 (2003)
147) E.-H. Pommer, Modern Selective Fungicides, ed. by H. Lyr, Gustav Fischer Verlag, 1995, 2 nd revised and enlarged edition, pp.163-183 (1995)
148) A. Kerkenaar, Modern Selective Fungicides, ed. by H. Lyr, Gustav Fischer Verlag, 1995, 2 nd revised and enlarged edition, pp.185-204 (1995)
149) W. Krämer *et al., Pflanzenschutz-Nachrichten Bayer*, **50**, No.1, 5-14 (1997)
150) R. Tiemann *et al., Pflanzenschutz-Nachrichten Bayer*, **50**, No.1, 29-48 (1997)
151) P. Nussbaumer *et al., Pest. Sci*., **31**, 437-455 (1991)

152) D. Chan *et al*., 236th ACS National Meeting, Philadelphia, PA-2008
153) Z. Song *et al., Lipids*, **42**, 15-33 (2007)
154) W. D. Nes *et al., Archives of Biochemistry and Biophysics*, **481**, 210-218 (2009)
155) R. Shigemoto *et al., Ann. Phytopath. Soc. Japan*, **55**, 238-241 (1989)
156) R. Ishikawa *et al., J. Pesticide Sci*., **32**, 83-88 (2007)
157) C. M. Douglas *et al., Antimicob. Agents Chemother*., **41**, 2471-2479 (1997)
158) D. S. Perlin, *Drug Resist. Updates*, **10**, 121-130 (2007)
159) M. Mori *et al., J. Pesticide Sci*., **33**, 357-363 (2008)
160) M. Takagaki *et al., Pest Manag. Sci*., **60**, 921-926 (2004)
161) M. Nakasato *et al., Biochemistry*, **37**. 9931-9939 (1998)
162) D. B. Jordan *et al., Biochemistry*, **39**. 8593-8602 (2000)
163) M. Schindler *et al*., Modern Crop Protection Compounds, ed. by W. Krämer, U. Schirmer, WILEY-VCH, 2007, vol. 2, pp.683-707
164) N. Yamada *et al., Biosci. Biotechnol. Biosci*., **68**. 615-621 (2004)
165) Y. Kurahashi *et al., J. Pest. Sci*., **31**. 85-94 (2006)
166) S. Hillebrand *et al*., Modern Crop Protection Compounds, ed. by W. Krämer, U. Schirmer, WILEY-VCH, 2007, vol. 2, pp.709-726
167) F. Tellier *et al., Pest Biochem. Physiol*., **78**, 151-160 (2004)
168) 山崎義人ほか，イネのいもち病と抵抗性育種，博友社 (1980)
169) E. Ballini *et al., Molecular Plant-Microbe Interactions*, **21**, 859-868 (2008)
170) K. Yoshida *et al., The Plant Cell*, **21**, 1573-1591 (2009)
171) G. T. Bryan *et al., The Plant Cell*, **12**. 2033-2045 (2000)
172) Y. Jia *et al*., Rice Improvement in the Genomics Era, ed. by S. K. Datta, CRC Press, 2007, pp.207-236
173) 藤井潔ほか，育種学研究，**7**，75-85 (2005)

第4章　殺虫剤の動向

波多野連平[*1]，山本敦司[*2]

1　はじめに

「新農薬開発の最前線—生物制御科学への展開—」が2003年にシーエムシー出版より刊行され（以下前書），殺虫剤については日本農薬㈱の研究者により概説されている[1)]。ネオニコチノイド系剤，トロパン類縁化合物，各種昆虫生育制御（IGR）剤，ピラゾリン系剤，ベンズヒドロールピペリジン系剤，フェニルピラゾール系剤，呼吸鎖阻害剤およびその他新規剤としてpyridalyl，flonicamid，spirodiclofenやspiromesifenに至るまで，各種情報がまとめられている。2006年には同じくシーエムシー出版から「新しい農薬原体の創製2006」[2)]が出版され，合成方法を含めた解説がなされている。

前書以降に際立っている化合物としては，前書[1)]では特許情報の紹介のみであったが，日本農薬が開発，2007年に農薬登録を取得したflubendiamide（フェニックス®）とDuPont社他が最近日本の農薬登録を取得したchlorantraniliprole（プレバソン®，サムコル®）が挙げられる[3)]。本章では，前書以降の殺虫剤関連トピックスを中心に国内外で発表された論文や最近の公開特許情報についてレビューする。

2　ネオニコチノイド系剤

2.1　ネオニコチノイド系剤

全殺虫剤市場において，ネオニコチノイド系剤の占める割合は2005年に16.3％，種子処理殺虫剤分野では77.2％を占める[4)]。この数字からみても，ネオニコチノイド系剤は有機りん剤，カーバメート剤，ピレスロイド剤に次ぐ殺虫剤の主要分野となっている。

前書以降関連論文数が多いが，現在までに開発された7剤については2002年までに登録され

＊1　Renpei Hatano　日本曹達㈱　小田原研究所　榛原フィールドリサーチセンター　圃場評価研究部　部長

＊2　Atsushi Yamamoto　日本曹達㈱　小田原研究所　榛原フィールドリサーチセンター　圃場評価研究部　殺虫剤研究グループ長

ている。したがって，本章では7剤の開発経緯については前書に譲り，ネオニコチノイド系剤の新規展開，作用機構の新知見，ミツバチ毒性との関わり，および抵抗性研究等について概説する。これまで登録された7剤を含むネオニコチノイド系剤は前書以降追加がないので，前書より転載しておく（表1）。

表1　ネオニコチノイド系剤（許可を得て転載）

構造式	開発コード／一般名／商品名	開発会社	登録年
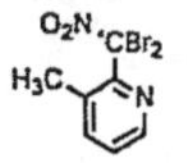	〔1〕	Prof. Feuer Purdue 大学	(1970)*
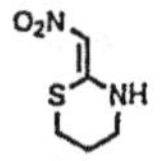	SD-35651 nithiazine	Shell	(1974)
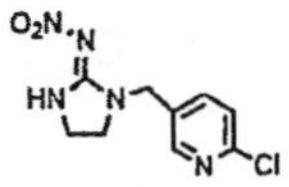	6331 imidacloprid アドマイヤー®	Bayer	1992
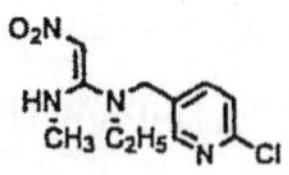	TI-304 nitenpyram ベストガード®	武田薬品 （現：住化武田農薬）	1995
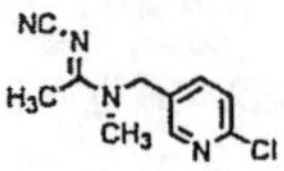	NI-25 acetamiprid モスピラン®	日本曹達	1995
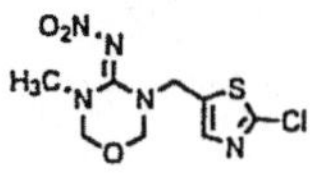	CGA 293’343 thiamethoxam アクタラ®	Novartis （現：Syngenta）	2000
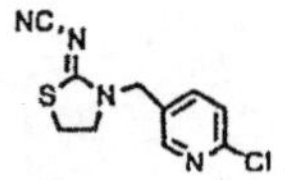	0831／0931 thiacloprid バリアード®	Bayer	2001
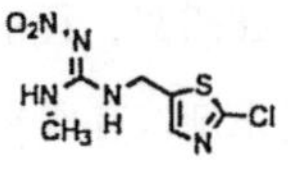	TI-435 clothianidin ダントツ®	武田薬品 （現：住化武田農薬） Bayer	2002
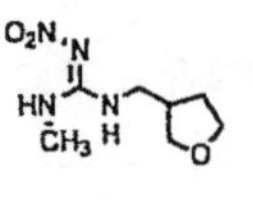	MTI-446 dinotefuran スタークル® アルバリン®	三井化学	2002
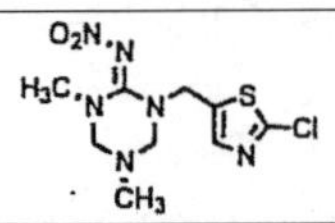	AKD-1022	アグロカネショウ	(1991)**

*　文献発表年
**特許公開年

2.2 ネオニコチノイドの新規展開

アルキレン連結非環状二価ネオニコチノイド化合物が合成され，ワモンゴキブリに対する殺虫活性と神経伝達遮断活性が調べられた[5)]。1位が6-chloro-3-pyridylmethylまたは2-chloro-5-thiazolyl-methylで置換された2-nitroimino-3-guanidinil基を両端に持つC_4–C_8およびC_{12}アルキレン，およびパラキシレン誘導体について調べたところ，殺虫活性，神経伝達遮断活性ともに弱かったが，代謝阻害剤の併用で殺虫活性の向上がみられた。

ニトロメチレンイミダゾリジンからの展開[6)]，imidaclopridのピリジン環へのハロゲン原子導入[7)]，imidaclopridのピリジン環へのアルコキシ基導入[8)]，ピリジン環5位への種々置換基導入[9)]，imidaclopridのピリジン環をフルオロアルキル基に変換[10)]など種々の化合物の殺虫活性，神経遮断活性または［^{3}H］-imidaclopridの結合に対する阻害作用[9)]が調べられている。

Imidaclopridの代謝物5-hydroxy体，4,5-dihydroxy体および4,5-dehydroimidacloprid（図1）のワモンゴキブリに対する殺虫活性および神経遮断活性が調べられた[11)]。殺虫活性および神経遮断活性において3種代謝物は，imidaclopridより弱かった。

Acetamipridと新たに合成された関連化合物について，殺虫活性と神経遮断活性が報告されている[12)]。Acetamipridの2個のメチル基について変換を行い，ワモンゴキブリとイエバエに対する殺虫活性およびゴキブリ腹部中枢神経の神経遮断活性を調べた。関連16化合物の殺虫活性はacetamipridを超えるものは無く，代謝阻害剤の添加により殺虫活性と神経遮断活性との間に相関がみられた。

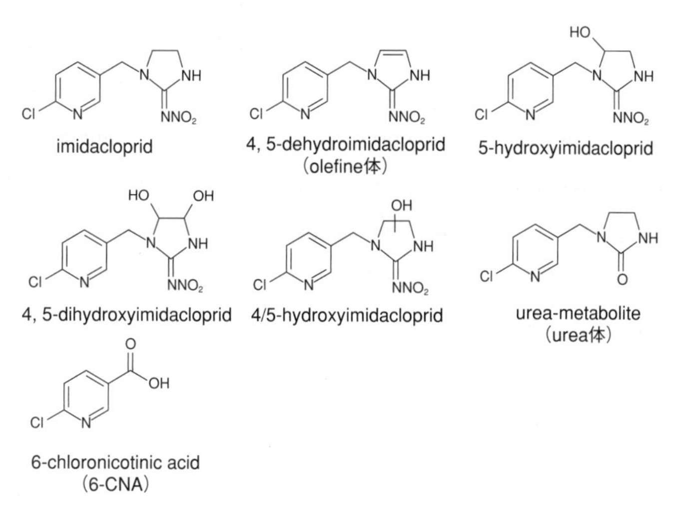

図1　imidaclopridとその代謝物

2.3 ネオニコチノイドのミツバチに対する影響

最近の殺虫剤を取り巻く種々の問題のひとつとして，ミツバチに対する影響の問題がある。セイヨウミツバチ（*Apis. mellifera*）（以下ミツバチ）のネオニコチノイド系剤に対する感受性差についての報告では，シアノイミンを持つ thiacloprid[13] と acetamiprid はミツバチに対する影響が小さく，他のネオニコチノイドは影響が大きい[14]。

Imidacloprid を種子処理した場合に植物より見出された imidacloprid の代謝物のミツバチに対する毒性やミツバチ頭部への［^{3}H］-imidacloprid の結合に対する代謝物の競合が検討された[15]。調べられた代謝物は，Olefin 体，5-OH-imidacloprid，4,5-OH-imidacloprid，urea 体，および 6-chloronicotinic acid（6-CNA）（図１）で，この中で，ニトログアニジン骨格を持つ代謝物（Olefin 体，5-OH-imidacloprid，および 4,5-OH-imidacloprid）には毒性がみられたが，ニトログアニジン骨格を持たない urea 体，および 6-CNA には毒性がみられなかった。また，［^{3}H］-imidacloprid の結合に対する IC_{50} 値は前出の代謝物のうち Olefin 体が imidacloprid 自身よりも小さい値を示した。5-OH-imidacloprid も比較的小さな IC_{50} 値を示したが，他の代謝物はほとんど競合しなかった[15]。

Imidacloprid をセイヨウミツバチに経口投与した場合，昆虫体内からの消失は速いが，代謝物の 5-hydroxyimidacloprid と olefin 体が遅れて生じる。初期症状は imidacloprid 自身によるが，致死活性にはこれらの代謝物の関与が示唆されている[16]。

［^{14}C］-imidacloprid を用い，経口投与後のミツバチ頭部，胸部，腹部，体液，中腸，および直腸における消長と代謝物について調べた研究では，虫体からの消失は速く，全虫体では５時間で半減した。また，投与された imidacloprid は体液には残存が少なく，直腸に最も多く残存した。主要な代謝物として，urea 体，6-CNA，olefin 体，4/5-hydroxy-imidacloprid，および 4,5-dihydroxy-imidacloprid（図１）が同定された。Urea 体と 6-CNA は中腸と直腸に多いが，olefin 体と 4/5-hydroxy-imidacloprid は頭部，胸部，および腹部に多く存在した。Imidacloprid 投与から４時間後に olefin 体と 4/5-hydroxy-imidacloprid はピークを示した[17]。Imidacloprid のミツバチにおける代謝物の毒性は，olefin 体が imidacloprid より高いことが報告されている[18]。

Imidacloprid を含むシロップ（砂糖水）を夏の間餌として与えた場合，直接の死亡率は低かったが，それに続く冬季の生存率が低くなる影響が報告されている。冬季生存率が低くなったことに対する imidacloprid 添加以外の要因について今後検討が必要とされている[19]。Imidacloprid と deltamethrin のミツバチに対する影響を調べた報告の中で，致死活性は deltamethrin が高いが，亜致死濃度の imidacloprid には，proboscis extension response（PER：口吻を伸ばす反応）による評価で，ミツバチが条件付けされた記憶を失うことが報告されている[20]。Deltamethrin にはこの作用はみられなかった。慢性的な毒餌法では imidacloprid と 5-OH-imidacloprid のミツバチに対する最低影響濃度（lowest observed effect concentration：LOEC）は夏季より冬季で低かったが，PER では imidacloprid の LOEC は冬季より夏季で低くなった[21]。

一方，thiacloprid はネオニコチノイドの中でミツバチに対する影響が小さい[13,22]。ピレスロイドではエルゴステロール生合成阻害（EBI）殺菌剤との混用でミツバチ毒性が向上することが知られ[23]，クロロニコチニル（ネオニコチノイド）のイミダゾリジンやチアゾリジンの代謝にモノオキシゲナーゼが関与していることが報告されているので，EBI 殺菌剤が thiacloprid のミツバチに対する毒性に影響を与えるかどうかが調べられた。室内試験では thiacloprid についても EBI 殺菌剤の triflumizole，propiconazole[14]の前処理または prochloraz，tebuconazole の混用[22]がミツバチに共力作用を示すことが報告されている。Thiacloprid と EBI 剤菌剤の propiconazole との混用で，メッシュ張りのトンネルを用いたセイヨウアブラナのセミフィールド試験において，ミツバチに対する毒性の向上は無く，吸蜜行動や巣の活力への影響も無かった[22]。Thiacloprid と同様にシアノイミンを持つ acetamiprid についても，acetamiprid と triflumizole を混用散布したセイヨウアブラナを4時間後および24時間後に実験室に持ち込み，ミツバチに与えた場合，acetamiprid のみの処理区および無処理区間で死亡率に有意な差は無かった[14]。

[^{14}C]-acetamiprid の *in vivo* 代謝実験で，ミツバチ体内からの消失が速く，急速な代謝がミツバチに対する低毒性の原因とされた[24]。

2.4　害虫のネオニコチノイドに対する抵抗性

害虫のネオニコチノイド抵抗性については，前書ではタバココナジラミなどいくつかの例が報告されているものの，抵抗性問題の顕在化には至っていないとされている[1]。

2004年に22系統がイギリスから，オランダとスペインから各1系統が採集され，128 mg/l を診断濃度とした感受性検定が行われたオンシツコナジラミは，22系統が imidacloprid に感受性であったが，イギリスとオランダの各1系統は抵抗性を示し，最高処理薬量の 1024 mg/l でも生存個体がみられた[25]。

米国南カリフォルニアのイチゴに寄生したオンシツコナジラミについても，土壌処理された imidacloprid，thiamethoxam，および dinotefuran の成虫，1齢幼虫，および3齢幼虫各ステージに対する LD_{50} 値は，実用薬量のそれぞれ 8.7倍，3.2倍，および 4.9倍（成虫），1.8倍，1.2倍，および 1.5倍（1齢幼虫），89.4倍，390倍，および 10.4倍（3齢幼虫）であった。茎葉散布の場合には，imidacloprid，thiamethoxam，および acetamiprid の成虫，2齢幼虫に対する LC_{50} 値は実用濃度のそれぞれ，6.1倍，6.0倍，および 1.7倍（成虫），3.8倍，8.7倍，および 4.4倍（2齢幼虫）であった[26]。

水稲害虫ではトビイロウンカのネオニコチノイド剤抵抗性が報告されている。中国，インド，インドネシア，マレーシア，タイおよびベトナムから2005年と2006年に採集した24系統のトビイロウンカについて感受性検定を行い，2005年に採集した12系統中インドから採集した2系統はimidaclopridに低感受性であった。2006年に中国，インド，マレーシア，タイおよびベトナムから採集した13系統はいずれもimidaclopridに低感受性であり，抵抗性比95（LC_{50}値）を示す系統もみられた[27)]。

日本，中国，台湾およびベトナムから2006年に採集されたトビイロウンカの成虫に対する局所施用検定の結果，LD_{50}値はimidaclopridが4.3～24.2 μg/g，thiamethoxamが0.27～2.16 μg/gの範囲にあったが，フィリピンから採集したトビイロウンカについて同様に検定した結果のLD_{50}値はimidaclopridが0.18～0.35 μg/g，thiamethoxamが0.41～0.62 μg/gであり，明らかに小さかった。また，imidacloprid抵抗性系統はthiamethoxamに交差抵抗性を示したが（$r=0.72$, $P<0.01$），fipronilには交差抵抗性を示さなかった[28)]。同様に検定を行った日本，中国，台湾，ベトナム，およびフィリピンから2006年に採集したセジロウンカに対しては，imidaclopridは1系統が1 μg/gを超えるLD_{50}値を示したのみで，フィリピンの系統と他地域の系統で差は無かった[28)]。

トビイロウンカのネオニコチノイド抵抗性については，抵抗性の機構が作用点の変異であると考えられる事例が報告されている。2002年に中国で採集されたトビイロウンカを室内でimidaclopridによる淘汰を行ったところ，採集時個体群の抵抗性比は6.4であったが，25世代の淘汰後には抵抗性比が72.8になった[29)]。さらに淘汰を続け35世代の淘汰後には，imidaclopridの抵抗性比が250となった[30)]。この系統は，ネオニコチノイド以外に交差抵抗性を示さず，解毒分解酵素阻害剤の共力効果も得られなかったので，作用点の変異が疑われた。トビイロウンカnAChRのαサブユニットの遺伝子に見出された点突然変異（151番目のチロシンがセリンに変異：Y151S）をallele-specific PCRで調べたところ，感受性系統は全てwild typeであり，25世代淘汰後の個体群は16％の個体が上記変異をホモに持ち，淘汰35世代目の個体群では100％の個体が変異をホモに持っていた。機能に与えるこのY151S変異の影響を調べる目的で，アフリカツメガエル卵母細胞に発現させた組み換えnAChRについて，サブユニットα1に変異をもったnAChR（変異型）と変異のないnAChR（野生型）を電気生理実験で比較すると，imidaclopridに対する最大応答が，野生型に比べ変異型では13％であった。他のネオニコチノイド剤について調べたところ，acetamiprid，clothianidin，dinotefuran，nitenpyram，thiacloprid，およびthiamethoxamに対する変異型の最大応答は，野生型のそれぞれ，15％，21％，81％，21％，22％，および20％であり，dinotefuranのみが最大応答の減少が小さかった[30)]。また，このトビイロウンカ室内淘汰系統は感受性系統に比べ適応度が劣ることが報告されている[31)]。

ネオニコチノイド剤に対するアブラムシ類の抵抗性発達事例の報告は少ないが，近年散見されるようになってきた。

中国の主要な棉栽培地域4箇所および棉栽培地域以外1箇所から1985，1999，および2004年に採集されたワタアブラムシ成虫に対する各種殺虫剤の局所施用（capillary topping bioassay method）による検定が行われ，ネオニコチノイド系剤としてimidaclopridとacetamipridについての検定が1999年と2004年に行われた。感受性系統のLD_{50}値を1としたときの抵抗性比は，1999年の検定ではimidaclopridが1～3，acetamipridも同様に1～3であったが，2004年の検定ではimidaclopridが40～97，acetamipridが17～76となり，感受性の低下が伺える[32]。

モモアカアブラムシについては，イギリスの単一の単為生殖雌から派生した各種殺虫剤に異なるメカニズムで抵抗性を示す5クローンについての検討で，imidaclopridに最大11までの抵抗性比を示し，thiamethoxamに18，thiaclopridに13，clothianidinに100，およびdinotefuranに6の抵抗性比であった[33]。

コロラドハムシもまた，各種殺虫剤に抵抗性を発達させてきた。米国では1995年からコロラドハムシ防除にimidaclopridが使用され始め，越冬幼虫防除目的の土壌処理に加え，夏季の茎葉散布にも使用され，2003年までにimidaclopridが処理された植物を摂食し，ノックダウンした個体の回復がみられた。Long Islandでは1997年に100倍程度imidaclopridに低感受性の成虫が確認されている。2003年にimidaclopridが処理されたジャガイモより採集されたコロラドハムシ成虫から室内で飼育された系統が抵抗性系統として用いられた。局所施用による検定の結果，感受性系統との比較で，imidaclopridに抵抗性比309を示し，圃場で使用されたことの無い他のネオニコチノイド剤に対しても，dinotefuran，clothianidin，acetamiprid，thiacloprid，thiamethoxam，およびnitenpyramにそれぞれ，59，33，29，25，15　および10の抵抗性比を示した。注射法でもimidaclopridの抵抗性比は116で，ピペロニルブトキシドを用いても100以上の抵抗性比であった。1999年からコロラドハムシ防除に使用されているspinosadに対しては8～10倍程度の感受性低下であった[34]。同様に，コロラドハムシについては，2004年から2005年にカナダ，米国北東部から47のサンプル（1サンプルは200個体の成虫）を集め，次世代1齢幼虫に対する毒餌法による検定を実施した結果が報告されている。サンプルには過去にimidaclopridのみが使用された地域や，imidaclopridとthiamethoxamの両方が使われた地域，あるいは，両剤とも使用されたことのない地域を含む。LC_{50}値はimidaclopridに対し0.12～11.71 ppm，thiamethoxamに対しては0.06～1.76 ppmにあった。Imidaclopridとthiamethoxam間には明らかな交差関係が認められた[35]。

2.5　ネオニコチノイドの作用機構

ネオニコチノイド7剤の作用機構について前書[1]あるいは1997年刊行の「新農薬の開発展

望」[36]で概説がなされている。ネオニコチノイドの主要な作用は，興奮性のシナプス伝達を担うニコチン作動性アセチルコリン受容体（nAChR）に対してアゴニストとして作用すると考えられてきた。

電気生理実験（ホールセルパッチクランプ法）によるワモンゴキブリ神経細胞に対する作用を調べたところ，imidacloprid や clothianidin などネオニコチノイド化合物はアセチルコリン（ACh）の最大応答を下回るが，親和性は ACh より高く，ニトロイミノ構造を有する化合物よりニトロメチレン構造を有する化合物の方が親和性は高かった。また，イミダゾリジン環を持たない化合物の方が環構造をもつ化合物より最大応答が大きかった[37]。さらに，30 μM の ACh が引き起こす反応を 10 nM の imidacloprid が阻害するアンタゴニスト作用が示された[37]。Imidacloprid をアルキル鎖で連結したビス体は nM オーダーで，ワモンゴキブリ神経細胞に引き起こす ACh の反応に対しアンタゴニスト活性を示したが，10 μM でもアゴニスト活性を示さなかった。このとき，アルキル鎖の長さではアルキレンの炭素数が 6 のとき最もアンタゴニスト活性が高かった[38]。

アフリカツメガエル卵母細胞に発現させたヒヨコ nAChR（$\alpha 4 \beta 2$）に対する imidacloprid, clothianidin，および thiacloprid の効果を二極膜電位固定法により調べた。Imidacloprid と clothianidin は単独ではヒヨコの受容体に影響を与えなかったが，ACh と同時に処理した場合に ACh の引き起こす反応を増幅する作用がみられた。これらとは対照的に，thiacloprid は単独で影響を示さない濃度で，ACh の反応を小さくする作用を示した。Imidacloprid と thiacloprid のニトロ基とシアノ基をそれぞれシアノ基とニトロ基に変換した化合物は，それぞれ単独での作用は無く，imidacloprid のシアノイミン体は ACh の作用を増強しなかったが，thiacloprid のニトロイミン体は ACh の作用を増強した[39]。

ネオニコチノイドの多様な作用や選択性の機構，受容体の構造および受容体とネオニコチノイドが結合した共結晶の X 線結晶構造の解析に至る研究の総括がなされている[40]。

Thiamethoxam を除くネオニコチノイド系剤はいずれもイエバエ頭部膜画分に対する［^{3}H］-imidacloprid の結合に対し，およそ 1 nM の I_{50} 値を示すが，thiamethoxam はこれらより約 10000 倍低い親和性を示す。Thiamethoxam を経口投与したヨトウムシの一種（*S. frugiperda*）の体液，または thiamethoxam を潅注処理したワタの葉から，clothianidine が見出されたことから，thiamethoxam はプロドラッグであるという報告がある[41]。

一方，［^{3}H］-thiamethoxam を用いたモモアカアブラムシ，マメアブラムシ膜画分に対する結合実験で，特異的結合が得られた。モモアカアブラムシの場合，22 ℃の時に蛋白 1 mg あたり 450 fmol の Bmax 値が得られたのに対し，2 ℃では約 700 fmol であり，低温条件で結合部位の密度が高いことが分かった。このときの，親和性（Kd 値）は 22 ℃で 15 nM，2℃で 11 nM であり温度の影響は小さかった。[^{3}H]–imidacloprid の場合は同条件で低温における Bmax 値が増大する傾向は認められず，thiamethoxam の結合様式とは異なっていた。[^{3}H]–thiamethoxam の結合は imidacloprid に非競合的に阻害され，thiamethoxam と imidacloprid の結合部位は同一でない可能性が示された。また，thiamethoxam のアブラムシ膜画分に対する高い特異性と親和性から thiamethoxam の作用がプロドラッグであるという実験的根拠は，典型的なネオニコチノイド剤のターゲット害虫であるアブラムシに関する限り無いとされた[42]。

3　リアノジン受容体作動薬

3.1　リアノジン受容体作動薬

「幼虫がアコーディオンのジャバラが縮こまったような状態になって動かない！」これまでの殺虫剤に見たことが無い症状が，リアノジン受容体作動薬として最近開発された昆虫のリアノジン受容体に作用するジアミド系殺虫剤の特徴である[43,44]。

リアノジン（ryanodine）（図2）は，南米に自生する潅木 *Ryania speciosa* Vahl（*Flacourtiaceae*）の地下茎から抽出された天然物殺虫剤である。リアノジンは昆虫に対しても哺乳動物にも体の収縮症状を引起す。したがって，リアノジンはかつて海外で殺虫剤として使用された経緯はあるが，現在は安全性の点から使用されていない[45]。

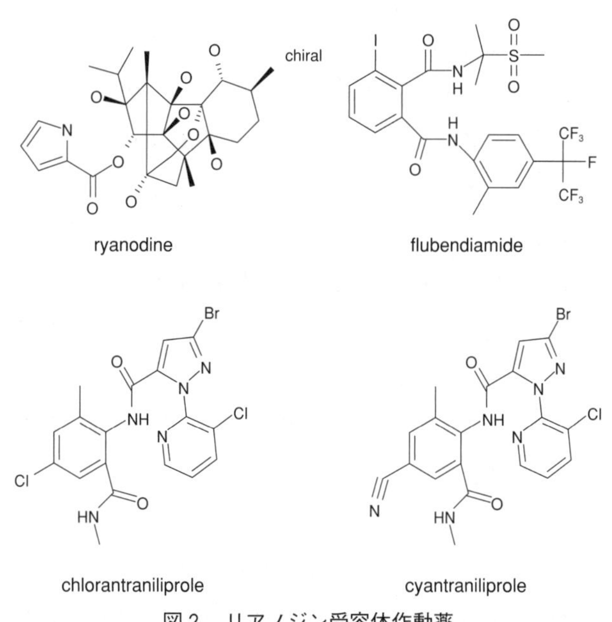

図2　リアノジン受容体作動薬

最近のリアノジン受容体作動薬は，その特異な殺虫症状とともに筋細胞内のカルシウムチャネル（Ca^{2+}チャネル）に作用する新しい作用機構のタイプとして注目され，さらに哺乳動物に対する安全性を高めた[46]。IRACは殺虫剤殺ダニ剤を作用機構別に分類してきているが，新殺虫成分フルベンジアミド（flubendiamide，図2）[43,47]，およびクロラントラニリプロール（chlorantraniliprole，図2）[44,48,49]が注目されて以来，IRACは，28番目の作用機構として「リアノジン受容体修飾物質」をその分類に「ジアミド系（diamides）」として新たに追加した（www.irac-online.org）。また，2005年のBCPC国際会議でフルベンジアミド[50]が，2006年の第11回IUPAC農薬化学国際会議でもエポックメーキングな新規化合物の発表として両剤[51〜56]が注目された。

前書[1]では，2003年時点でのジアミド系化合物の特許情報が簡単に紹介された。それ以降，ジアミド系化合物が新規作用機構を持つ化合物として報告されるとともに[43,44]，多くの関連する研究事例が報告された。そこで本稿では，昆虫のリアノジン受容体の構造と機能と，それをターゲットとしたジアミド系殺虫剤に関する最近の知見を解説する。

3.2 ジアミド系化合物

ジアミド系化合物の特許は，2001年に，フタル酸ジアミド化合物が日本農薬より[57]，またこの2つのアミドの内一方を逆向きにしたアントラニル酸化合物がデュポンより[58]出願された。特許情報や開発状況については，本稿の別項とともに下松の報告[59]も参照されたい。

ジアミド系殺虫剤は，昆虫の筋細胞に存在するリアノジン受容体を活性化する化合物として，最初に日本農薬が開発したベンゼンジカルボキサミド系（benzenedicarboxamide）[60,61]のフルベンジアミド（flubendiamide）が2007年に登録認可（日本）された。この化合物の系統名は，フタル酸ジアミド系（phthalic acid diamides）[46]とも呼ばれる。次いで，ジアミド系の2番目の殺虫剤としてデュポンが開発したアントラニリックジアミド系（anthranilic diamides）のクロラントラニリプロール（chlorantraniliprole）／リナキシピル（Rinaxypyr®）が2009年に登録認可（日本）された。デュポンは引き続きアントラニリックジアミド系のシアントラニリプロール（cyantraniliprole）／シアザピル（Cyazapyr™，図2）[46,62]を開発中である。

フルベンジアミドの創製の発端は，日本農薬が，リード化合物となった弱い除草活性を有するピラジン誘導体[63]に注目したことから始まり，骨格を単純なフタル酸ジアミドにすることにより殺虫活性を見出した。その後，化学構造と生物活性（殺虫力および作用点親和性）の関係を評価するとともに，合成ルートを研究しフルベンジアミドが選抜された[43,60,64〜66]。

一方，クロラントラニリプロールの創製は，デュポンが日本農薬の特許[57]に興味を持ち，フタル酸ジアミドをアントラニル酸ジアミドに変えピラゾール環を導入することで始まった[58]。その後，化学構造と生物活性（殺虫力および作用点親和性）の関係および合成ルートを研究し，クロラントニリプロールが選抜された[44,49,67,68]。

3.3　リアノジン受容体

リアノジン受容体は500 kDaを超えるサブユニットが4量体をなす巨大分子で，リアノジン感受性のリガンド型Ca^{2+}放出チャネルである。リアノジン受容体は昆虫を含む動物全般の興奮性細胞に分布し，その細胞内貯蔵器官である小胞体からのCa^{2+}放出を司る。その生理的な役割は発現する組織により異なるが，筋細胞では筋収縮に関与している。リアノジン受容体の活性は主に電位およびCa^{2+}濃度に制御されているが，後述するように数多くの作用物質も関与している。リアノジン受容体の分子種の多様性に関しては，ジアミド系殺虫剤の安全性にも関与するため，別項で取り上げたい。また，昆虫のリアノジン受容体に関しては，Sattelle *et al*.の総説[46]や正木の解説[69~71]が詳しいので参照されたい。

まず，リアノジン受容体が関わる筋収縮のメカニズムについて，カルシウムイオン（Ca^{2+}）の動態とともに簡単に解説する[43,46,69,70]。Ca^{2+}は筋繊維の収縮を調節する役割を持つ。定常状態では，Ca^{2+}は筋細胞内の特定の場所（小胞体内部）に貯蔵されているため細胞質内のCa^{2+}濃度は極めて低く保たれており，筋繊維は弛緩している。この恒常性を維持する仕組みは，小胞体膜上にあるATPの加水分解と共役したカルシウムポンプ（Ca^{2+}ポンプ）の働きであり，細胞質から小胞体へCa^{2+}は汲み上げられ，小胞体膜の内外でCa^{2+}濃度差が生じている。カルシウムポンプとは別に小胞体膜上に存在するリアノジン受容体は，リアノジン感受性のリガンド型Ca^{2+}放出チャネルである。筋繊維が収縮する際には，このCa^{2+}放出チャネルが開口しその濃度勾配によりCa^{2+}が小胞体から細胞質内へと放出される。細胞質内でのCa^{2+}濃度を上昇させた後，リアノジン受容体は閉口する。Ca^{2+}はトロポニンへの結合を介して，アクチンとミオシンとの収縮反応を引起し，筋繊維が収縮する。一方，筋細胞の細胞質内のCa^{2+}濃度の上昇により，Ca^{2+}依存的なATP加水分解のエネルギーでCa^{2+}ポンプの活性が上昇し，Ca^{2+}は再び小胞体内へ汲み上げられ定常状態へと戻る。そして筋繊維は弛緩した状態へ戻る。まとめると，細胞質内のCa^{2+}濃度が低下している状態では筋肉が弛緩しており，上昇している状態では収縮している。

リアノジンはリアノジン受容体のCa^{2+}チャネル・ポア領域にその結合部位を持つ。そして，リアノジン受容体とカルシウム動態には多くの物質が作用している。Sattelle *et al*.[46]は，13種の物質に関して23の研究事例を紹介し，その作用をまとめた。①リアノジン結合部位で修飾作用を示す「リアノジン（nM～μM）」，②リアノジン結合部位で遮断作用を示す「リアノジン（>100 μM），ruthenium red，dantrolene，およびprocaine」，③リアノジン結合部位で活性化作用を示す「3,5-di-t-butylcatechol」，④Ca^{2+}部位でアンタゴニストとして作用する「cytosolic Mg^{2+}，およびcytosolic Ca^{2+}（1 mM）」，⑤Ca^{2+}部位で活性化作用を示す「cytosolic Ca^{2+}（μM）」，⑥CAM

部位で活性化作用を示す「suramin」，⑦活性化作用を示す（リアノジン結合の促進）「ATP」，⑧活性化作用を示す（カルシウムの放出とリアノジン結合の促進）「caffeine」，および⑧新規の結合部位で活性化作用を示す「フルベンジアミド，およびクロラントラニリプロール」である。

ベンゼンジカルボキサミド系のフルベンジアミドのリアノジン受容体上の結合部位は確定されていないが，リアノジンを始めとした既知のリアノジン受容体修飾物質による［^{3}H］-フルベンジアミドの結合が阻害されていないことから，これらの物質とは異なる結合部位が存在しているものと考えられている[72]。アントラニリックジアミド系のクロラントラニリプロール誘導体についても，［^{3}H］-リアノジン結合試験の結果から，リアノジンとは異なる部位での結合が考えられている[48]。しかし，同様の殺虫作用を示すものの，フルベンジアミドとクロラントラニリプロールがリアノジン受容体の同じ部位に結合するとの報告はこれまでに無い。さらに，フルベンジアミドは［^{3}H］-リアノジン結合にアロステリック作用を示す[72]のに対し，クロラントラニリプロール誘導体がアロステリック作用を示さない[48]ことから，両タイプの作用性には何らかの違いがあるのかも知れない。

3.4　ジアミド系化合物の作用機構

ジアミド系化合物の作用機構の解明は，主に日本農薬，バイエルおよび京都大学が研究したベンゼンジカルボキサミド系のフルベンジアミドおよびその誘導体[47,53,60,72～74]と，デュポンが研究したアントラニリックジアミド系のクロラントラニリプロールおよびその誘導体[44,48,55,75]を材料に実施された。

ここでは，主にフルベンジアミドの作用機構について紹介する。フルベンジアミドの作用機構は，次に述べる複数の手法によって解明された。まず，ハスモンヨトウ，コナガなどのチョウ目害虫の幼虫に対する殺虫試験[43,50,69]によって，殺虫力および中毒症状の観察を行った。また，ハスモンヨトウ摘出消化管の収縮実験[76]により，筋肉の収縮作用を薬理学的に検討した。次に，Ca^{2+}感受性色素（蛍光）を顕微測光するカルシウムイメージングと呼ばれる方法で，フルベンジアミドの影響による細胞質内のCa^{2+}濃度の変動を測定した[72]。また，Ca^{2+}依存的なATP加水分解の結果生成する無機リン酸量を測定することにより，フルベンジアミドによるCa^{2+}ポンプ活性の亢進作用を解明した[47,53]。さらに，［^{3}H］-リアノジンを用いた結合アッセイ法[72]により，フルベンジアミドによるリアノジン受容体のコンフォメーション変化を生化学的に捉えた。そして，［^{3}H］-フルベンジアミドを用いた結合アッセイ法[69]により，ハスモンヨトウ幼虫骨格筋膜画分に対するフルベンジアミドの結合の様相と薬理学的特徴を検討した。

これらの手法により解明されたフルベンジアミドの作用機構を次のように要約した。筋収縮のメカニズムは先に述べたとおりCa^{2+}の動態によって制御されている。フルベンジアミドは，まずリアノジン受容体に結合し，そのチャネルを開口状態にシフトさせ続けることにより，筋細胞の小胞体内に蓄えられたCa^{2+}を放出させ細胞質におけるCa^{2+}濃度を上昇させた状態を維持する。一方Ca^{2+}の放出により，リアノジン受容体とは逆にCa^{2+}を小胞体内に汲み上げるCa^{2+}ポンプ活性を速やかに亢進する。このようなCa^{2+}濃度が上昇した状態が持続するために，筋繊維が収縮した状態が続き殺虫効果を発現する。このとき，処理された害虫は，持続的な体収縮や嘔吐，脱糞など中毒症状を示す。また，フルベンジアミドのリアノジン受容体への結合部位は，先述のとおりリアノジンとは異なる部位であり他の修飾物質にも影響されない。

また，アントラニリックジアミド系誘導体化合物やクロラントラニリプロールおよびシアントラニリプロールの作用機構もフルベンジアミドと同様であると報告[46,67,77]されている。

3.5　ジアミド系化合物の害虫に対する作用特性

ジアミド系化合物の基本的な作用特性について，主にフルベンジアミドのチョウ目害虫に対する研究事例[43,50,78~81]から解説する。

フルベンジアミドの各種のチョウ目害虫の幼虫に対するEC_{50}値は5 ppm以下と低く，基礎活性が高いのが特徴と言える。ハスモンヨトウにおける薬剤の虫体内への取込経路は，処理された作物を摂食することによる経口作用（食毒）の方が，経皮的な取り込み（接触毒）より強い。処理された害虫の症状は，本剤の作用機構から説明されるように，害虫の体がアコーディオン状に収縮する症状が観察され，活動（摂食行動，移動等）は速やかに停止する。このような異常虫の発現速度は，実用濃度（100 ppm）で処理3～4時間と早いが，致死するまでには3～4日を要する。幼虫に対する食害抑制作用は速やかに発現しその効果も高いので，圃場における作物の被害は進展しない。害虫の成育ステージによる効力差は顕著であり，葉を食害する幼虫に対する効力は高いが，卵に対しては効果を示さない。成虫に対しては効力を示すが，圃場では成虫の口から薬液が取り込まれる機会が少ないことから，実用的な防除効果は期待できないと考えられる。

フルベンジアミドの実用濃度（50～100 ppm）を処理された葉における残効性は（キャベツ，りんご，茶），約1ヶ月あることが確認されている。生育の旺盛な野菜類でも，既存剤が1～2週間の効果持続であるのに対しフルベンジアミドでは2～3週間が期待できる。この長期効果持続性は，実用濃度と害虫に対する基礎活性の間に余裕があることも1つの要因である。実用濃度では，降雨の影響を受けにくいことも確かめられており（キャベツ葉，茶葉），また温度にもほとんど影響されない（8～35℃）。既存の薬剤に抵抗性を発達させた害虫（コナガ）に対しても効果の高いことが確かめられており，これは新規の作用機構に起因するものと考えられる。フルベンジアミドは，葉内における薬剤の移行性が弱い（葉間の移行性，葉表裏間の移行性）が，根から植物体内への移行性は有している。

害虫に対する殺虫スペクトルは，フルベンジアミドはその実用的な効力がチョウ目害虫（コナガ，ハスモンヨトウ，ハマキムシ類，シンクイムシ類，など）に限られる[43,50,78]。ハチ目（ハバチ科）幼虫の一部およびコウチュウ目成虫の一部に活性を示す例はあるが，実用性には乏しい。しかし，クロラントラニリプロールは，フルベンジアミドに比べ殺虫スペクトルが広がっている[82]。チョウ目害虫に対する基礎活性には及ばないものの，ハエ目（ハモグリバエ類，ミバエ類など），コウチュウ目（イネドロオイムシなど），ハチ目（カブラハバチなど）にも実用的な高い活性を示し，カメムシ目（ツマグロヨコバイ，一部のアブラムシ類，コナジラミ類）にも活性が確認されている[82~84,85]。さらに，シアントラニリプロールでは，カメムシ目害虫にも実用的な殺虫スペクトルを広げていると思われる。昆虫間のリアノジン受容体アミノ酸配列の相同性[46,62]は，チョウ目害虫（タバコガ）と他目の昆虫類（カメムシ目，ハエ目）との間では76.8～79.0％と隔たりがある[46]。この差が，ジアミド系殺虫剤がチョウ目害虫に対し，特異的に高い基礎活性を有する要因となっているのかも知れない。

害虫に対する作用特性のジアミド系殺虫剤間による違いは，殺虫スペクトルだけではない。クロラントラニリプロールがフルベンジアミドと異なる点は，経口および経皮活性がともに高いことや，葉表から葉裏への葉内移行性（浸達性）を有すること[86]，および根からの植物体内への浸透性が高いことが挙げられる[86,87]。特に，根からの浸透性が高いことから，野菜の育苗期後半のセル苗およびポット苗への灌注処理が可能である。

ジアミド系3種の殺虫剤の特徴を知るにあたり，各種適用分野（作物）における実用濃度でのチョウ目害虫種による活性の強弱，チョウ目以外のスペクトルの強弱，および作用特性（植物体内移行性，残効性，耐雨性，等）の強弱についての今後の比較研究成果が待たれる。

ジアミド系化合物は，害虫の活動を抑制・停止させる活性を持つため，殺虫作用を示さずとも害虫の正常な行動を制御する場合もある。その例として，シアントラニリプロールが果樹害虫であるコドリンガ成虫の交尾行動を阻害したという報告がある[88]。このように本系統の化合物が害虫の行動制御剤として応用開発されることも期待される。

3.6 安全性

昆虫のリアノジン受容体に対する薬理学的研究は1980年代後半から多く報告された。これは，哺乳類に対する低毒性を目的としたリアノジン関連化合物群の基礎研究から始まる。まず，[^{3}H]-リアノジンを用い，イエバエとマウス由来[89,90]あるいはウサギ由来[91]の各リアノジン受容体の特徴付けと，リアノジン誘導体の活性が報告された。その結果，リアノジン水酸化物等（ryanodolと9,21-didehydroryanodol）が選択性を持つことが解明され，昆虫と哺乳類で作用部位が異なることが示唆された。その後，ショウジョウバエやワモンゴキブリ[92,93]，タバコガ[94,95]

でも哺乳類との選択性に関するより詳細な研究が [^{3}H]-リアノジンを用いて薬理学的に行われた。

ジアミド系殺虫剤はリアノジンと異なり，哺乳類のリアノジン受容体に選択性を持ち，昆虫の受容体に作用するという特徴を持つ。リアノジンを投与された哺乳類は，筋肉の硬直，嘔吐，脱糞など昆虫と同様の急性毒性を発現する[96)]。しかし，フルベンジアミド[66,97)]およびクロラントラニリプロール[49,98)]は，ラットに対する原体の急性毒性試験の結果が両化合物とも農薬登録上「普通物」であり，哺乳類に対する毒性の軽減が実現された。

また，ジアミド系化合物の哺乳類リアノジン受容体に対する薬理学的試験も報告された。哺乳類のリアノジン受容体には骨格筋型（Type-1），心筋型（Type-2）および脳型（Type-3）の相同性の高い3分子種が知られており，リアノジンはいずれの分子種にも作用する[46,99)]。フルベンジアミドは，昆虫（タバコガ，ショウジョウバエ）のリアノジン受容体に作用するが，哺乳類（マウス）由来のType-1受容体には影響しない[72)]。また，クロラントラニリプロールでも，昆虫（タバコガ，ショウジョウバエ）には作用するが，マウス由来Type-1，ラット由来Type-2，およびヒト由来の各哺乳類リアノジン受容体には影響がない[49)]。

生物種間のリアノジン受容体アミノ酸配列の相同性について調査した事例では，哺乳類間（マウス，ウサギ，ヒト）では97.1～98.6％と高いのに反し，昆虫類6種（チョウ目1種，カメムシ目3種，ハエ目2種）と哺乳類3種の間では46.6～47.4％と低かった[46)]。このことから，昆虫と哺乳類のリアノジン受容体の相同性の低い部位にジアミド系殺虫剤の結合部位が存在し，選択毒性を示しているのかもしれない。

有用昆虫（ハチ類，天敵昆虫）に対する影響が少ないことが，フルベンジアミド[43,78)]とクロラントラニリプロール[100)]で報告されている。ミツバチとマルハナバチに対しフルベンジアミドは実用濃度で影響がほとんど無く，クロラントラニリプロールもミツバチに対し実用濃度で影響が少ない。天敵昆虫各種に対しても，これまでの報告ではフルベンジアミドもクロラントラニリプロールも実用濃度で影響が少ないとの報告があるが，今後の天敵種を追加した研究も待たれる。これらの知見から，ジアミド系殺虫剤は，IPM（総合的害虫管理）に適合した使用ができると期待される。

3.7　日本における開発状況

リアノジン受容体作動薬の日本における登録および開発状況は（2009年10月現在），次のとおりである。日本において初めて登録および販売された化合物はフルベンジアミド（日本農薬）である（2007年）。次いで，クロラントラニリプロール／リナキシピル（デュポン）も次いで登録・販売された（2009年）。シアントラニリプロール／シアザピル（デュポン）は，海外で開発が進んでいるが日本での状況は不明である。

フルベンジアミドおよびその混合剤は，4剤型が登録されている。野菜・果樹向けに商品名「フェニックス顆粒水和剤（20％，開発コードNNI-0001)」（登録2007年）が，野菜のセル苗灌注剤として商品名「セルオーフロアブル（フルベンジアミド4％＋イミダクロプリド2％，開発コードNNI-0501)」（登録2007年），芝用として商品名「スティンガーフロアブル（42％，開発コードNNI-0001)」（登録2008年）が販売されている。さらに，野菜用くん煙剤として，商品名「フェニックスジェット（10％，開発コードNI-30)」が登録されている（2009年)。

クロラントラニリプロール／リナキシピルは単剤で,4剤型に登録があり1剤型が開発中である。芝用として商品名「アセルプリンフロアブル（18.4％，開発コードMBCI-071）」(登録2009年)」が販売されている。また野菜の散布剤・灌注剤として商品名「プレバソンフロアブル5（5％，開発コードDKI-0001)」（登録2009年）が，果樹・茶向けに商品名「サムコルフロアブル10（10％，開発コードDKI-0002)」（登録2009年）が，水稲／育苗箱処理に商品名「フェルテラ粒剤1（1％)」（登録2009年）が登録されている。また，水稲／育苗箱処理に「開発コードDKI-0004粒剤（0.75％)」が開発中である。クロラントラニリプロールの混合剤は，野菜の灌注剤として「開発コードSYJ-210フロアブル（クロラントラニリプロール10％＋チアメトキサム20％)」と混合剤「開発コードMTI-6701顆粒水和剤（クロラントラニリプロール4％＋ジノテフラン15％)」が開発中である。水稲／育苗箱処理の混合剤も多く開発中である。

3.8 抵抗性管理

ジアミド系殺虫剤は害虫に対する効果持続性が高いことから，抵抗性発達を遅延・阻止するための抵抗性リスクアセスメントが必要である。フルベンジアミドでは，海外でチョウ目害虫のヨトウ類やオオタバコガに対する適切な感受性検定法を設定し，抵抗性レベルのモリタリングを開始している[101]。ジアミド系化合物は，既存の殺虫剤とは交差抵抗性を示した事例はこれまでになく[43,50,78,83]，他の作用機構を持つ既存の殺虫剤との組合せにより，チョウ目害虫の抵抗性管理戦略に貢献できるであろう。

4 ピリダリル（pyridaryl）

前書ではpyridaryl（図3）創製の経緯や有効な害虫種について述べられている。住友化学㈱によりプレオ®フロアブルとして2004年に登録取得されている。また，開発経緯とその特長について概説されている[102]。昆虫培養細胞（Sf 9）に対し増殖抑制作用を示し，Sf 9細胞における細胞タンパク合成を［^{3}H]-ロイシンの取り込みの測定により調べたところ，タンパク合成の急

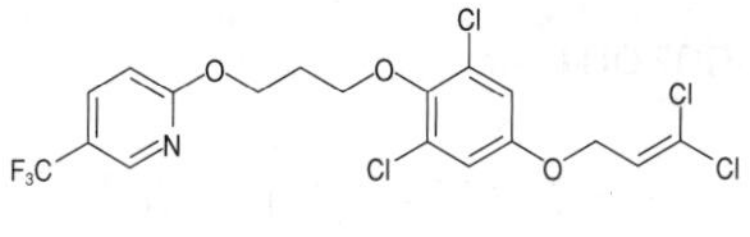

pyridaryl（プレオ）
住友化学

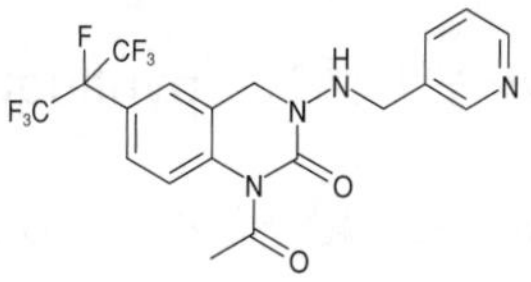

pyrifluquinazon（コルト）
日本農薬

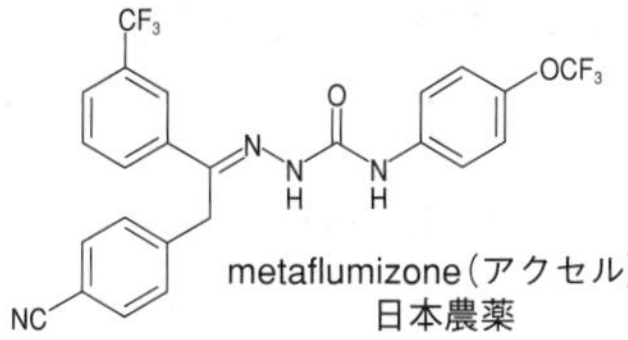

metaflumizone（アクセル）
日本農薬

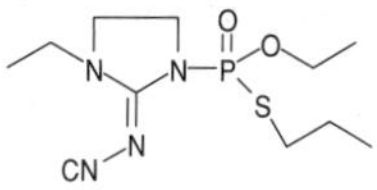

imicyafos（ネマキック）
アグロカネショウ

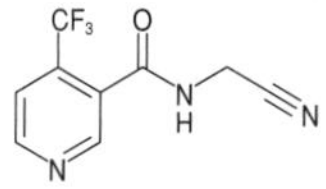

flonicamid（ウララ）
石原産業

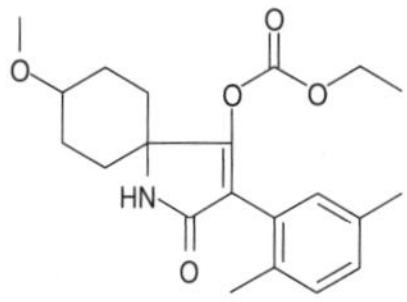

spirotetramat
バイエルクロップサイエンス

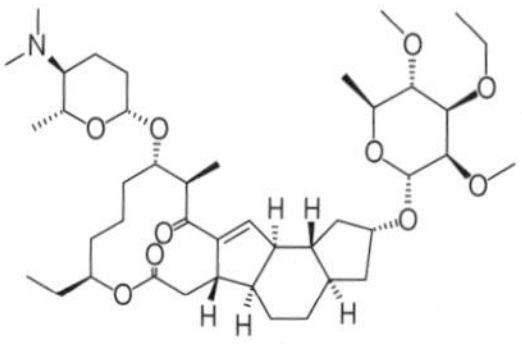

spinetram（主成分）
ダウアグロサイエンス

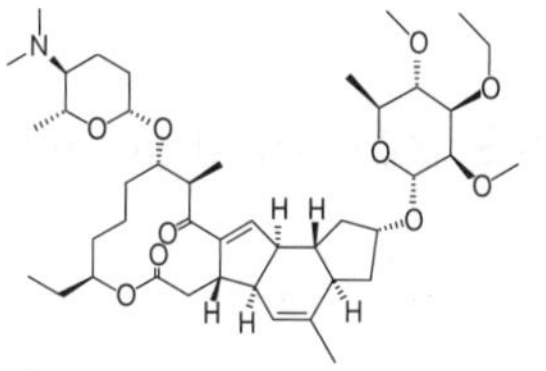

spinetram（副成分）
ダウアグロサイエンス

図3　近年の開発および開発中化合物

速な阻害が観察された。哺乳類の細胞には影響しないことも報告されている[103]。

Pyridaryl処理後のハスモンヨトウ幼虫真皮細胞およびSf 9細胞の透過型電子顕微鏡による観察で，ハスモンヨトウ，Sf 9培養細胞ともにミトコンドリアの膨化が観察され，ハスモンヨトウでは核の萎縮，ゴルジ体，小胞体の拡張，および空泡状粒子の増加が，Sf 9培養細胞では核の膨化，リソゾームの拡散を含む水腫状の変化が観察され，これらの細胞内の変化はpyridaryl処理後の幼虫における症状発現のタイミングと一致した[104]。

Sf 9を用いpyridaryl処理細胞の生死をトリパンブルー染色により調べると，細胞は生存しており，アポトーシスを誘導していない。細胞増殖の抑制，オートファゴソーム様液胞の発生，およびモノダンシルカダベリンでの染色といった処理細胞にみられた特徴は，プロトンポンプのV-ATPase阻害剤バフィロマイシンA_1と同様であった。さらに，pyridaryl処理細胞ではバフィロマイシンA_1感受性ATPase活性が阻害されていた[105]。

5　ピリフルキナゾン（pyrifluquinazon）

前書ではR-768として紹介されているアミノキナゾリノン骨格を有する化合物の類縁体がpyrifluquinazonである。日本農薬㈱が発明し，国内はクミアイ化学工業㈱とコルト®（図３）の商品名で共同開発中である。カメムシ目，アザミウマ目の一部の害虫に行動異常の作用症状を示し，昆虫行動制御剤（IBR）と位置づけられる[2)]。対象害虫に対する効果は高いが，標的外生物種には影響が少ない[106)]。R-768はメトキシアクリル酸殺菌剤の展開から見出されたと報告されている[107)]。日植防新農薬実用化試験（委託試験）にコルト（NNI-0101）20％顆粒水和剤として，果樹のアブラムシ類，コナカイガラムシ類，ヤノネカイガラムシ，アカマルカイガラムシ，果菜類，葉菜類のアブラムシ類，コナジラミ類，果樹，チャのチャノキイロアザミウマ，およびチャのクワシロカイガラムシなどに供試された。海外では，米国のタバココナジラミが媒介するウリ科のウィルス病防除効果が圃場試験で高かったと報告されている[108)]。

6　メタフルミゾン（metaflumizone）

日本農薬㈱がアクセル®の商品名で日本の農薬登録を2009年９月に取得した殺虫剤である[3)]。海外はBASF社と共同開発し，2007年から欧州その他地域で販売されている。チョウ目とコウチュウ目の一部の害虫に高い防除効果を示し，2007年からペット用動物薬としても販売されている[109)]。ピラゾリン系の殺虫剤に注目し，生物活性向上，蓄積性の減少を目指したピラゾリン環の変換が行われた。中心環ピラゾリンの開環により得られたセミカルバゾン化合物に，優れた殺虫活性と適度な安定性が見出され，最適化を経てmetaflumizone（図３）の発明に至った[110)]。ピラゾリン骨格を持つ化合物の研究経緯については前書で述べられている。

Metaflumizoneの日植防新農薬実用化試験ではアクセル（NNI-0250）フロアブルとして，野菜のコナガ，アオムシ，ウワバ，ハスモンヨトウ，オオタバコガ，ダイコンのハイマダラノメイガ，キスジノミハムシ，テンサイのヨトウガ，カメノコハムシ，チャのチャノコカクモンハマキ，チャハマキ，チャノホソガおよびキクのオオタバコガに対する効力試験を行っている。Tolfenpyradとmetaflumizoneの混合剤（NNI-0750）では，上記の他に，野菜のナモグリバエ，キャベツやネギのネギアザミウマ，ネギのネギコガ，シロイチモジヨトウ，アスパラガスのジュウシホシクビナガハムシおよびキクのアブラムシ類などスペクトラム拡大を行っている。

海外の試験例としては，ラズベリーの樹皮下に潜むスカシバガ科（チョウ目）越冬前幼虫に対する地際部散布で比較的高い効果を示すことが報告されている[111)]。

作用機構については，チョウ目幼虫の中枢神経等を用いた電気生理実験により調べられ，

metaflumizoneがピラゾリン系殺虫剤[112)]やindoxacarb[113)]と同様，電位依存性ナトリウムチャネルブロッカー（SCBI）であると結論づけられた[114)]。

7　フロニカミド（flonicamid）

石原産業㈱が開発し，2006年にウララ®（IKI–220）の商品名で国内登録されている（図3）。トリフルオロメチルピリジン誘導体の合成とスクリーニングからアブラムシに対する殺虫活性を見出した[115)]。殺虫活性については前書に記されているが，各種アブラムシに対する活性，アブラムシ発育ステージ別活性，モモアカアブラムシの甘露生成に与える影響，短時間摂食での殺虫活性および繁殖への影響，およびelectrical monitoring of insect feeding（EMIF法）によるアブラムシの吸汁に対する影響について報告されている[116)]。Flonicamidを処理したアブラムシは直ちに吸汁阻害が起こり，甘露生成は処理後30分で停止する。この吸汁阻害，甘露生成阻害作用は回復性でない。殺虫活性の機構は餓死と考えられ，pymetrozineとの類似性が認められる。Pymetrozine処理したトノサマバッタは後脚を持ち上げる特徴的な症状を示し，食道下神経球の自発放電を高める作用が知られているが[117)]，flonicamidはこの作用がないことから，pymetrozineとは異質の作用を有すると報告されている[116,118)]。

8　イミシアホス（imicyafos）

アグロカネショウ㈱がネマキック®（AKD–3088）の商品名で開発中の殺線虫剤である（図3）[119)]。ネコブセンチュウ，ネグサレセンチュウ，およびシストセンチュウ等の植物寄生性線虫に対し高い活性を示す。Imicyafosは土壌中の移行性に優れ，線虫に対する運動阻害効果と根内侵入阻害効果を示し，非温度依存性と報告されている。上記線虫類に1.5％粒剤　20 kg/10 aで安定した防除効果を示す[120,121)]。

日植防新農薬実用化試験で，液剤と粒剤がナス，トマト，キュウリ，メロン，スイカ，カンショ，およびオクラのネコブセンチュウ，イチゴ，ダイコン，ニンジン，ゴボウ，サトイモ，およびキクのネグサレセンチュウ，バレイショのシストセンチュウ，ニンニクのイモグサレセンチュウに試験され，トマトのオンシツコナジラミ，ミカンキイロアザミウマ，イチゴのハダニ類，バレイショのジャガイモヒゲナガアブラムシにも試験例がみられる。

9　スピロテトラマト（spirotetramat）

バイエルクロップサイエンスがspirodiclofen（ダニエモン®），spiromesifen（ダニゲッター®）に続き同系統で開発中の殺虫剤である（図3）[122]。先行2剤は殺ダニ剤であるが，spirotetramatは殺虫剤として開発中である。海外ではMovento®の商品名が付けられている。吸汁性害虫のアブラムシ，コナジラミ，キジラミ，およびカイガラムシに有効であり，リンゴワタムシや殺虫剤抵抗性タバココナジラミバイオタイプQなど難防除害虫にも高い効果を示す。また，spirotetramatは植物体内でエノール体に変り，この形では，上方と下方の両方の移行性を示すユニークな物理化学的性質を示す[123]。

日植防新農薬実用化試験には2007年からBCI-071フロアブルとして供試され，バレイショ，ナス，トマト，ピーマン，キュウリ，メロン，スイカ，およびイチゴのアブラムシ類，コナジラミ類，アザミウマ類，ハダニ類，ホコリダニ類，およびトマトサビダニなどの微小害虫に対する試験が行われている。

10　スピネトラム（spinetoram）

ダウアグロサイエンスが活性向上とスペクトラム拡大を目的に，spinosynのQSARの研究からspinosadの構造の一部を化学変換し，spinetoram（XDE-175）の発明に結び付けた[124]。米国では2007年にEPAの認可を受けている。国内では住友化学がライセンスを受けディアナ®（S-1947）の商品名で開発中である（図3）[125]。5,6-dihydro-3'-O-ethyl spinosynJを主成分とし，3'-O-ethyl spinosyn Lを副成分とする[126]。

日植防新農薬実用化試験には2006年から，果菜類のアザミウマ類，ハモグリバエ類，ハスモンヨトウ，オオタバコガ，葉菜類のチョウ目害虫，果樹のハマキムシ類，シンクイムシ類，その他チョウ目害虫，ブドウやカンキツのチャノキイロアザミウマ，チャのチョウ目害虫，イネのチョウ目害虫などに供試されている。その他，水稲分野で，殺菌剤のイソチアニル，ネオニコチノイドのクロチアニジンおよびスピネトラムの混合剤（S-8640箱粒剤）が供試されており，チョウ目，カメムシ目およびコウチュウ目までを対象とした広スペクトラム剤と考えられる。

11　ジベンゾイルヒドラゾン系剤

前書で紹介された国内登録3化合物（tebufenozide，methoxyfenozide，およびchromafenozide）は非ステロイドエクダイソンアゴニストとして，殺虫活性や作用機構について多くの研究がなされてきた[1]。チョウ目以外の害虫には効果が低いが，halofenozideはコウチュウ目にもシバや鑑賞用植物分野で使用されている。チョウ目由来のエクダイソン受容体に比べ，ワタミゾウムシ由来の受容体に対する親和性はhalofenozideを含め低かった[127]。

チョウ目のエクダイソン受容体では，ヒドラジン化合物が結合した状態でのX線構造解析により，ヒドラジン化合物がエクジステロイドのポナステロンAとは異なった部位に結合しており，僅かにオーバーラップしている[128]。コウチュウ目（コクヌストモドキ）では，ヒドラジン化合物をリガンドとしたときには，結晶構造からポナステロンAの結合部位と区別できなかった[127]。

本系統化合物に対する害虫の圃場における抵抗性発達事例の報告は少ないが，ハマキガ科の*Choristoneura rosaceana*（obliquebanded leafroller）について，tebufenozideがニューヨーク州で実用化される前に，殺虫剤が多く使用されているニューヨーク州の果樹園数箇所から採集した系統と殺虫剤が使用されたことのない場所から採集された系統間でtebufenozideに対する感受性を比較したところ，感受性系統のLC_{50}値を1としたときの抵抗性比が100を超える系統がみられた。Tebufenozideの使用暦はないことから，多く使用された有機リン剤のazinphos-methylとchlorpyrifosについて感受性を調べたところ，感受性系統に比べtebufenozideの抵抗性比が大きかった系統はいずれも，両化合物に抵抗性であった[129]。同様に，ニューヨーク州の果樹園から採集したobliquebanded leafrollerのtebufenozideと有機リン剤に感受性と抵抗性の系統について，実用前のchlorfenapyr，emamectin benzoate，fenoxycarb，fipronil，spinosadおよびtebufenozideに対する感受性検定が行われ，tebufenozide以外は抵抗性比が3.2未満であったがtebufenozideは12.8の抵抗性比を示した[130]。

Tebufenozideとmethoxyfenozideの USA南部とタイから採集したシロイチモジヨトウの感受性検定が行われた。TebufenozideのLC_{50}値は野外採集系統の3齢幼虫に対し4.37～46.6 ppmの範囲にあり，methoxyfenozideのLC_{50}値は同様に，0.601～3.83 ppmの範囲にあった。タイ産の系統の感受性が低かったので，この系統に対し3回の淘汰を行った結果，対照系統と比較してtebufenozideについては3齢幼虫のLC_{50}値，LC_{90}値の順に68倍,1500倍を示し，同様にmethoxyfenozideについては320倍，67倍の値を示した[131]。

南フランスのコドリンガでdiflubenzuronに370倍の抵抗性を示した系統は，teflubenzuronに7倍，triflumuronに102倍の抵抗性を示し，さらに，tebufenozideに26倍の抵抗性を示した[132]。

室内淘汰による抵抗性発達事例として，薬剤感受性系統のコナガを35世代，17回の室内淘汰を行ったところ，tebufenozideに対し93.9の抵抗性比を示した[133]。また，*Spodoptera littoralis*を室内でmethoxyfenozideにより13世代にわたり淘汰したところ，5倍の抵抗性が発達し，PBOによる共力効果がみられた[134]。

12　レピメクチン（lepimectin）

三共アグロ（現三井化学）がアニキ®の商品名で開発中である（図４）[135]。L.A３とL.A４の混合物であり，それぞれ20％以下および80％以上の存在比である[136]。日植防新農薬実用化試験では，果菜類，葉菜類のチョウ目害虫，コナジラミ類，ハモグリバエ類，キスジノミハムシ，ホコリダニなど，カンショ，ダイズのハスモンヨトウ，果樹では，リンゴ，ナシ，モモのハマキムシ類，チャノキイロアザミウマ，カンキツのハモグリガ，サビダニなど，チャのチャノコカクモンハマキ，およびキクのチョウ目，ハエ目害虫に供試されている。

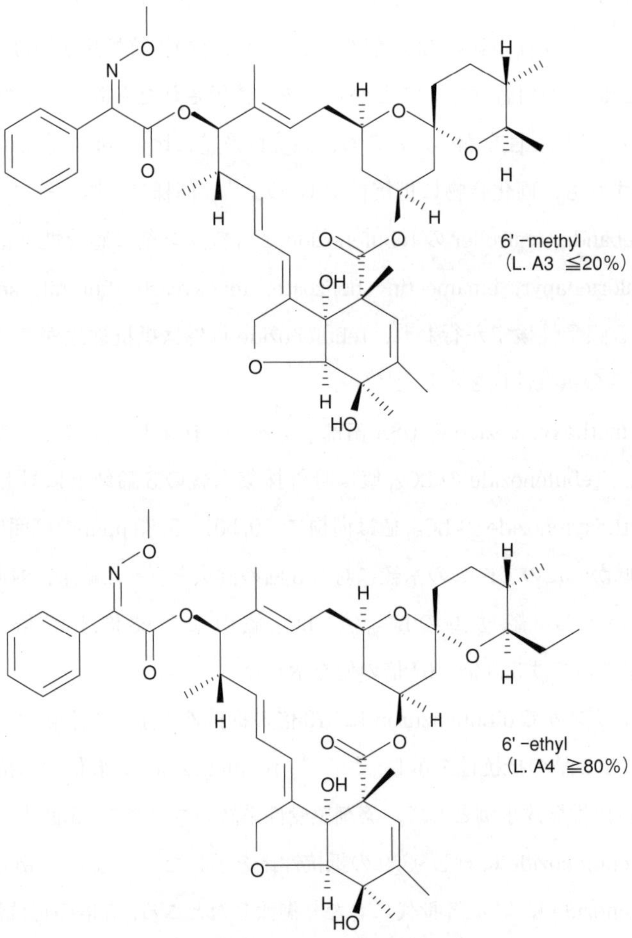

6' −methyl
(L. A3 ≦20%)

6' −ethyl
(L. A4 ≧80%)

図４　レピメクチン構造式

13　殺虫剤抵抗性害虫現状

殺虫剤の寿命を短くする抵抗性害虫の出現を予測あるいは既に発達した抵抗性事例を解析し，その対抗策を考える抵抗性マネージメントの研究が盛んに行われている。ネオニコチノイドやジベンゾイルヒドラジンに対する抵抗性事例について前述したが，その他の殺虫剤に対する抵抗性研究の報告事例を紹介する。

米国ニューヨーク州の7箇所の養鶏場から1999年に採集されたイエバエをindoxacarbで3世代淘汰したところ，抵抗性比118を超える系統が選抜された。PBOなどの処理により，本系統の抵抗性には部分的にP450モノオキシゲナーゼによる解毒代謝の関与はあるが，エステラーゼやグルタチオンS転移酵素は関与しないと考えられた。また，他の殺虫剤に対する交差抵抗性は僅かなレベルであった[137]。また，抵抗性遺伝子は第4染色体に主働遺伝子が存在し，マイナー遺伝子が第3染色体に存在することが分かった。

米国ニューヨーク州の7箇所の養鶏場から1998年に採集されたイエバエをspinosadで淘汰したところ,10世代にわたる淘汰で抵抗性比150を超える系統が選抜された。感受性のマーカーを持った系統との交配を行い，抵抗性が劣性であり，抵抗性遺伝子は第一染色体に存在すると考えられた。また，代謝阻害剤を用いても抵抗性は消失せず，他剤との交差抵抗性も確認できなかった。抵抗性機構は作用点の変異である可能性が高い[138]。

日本，中国，台湾，ベトナムおよびフィリピンから2006年に採集されたトビイロウンカ16系統とセジロウンカ17系統について，局所施用法による検定を行ったところfipronilに対する感受性はいずれも高く，LD_{50}値は0.05～0.65 μg/gであった。一方，同地域より同年に採集されたセジロウンカについては，処理48時間後のLD_{50}値が0.14～237 μg/gと系統間差が大きかった[28]。

14　最近の特許化合物

14.1　リアノジン受容体作動薬タイプ特許

Flubendiamideやchlorantraniliproleなどのタイプに含まれる開発化合物については前述の通りであるが，各社から多くの特許が出願されている。タイプ別にみると，flubendiamideのフタルアミドタイプと，ひとつのアミドの炭素と窒素を入れ替えた形のアントラニルアミドタイプ，二つのアミドをメタ位に配した三井化学特許タイプに大別される[142～152]。

14.2 その他最近の特許化合物（図5参照）

14.2.1 置換イソキサゾリンタイプ

日産化学により2004年3月に出願された特許（WO 05085216：公開番号）[153]が最初の出願である。実施例が1000以上の膨大な特許で，チョウ目，カメムシ目，アザミウマ目，コウチュウ目，ハエ目，ノミ目，ゴキブリ目，ハダニ類，ホコリダニ，サビダニ，およびマダニに試験例があり，広スペクトラム殺虫剤になりうる素質をもっていると考えられる。日産化学の特許が2005年9月に公開されて以降，他社も注目して展開を行い，デュポン[154]，バイエル[155]，シンジェンタ[156]，日本農薬[157]，ダウアグロサイエンス[158]，日本曹達[159]，住友化学[160]，およびインターベット（動物薬）[161]の各社が特許出願している。日産化学特許はイソキサゾリン環をもつ特許が中心で，ジヒドロアゾールの特許も出願されている。その他，各社の特許には，各種含窒素ヘテロ環

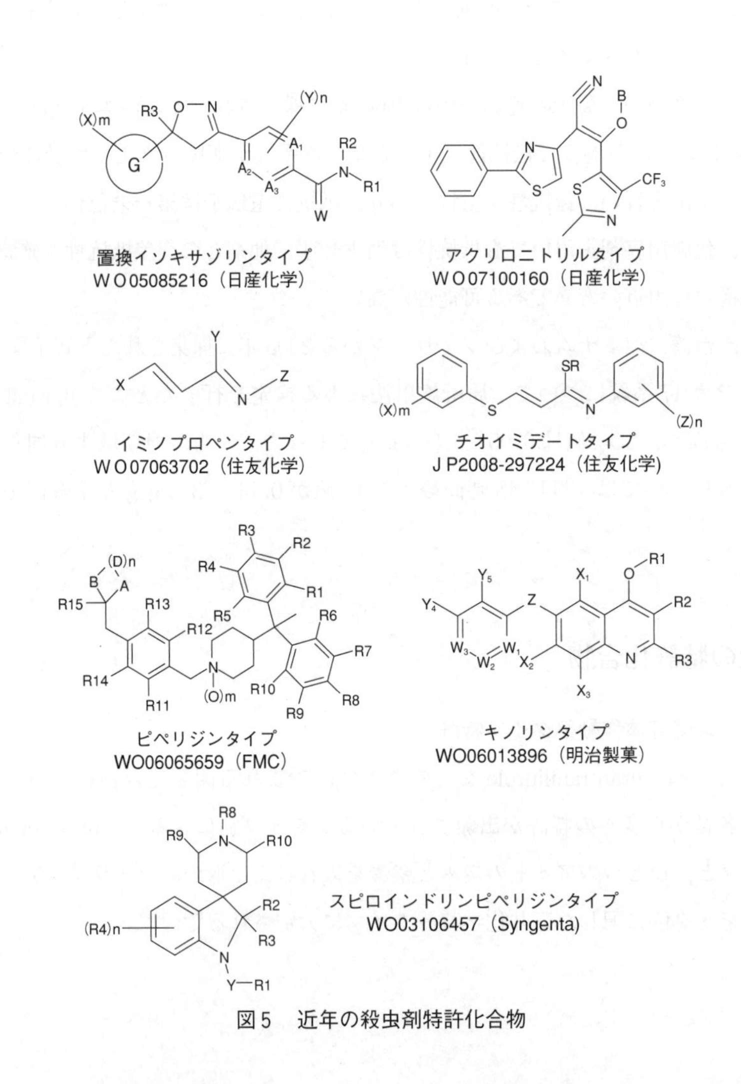

図5　近年の殺虫剤特許化合物

を持つ化合物が記載されている。

本系統に関する特許以外の情報は少ないが，2009年8月にワシントンDCで開催されたアメリカ化学会で，島根大，日産化学の共同研究[140]とデュポン社[141]の2題の発表がなされ，前者の研究では，抗寄生虫薬として，イソキサゾリン化合物が，アフリカツメガエル卵母細胞に発現させたGABA作動性（MdRDL）およびグルタミン酸作動性（MdGluCl）Clイオンチャネルに，fipronilと同レベルの影響を示し，MdRDLに対する阻害活性はMdGluClに対するより，2オーダー程強かった。また，イエバエ頭部膜画分を用いた [^{3}H]-EBOBをリガンドにしたバインディングアッセイで，fipronilより10倍程度高い活性を示し，新規のClチャネル阻害剤（LGCC）であるとされた[140]。

14.2.2　アクリロニトリルタイプ

殺ダニ剤として大塚化学がダニサラバ®を2007年10月に，日産化学が2009年2月にスターマイト®およびスターマイト®とサンマイト®との混合剤バリュースター®の登録を取得している。殺虫剤分野では現在まで上市化合物は無い。日産化学から2007年に公開された特許[162]では，殺虫活性のみが生物試験例として記載されている。

14.2.3　イミノプロペン（チオイミデート）タイプ

住友化学から2005年に出願され2007年に公開された殺虫活性を持つ新規骨格である。チョウ目，カメムシ目，ハエ目，ゴキブリ目およびハダニ類などに活性を示す[163]。

14.2.4　ピペリジンタイプ

前書でベンゾヒドロールピペリジン系剤として紹介されたが，現在までに開発された化合物は無い。FMC社から，2006年に公開された特許で，チョウ目（tobacco　budworm）のみの生物試験例が紹介されている[164]。バイエルからも出願がある[165]。

14.2.5　キノリンタイプ

明治製菓㈱が2004年に出願し，2006年に公開されている。幅広い生物活性を有し，チョウ目，カメムシ目，アザミウマ目の他ハダニ類にも活性を示すことが記載されている[166]。

14.2.6　スピロインドリンピペリジンタイプ

シンジェンタが2002年に出願し2003年に公開されている。チョウ目，カメムシ目およびハエ目の生物試験例が記載されている[167]。その後も，縮合環を開いた展開化合物の特許が公開されている。

15　おわりに

殺虫剤分野では，有機塩素系剤，有機りん剤，カーバメート剤および合成ピレスロイドの時代から，ネオニコチノイド剤７剤，さらにはジアミドタイプ剤（リアノジン受容体作動薬）３剤が開発あるいは，その途上にあり，主要剤が移り変わりつつある。合成ピレスロイドまでは，害虫の抵抗性研究の情報が蓄積されており，近年，ネオニコチノイドに対する抵抗性の報告も多くみられるようになってきた。持続的な農業のためにも，新規剤の抵抗性をできるだけ回避するような使用方法が望まれる。

文　　献

1）上原正浩ほか，新農薬開発の最前線，p 82，シーエムシー出版（2003）
2）新しい農薬原体の創製 2006，シーエムシー出版（2006）
3）http://www.acis.famic.go.jp/searchF/index/20090928.html
4）A. Elbert *et al*., *Pest Manag Sci*., **64**, 1099（2008）
5）S. Kagabu *et al*., *J. Pestic. Sci*., **29**, 40（2004）
6）S. Kagabu *et al*., *J. Pestic. Sci*., **30**, 44（2005）
7）S. Kagabu *et al*., *J. Pestic. Sci*., **30**, 409（2005）
8）S. Kagabu *et al*., *J. Pestic. Sci*., **31**, 150（2006）
9）K. Nishimura *et al*., *J. Pestic. Sci*., **31**, 110（2006）
10）S. Kagabu *et al*., *J. Pestic. Sci*., **32**, 128（2007）
11）S. Kagabu *et al*., *J. Pestic. Sci*., **29**, 376（2004）
12）K. Kiriyama *et al*., *J. Pestic. Sci*., **28**, 8（2003）
13）盛家晃一，新しい農薬原体の創製 2006，p 164，シーエムシー出版（2006）
14）T. Iwasa *et al*., *Crop Prot*., **23**, 371（2004）
15）R. Nauen *et al*., *Pest Manag Sci*., **57**, 577（2001）
16）S. Suchail *et al*., *Pest Manag Sci*., **60**, 291（2004）
17）S. Suchail *et al*., *Pest Manag Sci*., **60**, 1056（2004）
18）S. Suchail *et al*., *Environ Toxicol Chem*., **20**, 2489（2000）
19）J. Faucon *et al*., *Pest Manag Sci*., **61**, 111（2005）
20）A. Decourtye *et al*., *Ecotoxicol Environ Saf*., **57**, 410（2004）
21）A. Decourtye *et al*., *Pest Manag Sci*., **59**, 269（2003）
22）R. Schmuck *et al*., *Pest Manag Sci*., **59**, 279（2003）
23）E. D. Pilling *et al*., *Pestic. Sci*., **39**, 293（1993）
24）J. Brunet *et al*., *Pest Manag Sci*., **61**, 742（2005）
25）K. Gorman *et al*., *Pest Manag Sci*., **63**, 555（2007）
26）J. L. Bi *et al*., *Pest Manag Sci*., **63**, 747（2007）
27）K. Gorman *et al*., *Pest Manag Sci*., **64**, 1122（2008）
28）M. Matsumura *et al*., *Pest Manag Sci*., **64**, 1115（2008）

29) L. Zewen *et al.*, *Pest Manag Sci.*, **59**, 1355 (2003)
30) Z. Liu *et al.*, Pesticide Chemistry. Crop Protection, Public Health, Environmental safety, P 271, WILEY-VCH Verlag GmbH & Co. KGaA, Weinheim, (2007)
31) Z. Liu *et al.*, *Pest Manag Sci.*, **62**, 279 (2006)
32) K. Wang *et al.*, *J. Pestic. Sci.*, **32**, 372 (2007)
33) S. P. Foster *et al.*, *Pest Manag Sci.*, **64**, 1111 (2008)
34) D. Mota-Sanchez *et al.*, *Pest Manag Sci.*, **62**, 30 (2006)
35) A. Alyokhin *et al.*, *Pest Manag Sci.*, **63**, 32 (2007)
36) 高橋英光ほか，新農薬の開発展望，p 71，シーエムシー出版（1997）
37) M. Ihara *et al.*, *J. Pestic. Sci.*, **31**, 35 (2006)
38) M. Ihara *et al.*, *Neuroscience Letters*, **425**, 135 (2007)
39) K. Toshima *et al.*, *J. Pestic. Sci.*, **33**, 146 (2008)
40) 松田一彦，農薬誌，**34**，119（2009）
41) R. Nauen *et al.*, *Pestic. Biochem. Physiol.*, **76**, 55 (2003)
42) H. Wellmann *et al.*, *Pest Manag Sci.*, **60**, 959 (2004)
43) T. Tohnishi *et al.*, *J. Pestic .Sci.*, **30**, 354 (2005)
44) G. P. Lahm *et al.*, *Bioog. Med. Chem. Lett.*, **15**, 4898 (2005)
45) B. P. Pepper *et al.*, *J.Econ.Entomol.*, **38**, 59 (1945)
46) D. B. Sattelle *et al.*, *Invert Neurosci.*, **8**, 107 (2008)
47) T. Masaki *et al.*, *Mol. Pharmacol.*, **69**, 1733 (2006)
48) D. Cordova *et al.*, *Pestic. Biochem Physiol.*, **84**, 196 (2006)
49) G. P. Lahm *et al.*, *Bioorg. Med. Chem. Lett.*, **17**, 6274 (2007)
50) T. Nishimatsu *et al.*, *The BCPC Int. Congress 2005 Congress Proceedings*, **1**, 57 (2005)
51) 上山功夫，植物防疫，**61**，37（2007）
52) T. Masaki *et al.*, *11 th IUPAC ICPC Abstracts*, **2**, 112 (2006)
53) T. Masaki *et al.*, Pesticide Chemistry: Crop Protection, Public Health, Environmental Safety, p.137, WILEY-VCH Verlag GmbH & Co.KGaA (2007)
54) D. Cordova *et al.*, *11 th IUPAC ICPC Abstracts*, **2**, 111 (2006)
55) D. Cordova *et al.*, Pesticide Chemistry: Crop Protection, Public Health, Environmental Safety, p.121, WILEY-VCH Verlag GmbH & Co.KGaA (2007)
56) G. P. Lahm *et al.*, Pesticide Chemistry: Crop Protection, Public Health, Environmental Safety, p.111, WILEY-VCH Verlag GmbH & Co.KGaA (2007)
57) T. Katsuhara *et al.* (Nihon Nouyaku), PCT Int. Appl. WO 200100575 (2001)
58) G. P. Lahm *et al.* (Du Pont), PCT Int. Appl. WO 200170671 (2001)
59) 下松明雄，ファインケミカル, **36** (8), 23（2007）
60) T. Masaki *et.al.*, *J. Pestic.Sci.*, **34**, 37 (2009)
61) 廣岡卓，化学と生物，**45**，381（2007）
62) AgroIP, Review of ISO names in 2008, (2009)
63) T. Tsuda *et.al.*, *J. Pestic. Sci.*, **14**, 241 (1989)
64) 島健太郎（発行者），新しい農薬原体の創製 2006，p. 7，シーエムシー出版（2006）
65) A. Seo *et al.*, Pesticide Chemistry: Crop Protection, Public Health, Environmental Safety,

p.127, WILEY-VCH Verlag GmbH & Co.KGaA (2007)
66) 遠西正範，ファインケミカル，**36** (8)，58 (2007)
67) 島健太郎（発行者），新しい農薬原体の創製2006，p.3，シーエムシー出版 (2006)
68) G. P. Lahm *et al*., Pesticide.Chemistry: Crop Protection, Public Health, Environmental Safety, p.141, WILEY-VCH Verlag GmbH & Co.KGaA (2007)
69) 正木隆男，日本農薬学会誌，**31**，484 (2006)
70) 正木隆男，日本農薬学会誌，**33**，273 (2008)
71) T. Masaki *et al*., *J. Pestic. Sci*., **33**, 271 (2008)
72) U. Ebbinghaus-Kintscher *et al*., *Cell Calcium*, **39**, 21 (2006)
73) P. Luemmen *et al*., Synthesis & Chemistry of Agrochemicals Series Ⅶ, p.235, American Chemical Society (2007)
74) U. Ebbinghaus-Kintscher *et al*., *Planzens-chutz-Nachrichten Bayer*., **60**, 117 (2007)
75) D. Cordova *et al*., Synthesis & Chemistry of Agrochemicals Series Ⅶ, p.223, American Chemical Society (2007)
76) N. Yasokawa *et al*., *11 th IUPAC ICPC Abstracts*, **2**, 112 (2006)
77) R. Nauen, *Pest Manag Sci*., **62**, 690 (2006)
78) フェニックス普及会，殺虫剤フェニックス顆粒水和剤技術資料 (2007)
79) 田村信悟ほか，第52回日本応動昆大会講演要旨，36 (2008)
80) 児玉洋ほか，第50回日本応動昆大会講演要旨，166 (2006)
81) 廣岡卓，植物防疫，**61**，284 (2007)
82) 島克弥ほか，第53回日本応動昆大会講演要旨，99 (2009)
83) 島克弥ほか，第52回日本応動昆大会講演要旨，38 (2008)
84) L. A. F. Teixeira *et al*., *Pest Manag Sci*., **65**, 137 (2008)
85) J. C. Wise *et al*., Arthropod Management Tests, 32 (2007)
86) 野尻政時ほか，第52回日本応動昆大会講演要旨，39 (2008)
87) 山本明ほか，第53回日本応動昆大会講演要旨，100 (2009)
88) A. L. Knight *et al*., *Pest Manag Sci*., **63**, 180 (2007)
89) I. N. Pessah *et al*., *Biochem. Biophys. Res. Commun*., **128**, 449 (1985)
90) A. L. Waterhouse *et al*., *J.Med. Chem*., **30**, 710 (1987)
91) P. R. Jefferies *et al*., *Pestic. Sci*., **51**, 33 (1997)
92) M. Schmitt *et al*., *Pestic. Sci*., **48**, 375 (1996)
93) E. Lehmberg *et al*., *Pestic. Biochem. Physiol*., **48**, 152 (1994)
94) E. Puente *et al*., *Insect. Biochem. Mol. Biol*., **30**, 335 (2000)
95) T. S. Scott-Ward *et al*., *J.Membr. Biol*., **179**, 127 (2001)
96) R. D. O'Brien (eds.), Insecticides Action and Metabolism, Academic Press (1967)
97) 食品安全委員会，農薬評価書フルベンジアミド，p.15 (2006)
98) 食品安全委員会，農薬評価書クロラントラニリプロール，p.22 (2008)
99) M. Fill *et.al*., *Physiol. Rev*., 82, 893 (2002)
100) デュポン㈱，農薬抄録クロラントラニリプロール（平成21年7月21日改訂），p.Ⅵ-20 (2009)
101) R. Nauen *et al*., *11 th IUPAC ICPC Abstracts*, **2**, 114 (2006)

102）土屋亮，農薬誌，**30**，278（2005）
103）K. Moriya *et al*., *Arch. Insect Biochem. Physiol*., **69**, 22（2008）
104）S. Saito *et al*., *J. Pestic. Sci*., **31**, 335（2006）
105）杉岡大介ほか，日本農薬学会第34回大会講演要旨集，p 48，（2009）
106）上原正浩ほか，日本農薬学会第34回大会講演要旨集，p 132，（2009）
107）M. Uehara *et al*., *Pestic. Sci*., **55**, 343（1999）
108）S. Castle *et al*., *Virus Research*, **141**, 131（2009）
109）高木和裕ほか，日本農薬学会第34回大会講演要旨集，p 133，（2009）
110）K. Takagi *et al*., *Veterinary Parasitology*, **150**, 177（2007）
111）J. Vitullo *et al*., *J. Econ. Entomol*., **100**, 398（2007）
112）V. L. Salgado *et al*., *Pestic. Sci*., **28**, 389（1990）
113）K. D. Wing *et al*., Comprehensive Molecular Insect Science, Insect Control, vol. 6. p 31, Elsevier B. V., Oxford, UK（2005）
114）V. L. Salgado *et al*., *Veterinary Parasitology*, **150**, 182（2007）
115）米田哲夫ほか，日本農薬学会第34回大会講演要旨集，p 134，（2009）
116）M. Morita *et al*., *Pest Manag Sci*, **63**, 969（2007）
117）L.. Kaufmann *et al*., Comp, Biochem, Physiol, 138 C, 469（2004）
118）M. Morita *et al*., Proc Brighton Crop Prot Conf–Pests and Diseases, BCPC, p 59, Fahnham, Surrey, UK,（2000）
119）http://www.fsc.go.jp/hyouka/hy/hy-tuuchi-imicyafos.pdf
120）逸見信弥ほか，日本農薬学会第34回大会講演要旨集，p 135，（2009）
121）石本ゆにほか，日本農薬学会第34回大会講演要旨集，p 136，（2009）
122）http://www.fsc.go.jp/hyouka/hy/hy-tuuchi-spirotetramat_k.pdf
123）R. Nauen *et al*., *Bayer CropScience Journal*, **61**, 245（2008）
124）T. C. Sparks *et al*., *J. Comput Aided Mol Des*., **22**, 393（2008）
125）http://www.fsc.go.jp/hyouka/hy/hy-tuuchi-spinetoram_k.pdf
126）新しい農薬原体の創製2006，P 23，シーエムシー出版（2006）
127）T. Soin *et al*., *Insect Biochem Mol Biol*., **39**, 523（2009）
128）Billas I. M. L. *et al*., *Nature*, **426**, 91（2003）
129）D. E. Waldstein *et al*., *J. Econ. Entomol*., **92**, 1251（1999）
130）D. E. Waldstein *et al*., *J. Econ. Entomol*., **93**, 1768（2000）
131）J. K. Moulton *et al*., *J. Econ. Entomol*., **95**, 414（2002）
132）B. Sauphanor *et al*., *Pestic. Sci*., **45**, 369（1995）
133）G. Cao *et al*., *Pest Manag Sci*., **62**, 746（2006）
134）H. Mosallanejad *et al*., *Pest Manag Sci*., **65**, 732（2009）
135）http://www.alanwood.net/pesticides/lepimectin.html
136）http://www.fsc.go.jp/hyouka/hy/hy-tuuchi-lepimectin_k.pdf
137）T. Shono *et al*., *Pestic. Biochem. Physiol*., **80**, 106（2004）
138）T. Shono *et al*., *Pestic. Biochem. Physiol*., **57**, 1（2003）
140）Y. Ozoe *et al*., Abstract 238 th ACS National Meeting & Exposition, AGRO 51,（2009）
141）G. P. Lahm *et al*., Abstract 238 th ACS National Meeting & Exposition, AGRO 159,（2009）

142) 日本農薬 EP 919542, JP 11-240857, JP 2001-064258, WO 0100599
WO 0102354, WO 0121576, WO 0123350, JP 2001-131141
WO 0146124, JP 2001-335559, WO 02088075, WO 02088074
WO 02094765, WO 02094766, JP 2003-040860, WO 030932228
WO 04018415, WO 06022225, WO 07069684
143) DuPont WO 0170671, WO 03015518, WO 03015519, WO 03016284, WO 03016300
WO 03016304, WO 03024222, WO 03026415, WO 03027099
WO 03032731, WO 03062221, WO 03103398, WO 03106427
WO 04033468, WO 04046129, WO 04067528, WO 05118552
WO 06007595, WO 06023783, WO 06055922, WO 06068669
WO 07024833, WO 07126636, WO 08021152, WO 09018185
WO 09018186, WO 09018188, WO 09018195
144) 日産化学 JP 2003-040864, WO 03011028, JP 2003-212834, WO 04018410
WO 05030699, JP 2005-272452, JP 2006-306850
145) Bayer WO 04000796, WO 04080984, WO 04110149, WO 05095351
WO 06000336, WO 06024412, WO 06053643, WO 06133823
WO 07017075, WO 07031213, WO 07051560, WO 07101539
WO 07101540, WO 07101541, WO 07101542, WO 07101543
WO 07101544, WO 07101545, WO 07101546, WO 07101547
WO 07101601, WO 07112844, WO 07112893, WO 07144100
146) 石原産業 WO 05077934, JP 2006-131608, WO 06080311, WO 06118267
WO 07020877, JP 2008-019222, WO 08072783
147) Syngenta WO 05085234, WO 06024523, WO 06032462, WO 06040113, WO 06061200
WO 06111341, WO 07009661, WO 07020050, WO 07080131
WO 07093402, WO 07128410, WO 08000438, WO 08031534
WO 08064891, WO 08074427, WO 08107091, WO 09010260
WO 09021717, WO 09024341, WO 09049844, WO 09049845
148) 三井化学 JP 2006-225340, WO 06137376, WO 06137395, WO 07013332
WO 07013150, JP 2007-099761, JP 2007-302617, WO 08075453
WO 08075454, WO 08075459, WO 08075465
149) BASF WO 07006670, WO 07017433, WO 08034785, WO 08034787, WO 07082841
150) 住友化学 JP 2007-077106, WO 07043677, WO 08126858, WO 08126889
WO 08126890, WO 08126933, JP 2008-260716, WO 08130021
JP 2008-280344, WO 09022600
151) 日本曹達 WO 07077889, JP 2009-062277
152) Sinochem, Shenyang Research
WO 08134969, WO 08134970
153) 日産化学 WO 05085216, JP 2007-016017, WO 07026965, JP 2007-091708
JP 2007-106756, WO 07105814, WO 08108448, JP 2008-239611
WO 09005015, WO 09035004
154) DuPont WO 07070606, WO 07079162, WO 07123853, WO 07123855

WO 08150393, WO 08154528, WO 09002809, WO 09045999
WO 09051956

155） Bayer　WO 08019760, WO 08122375, WO 08128711

156） Syngenta　WO 08012027, WO 09049846

157） 日本農薬　WO 07125984

158） Dow　WO 08130651

159） 日本曹達　JP 2008-110971, JP 2008-133273, WO 09022746, JP 2009-062352
JP 2009-062354, JP 2009-062355

160） 住友化学　WO 08126665

161） intervet　WO 09024541

162） 日産化学　WO 07100160

163） 住友化学　WO 07063702, JP 2008-297224, JP 2008-297223
WO 09014267, WO 09048152, WO 08149962

164） FMC　WO 06065659

165） Bayer　WO 06031674

166） 明治製菓　WO 06013896

167） Syngenta　WO 03106457, WO 05115146, WO 06003494, WO 07072143
WO 07085945

コラム

アセチルコリンエステラーゼ阻害剤の毒性学についての最近の話題

奥野泰由*

アセチルコリンエステラーゼ（AChE）阻害剤である有機リン剤（OP），カーバメート剤（CM）の毒性学についての最近の話題について，以下に述べる。

1　感受性の年齢差と発達神経毒性

近年，子供の健康に対する化学物質のリスクが関心を呼んでいる。このため，OPおよびCMともに，感受性の年齢差が研究されている。VidairはOP（Chlorpyrifosなど）およびCM（Aldicarb）のラットにおける急性毒性の年齢差を，離乳前，4－6週齢，成獣間で比較した。その結果，明らかな年齢差が認められ，50％致死量が離乳前の動物では4－6週齢および成獣に比べて低用量であった[1)]。OPおよびCMは生体内で代謝を受け解毒されるが，新生児ではこの代謝酵素の活性が成獣に比較して低いために，このような差異が生じると考えられた[1)]。一方，Sheetsは各種OPの多世代繁殖性試験（混餌投与）における親世代とF1世代（4および21週齢）のコリンエステラーゼ抑制のNOELを比較して，親世代のNOELが低いことを報告した[2)]。F1世代の離乳前のOP暴露はおもに胎盤経由あるいは乳汁経由であり，相対的に実質暴露量が低いことによると考察された。更に，OPおよびCMは神経毒性を有する化合物であり，多くの剤について発達神経毒性試験が実施されている。米国EPAのW. Phangは，OP（Chlorpyrifos, Malathionなど），CM（Aldicarb, Carbarylなど）を含む14剤について，発達神経毒性試験のNOAELを急性神経毒性試験，亜急性神経毒性試験，

＊ Yasuyoshi Okuno　住友化学㈱　技術・経営企画室　主幹

催奇性試験，多世代繁殖性試験と比較した[3]。その結果，発達神経毒性試験のNOAELは他の4試験のそれと比較して，特に低いものではないと結論した。また，神経機能への影響，病理学的影響は，OPのコリンエステラーゼ阻害を示さない用量では観察されなかったと報告している。このように，AChE阻害剤の毒性に関連し，感受性の年齢差は存在し，リスク評価において留意する必要がある。しかし，従来からの農薬毒性試験による評価で対応は可能であると思われ，新たな発達神経毒性試験を実施するリスク評価上の有用性については，現状は不明確であると考える。

2　遅延性神経毒性

現在，遅延性神経毒性（OP-induced delayed neuropathy：OPIDN）の試験法については，高感受性動物であるニワトリを用いた試験が確立されており，OPの登録要件となっている。しかし，OPIDNの発症メカニズムについては，解明されていない。OPIDNはある種のOPの投与によって，脳・脊髄のNeuropathy Target Esterase（NTE）がおよそ80％阻害されると発現するといわれている[4]。Quistadらは，このNTEは一種のlysophospholipase（LysoPLA）であるとの論文を発表した[5]。NTE遺伝子のヘテロ欠損マウスのLysoPLAが，野生型マウスに比較して明らかに低いこと，あるいは，いくつかのOPIDN陽性化合物によるマウスのNTE阻害とLysoPLA阻害が*In vitro*および*In vivo*において相関することを根拠としている。LysoPLAは神経細胞の構成成分lysolecithinを代謝する酵素である。このためLysoPLAが阻害されるとlysolecithinの蓄積を起こす。一方，lysolecithinは神経細胞の脱髄を惹起させることが報告されている[6,7]。これらから，Quistadらはこの蓄積したlysolecithinがOPIDNを発現すると考察している[5]。しかしながら，Quistadらも述べているように，このマウスモデルは，ヒトやニワトリにおけるOPIDNの場合と，神経症状の種類と発症時期および神経病理学的所見が異なっている。したがって，これらがOPIDN研究に適切な試験系であるかは疑問である。また，Houらはtri-*o*-cresyl phosphateを投与したニワトリおよびマウスの脳，脊髄，坐骨神経でLysoPLAの阻害を認めたが，lysolecithinおよびlecithinは変動していなかったことを報告している[8,9]。これらの結果は，上述のQuistadらの考察と矛盾している。このような状況から，OPIDNの発症メカニズムの解明には更なる研究が必要と思われる。最近，Chang らはニワトリの NTE の遺伝子配列を解明したと報告している[10)]。また，緑色蛍光蛋白質を用いた *In vitro* 研究によって，NTE は小胞体結合蛋白であると考察している[10)]。OPIDN のメカニズムを解明するのに NTE に関する研究は非常に重要である。NTE の作用機構の解明が他の OP 毒性の解明に繋がる可能性もある。このため，これらの研究成果の更なる発展には大いに期待している。

文　　献

1） C. A. Vidair, *Toxicol. Appl. Pharmacol.*, **196**, 287 (2004)

2） L. P. Sheets, *Neurotoxicology*, **21**, 57 (2000)

3） WHO/IPCS, Pesticide residues in food-2002 Joint FAO/WHO Meeting on Pesticide Residues: Evaluations 2002 Part Ⅱ-Toxicological, 399 (2003)

4） WHO, *Environmental Health Criteria*, **104**, 61 (1990)

5） G. B. Quistad *et al., Proc. Natl. Acad. Sci.*, **100**, 7983 (2003)

6） S. M. Hall *et al., J. Cell Sci.*, **9**, 769 (1971)

7） S. M. Hall, *J. Cell Sci.*, **10**, 535 (1972)

8） W. Y. Hou *et al., Toxicology*, **252**, 56 (2008)

9） W. Y. Hou *et al., Toxicol. Appl. Pharmacol.*, **109**, 276 (2009)

10） P. A. Chang *et al., Gene*, **435**, 45 (2009)

第5章　殺ダニ剤の動向

瀧井新自*

1　はじめに

農業上問題となるダニ類は，世界のあらゆる地域で農作物を加害して収量，品質に大きな影響を与える重要な防除対象害虫である。このダニ類の中で世界的に重要な種類はハダニ科の *Panonychus* 属，*Tetranychus* 属のハダニ類とフシダニ科のサビダニ類である。

前者のハダニ類の多くは発育速度が速く，非常に繁殖力が強い。抵抗性の発達とは薬剤散布により集団の中から防御機構に優れた個体が淘汰・選抜されるプロセスであり，繁殖力が強いことはハダニが薬剤に対して抵抗性を発達させる上で重要な要因であると考えられる[1,2]。実際に殺ダニ剤開発の歴史は，ハダニの抵抗性発達との戦いであった[3]。常に抵抗性発達が懸念され，常に新しい剤の登場が待ち望まれ，新剤は特効薬として広範に使用されてしまう。結果として抵抗性発達が予想よりも早い事例もあった[4]。

一方，後者のサビダニ類の日本における代表種はミカンサビダニ（*Aculops pelekassi* (KEIFER)）である。主に6月から7月にカンキツの葉に発生し，7月から9月に果実に被害を与える。ハダニ類ほど抵抗性の発達のスピードは早くないと思われるが，1964年にchlorobenzilate，1970年以降にzinebに対する感受性低下傾向が局地的に認められ，1980年代後半からdithiocarbamate系剤による防除効果の不足が指摘されるようになっており[5]，決して抵抗性と無縁な訳ではない。

1985年に発見されたhexythiazoxが，近年の高性能な殺ダニ剤開発の幕開けとすると，続く1990年代は「速効性」をキーワードにfenpyroximate，pyridabenなどの高性能剤の時代が続いた。一方で第二次世界大戦後に芽生えた総合的害虫管理（IPM）の考えは，わが国では2000年前半に施設園芸を中心として急速に広がり，天敵利用が普及し始めた[6,7]。2000年代に開発された殺ダニ剤では，このIPMの考え方が反映され，「より高性能な活性」に加えて「より高度な選択性」を有する剤が多い。そして現在では「高度な選択性」は，殺ダニ剤開発にとって不可欠な条件になったように感じる。ここでは本書の前版が2003年に刊行されたことから，それ以降に上市された剤あるいは現在開発中の殺ダニ剤について紹介し，最近のハダニの抵抗性研究につい

＊　Shinji Takii　日産化学工業㈱　生物科学研究所

て簡単なレビューを加えて，今後の殺ダニについて考察したい。

2　最近の開発剤

2003年以降に上市された殺ダニ剤について紹介する（図1）。

2.1　Cyflumetofen（試験コード：OK-5101）

大塚化学が，新規ベンゾイルアセトニトリル誘導体の合成展開によって見出した殺ダニ剤である。日本では大塚化学と協友アグリが開発し，2007年10月26日に登録を取得した[8]。作用性はミトコンドリア呼吸鎖複合体Ⅱを阻害し，殺ダニ活性を示すと推測されている。ハダニ類の各成育ステージに対して有効だが，特に幼若虫に対して高活性である。例えば，LC_{50}値はナミハダニの成虫に対して4.8 ppm，幼虫に対して0.9 ppm，ミカンハダニの成虫に対して2.3 ppm，幼虫に対して0.8 ppmである。また，静止期でも活性の低下は認められていない。ただし，卵に処理した場合，卵で死亡する個体のほか，孵化直後に死亡する個体も認められる[9]。Cyflumetofenの効果発現速度はやや緩慢であり，ナミハダニ雌成虫に散布した場合2～4時間目から効果を発現し，全ての個体で効果が発現するには12時間以上要し，24時間以内で完了する[9~11]。温度による効果低下はなく，15，20，25および30℃でのカンザワハダニ雌成虫に対するLC_{50}値は，それぞれ，1.9 ppm，2.5 ppm，2.2 ppmおよび1.9 ppmである。既存剤に抵抗性を示すハダニ類に対しても効果が高く，交差抵抗性は認められない。また，チリカブリダニやミヤコカブリダニなどの捕食性ダニに対しても影響が少ないだけでなく，ハダニアザミウマ，タイリクヒメハナカメムシやオンシツツヤコバチなど含む約15種の天敵類に対しても，実用濃度でほとんど影響がないことが確認されている[9,12]。

2.2　Spiromesifen（試験コード：BCI-033）

Bayerが，新規環状ケトエノールに属するテトロン酸誘導体の合成展開によって見出した新規殺虫・殺ダニ剤であり，2007年12月28日に登録を取得した[13]。同系統からはすでにspirodiclofenが2003年8月に登録を取得しているが，spirodiclofenの適用作物はかんきつ，びわのミカンハダニ，サビダニ類，チャノホコリダニ，ミカンキジラミであり，spiromesifenの適用作物はりんご，おうとう，なし，茶のハダニ類，サビダニ類，チャノホコリダニ，ミカントゲコナジラミである（2009年10月現在）。また，spiromesifenはコウチュウ目害虫，アザミウマ目害虫，カメムシ目害虫にも殺虫活性を示す。特にコナジラミについては圃場での高い効果が確認されている[14]。一方で，アオムシサムライコマユバチ，タイリクヒメハナカメムシ，ショクガタマバエ

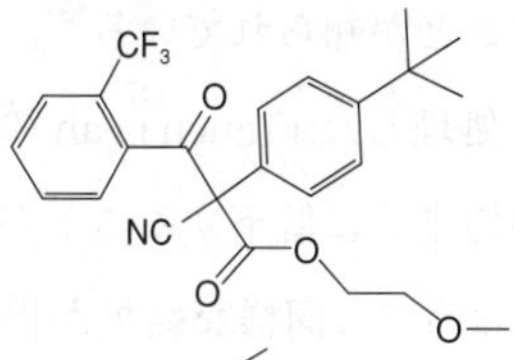

cyflumetofen　（大塚化学）

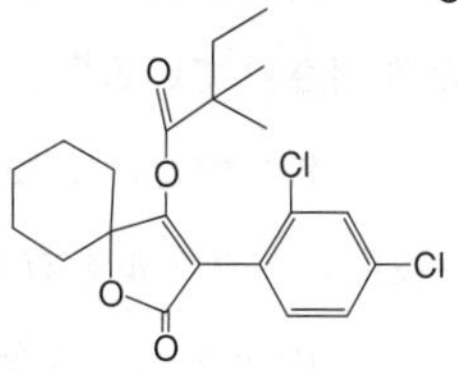

spirodiclofen　（Bayer）

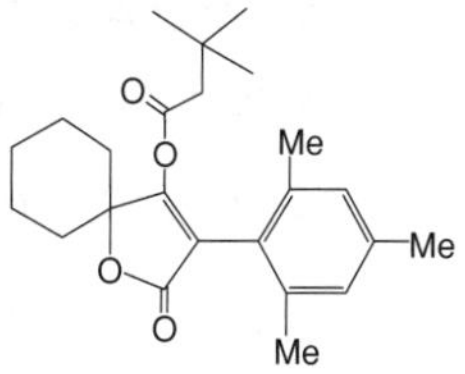

spiromesifen　（Bayer）

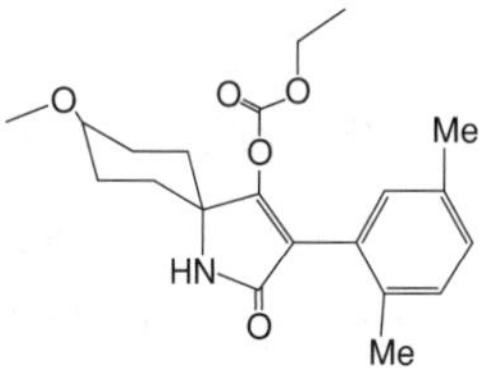

spirotetramat　（Bayer）

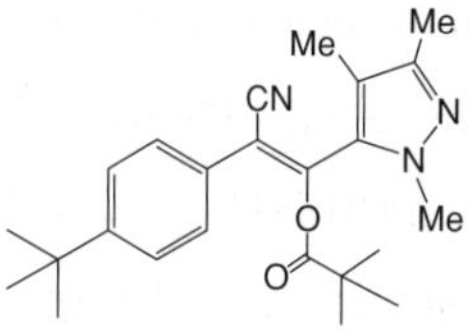

cyenopyrafen　（日産化学）

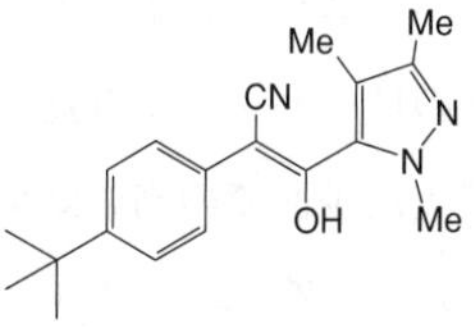

cyenopyrafen OH 体

図1　最近の開発剤

などを含む約11種の天敵類に対しては，実用濃度でほとんど影響がないことが確認されている[13]。Spiromesifen はハダニ類の全ての生育ステージに有効であるが，特に幼虫に対して高い活性を示す。ナミハダニ幼虫とカンザワハダニ幼虫に対する LC_{50} 値は，それぞれ 0.50 ppm と 0.57 ppm である[13,15]。また，spiromesifen および spirodiclofen は，親油性が高く，葉のワックス層に速やかに取り込まれる特性のため高い耐雨性を示すことが知られている[13]。作用性は類縁体のspirodiclofenで研究され，200 ppmのspirodiclofenを処理したFrench beanの葉を与えたナミハダニ雌成虫の総脂質量が，処理5日後には無処理区の約半分に低下することが明らかにされている。加えて，*in vitro* の条件下での脂質生合成試験においても同様な結果が得られていることから，spirodiclofenの作用機構は脂質の生合成阻害であると推察されている[16]。

現在，これら類縁体から更にspirotetramatが開発中であり，ハダニ類だけでなく，アブラムシ類，コナジラミ類，アザミウマ類に対して効果を示し，広い殺虫スペクトルを有している。Spirotetramatの特徴は浸透移行性に優れる点である。例えば，鉢植えのナスの第3葉目に112 ppmのspirotetramatを処理すると，第4葉と第2葉に接種したモモアカアブラムシに対して効果を示し，上方下方移行性に優ることが明らかにされている[17]。また，圃場試験において，ピーマン1株当たり20 mgのspirotetramatを灌注処理した場合，タバココナジラミ幼虫に対して5週間，防除価90以上の効果を示し，高い実用性が確認されている[18]。

2.3 Cyenopyrafen（試験コード：NC-512）

日産化学が，thiapronil（schering：特開昭53-92769）をリード化合物とし，その誘導体展開から見出したアクリロニトリル骨格を有する殺ダニ剤である。ハダニ類の卵から成虫までの全ステージに活性を示し，2008年11月27日に日本で農薬登録された[19]。特に卵に対する孵化阻害活性が高く，ナミハダニ，カンザワハダニ，ミカンハダニ，リンゴハダニの各ハダニ類卵に対する孵化阻害活性は，LC_{50} 値が6 ppm以下である[19~21]。Cyenopyrafenの作用機構についてはナミハダニ由来のミトコンドリアを用いた呼吸阻害活性試験が検討され，活性本体はその代謝物であるOH体であることが明らかにされた[22,23]。このcyenopyrafen OH体はミトコンドリア電子伝達系呼吸鎖複合体IIのFe-Sタンパク部分に結合し，コハク酸からコエンザイムQへの電子の流れを非拮抗的に阻害すると考えられている[19,22,23]。また，各種ハダニ類を日本各地より採取して室内薬剤検定により感受性検定を実施し，既存の薬剤に感受性の低いハダニに有効であることが確かめられている[24]。ハダニ類の他には，ホコリダニに対して実用場面での高い効果が確認されている[19]。一方で，cyenopyrafenには殺虫活性はなく，チリカブリダニ，ミヤコカブリダニ，タイリクヒメハナカメムシ等の天敵類，カイコ，セイヨウミツバチ，セイヨウオオマルハナバチ等の有用生物に対する影響は少ない。ミツバチについては詳細な検討がされており，OECDテストガイドラインに基づいた急性毒性試験では，試験最高薬量である100 μg/beeにおいても毒性は認められなかった。また，ミツバチ由来のミトコンドリアとナミハダニ由来のミトコンドリアそれぞれに対するミトコンドリア電子伝達系呼吸鎖複合体IIの阻害活性には50倍の活性差があり，作用点においても高い選択性があることが明らかにされている[25]。

2.4　エコピタ®（試験コード：YE-621）

オリゴ糖を高温高圧下で水素還元することにより得られる多糖類で，食品甘味料として使用される還元澱粉糖化物を有効成分とする気門封鎖型防除剤である。協友アグリによって開発され，ハダニ類やアブラムシ類およびうどんこ病に対して高い効果を示し，2005年12月14日に登録を取得した[26]。2009年7月1日現在での登録は，上記防除対象病害虫にコナジラミ類が加えられている。走査電子顕微鏡による観察から，本剤は気門開口部を直接被覆・封鎖するのではなく，気管系内部に浸潤して毛細気管を被覆し，呼吸を阻害すると考えられている[26]。作用特性上，他の「気門封鎖型防除剤」と同じく薬液が虫に十分かからなければ高い効果を期待できないが，本剤は薬剤抵抗性の発現とは無縁であると考えられる[26]。

2.5　NNI-0711 フロアブル

日本農薬が現在開発中の殺ダニ剤である。新規化合物を有効成分とし2008年より日本植物防疫協会での委託試験が行われている。カンキツや茶のハダニ類に対しては50～100 ppm処理で，りんごのハダニ類に対しては100～200 ppm処理で高い防除効果を示すことが確認されている。有効成分の化学構造式は公表されていない。

2.6　その他の殺ダニ剤

論文で報告のある殺ダニ剤について次に紹介する（図2）。

2.6.1　HNPC-A 3066

中国のNational Engineering Research Centre for Agrochemicals, Hunan Research Institute of

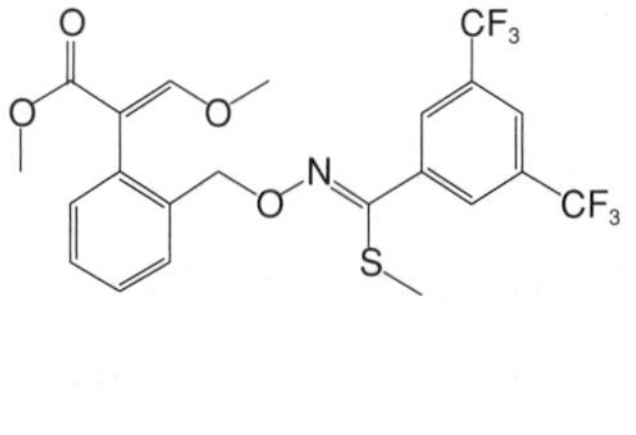

HNPC-A3006
National Engineering Research Centre for Agrochemical,
Hunan Research Institute of Chemical Industry

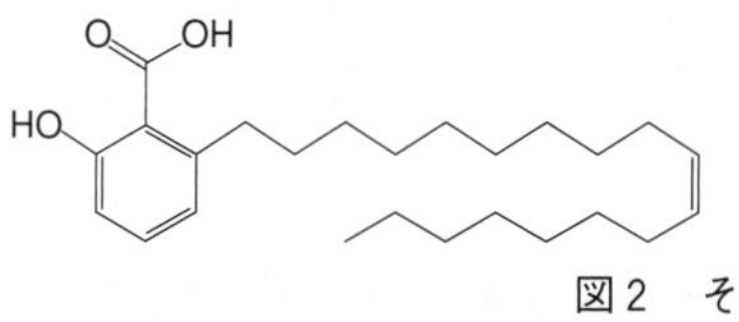

6-[(Z)-10-Heptadecenyl]-2-hydroxybenzoic acid
Sichuan University

図2　その他の殺ダニ剤

chemical industry からの報告である。殺菌剤の metominostrobin と殺ダニ剤の fluacrypyrim のアナログ合成から見出された殺ダニ・殺菌剤である。ナミハダニの雌成虫に対して 4.01 ppm，幼虫に対して 0.74 ppm，卵に対して 2.02 ppm で LC_{50} 値を示す。ナミハダニ，ニセナミハダニ，ミカンハダニに対する圃場試験が実施され，60～120 g ai/ha の処理濃度で実用性があることが報告されている[27]。

2.6.2 6-[(Z)-10-Heptadecenyl]-2-hydroxybenzoic acid

Sichuan 大学からの報告である。*Ginkgo biloba*（イチョウ）の種皮からの抽出物であり，虫体薬液浸漬法によるミカンハダニ成虫に対する LC_{50} 値は 5.2 ppm である。また，虫体薬液浸漬法により 113 ppm で処理したミカンハダニ成虫の LT_{50}（半致死時間）値は 10 分以下であり，対照薬剤の pyridaben　113 ppm の LT_{50} 値が 98.8 分であることから，非常に速効的にミカンハダニ雌成虫を死に至らしめるとされている。詳細な作用性については不明だが，本化合物を 27.6 ppm の濃度で処理したミカンハダニの表皮が 10 分以内に腐食（corrosive）することが報告されている[28]。一方，ミカンやナシに対しては 25～10,000 ppm の濃度で処理しても有害な影響がないことが確認されている[28]。

3　最近のハダニ抵抗性研究

殺虫・殺ダニ剤に対する抵抗性には忌避行動や習性の変化による生態的要因と皮膚透過性の低下や解毒代謝能力の増大，作用点の変異による生理・生化学的要因がある。抵抗性の問題は，薬剤散布によりこれらの防御機構に優れた個体が淘汰選抜され顕在化し，各抵抗性遺伝子によって後代に受け継がれることによって生じる[29]。

冒頭でも述べたように，ハダニ類といえば抵抗性発達とイメージされるように，殺ダニ剤は，わずか 4 ～ 6 回の散布で効力が減退する場合もある。従って，新規殺ダニ剤を上市するにあたっては，抵抗性発達の速度を予測することが重要であると考えられた。そのために古くから室内淘汰試験や圃場での連用試験が実施されてきたが，実際の防除場面での抵抗性発達を予測できるものではなかった[30]。一般に新規殺ダニ剤に望まれることは，新規構造・新規作用性であると言える。新規作用性については，既存剤に対して作用点の変異によって抵抗性を獲得しているダニ類防除に対しては必須な条件であることは疑いない。しかし，新規構造は解毒代謝能力が増大しているハダニに対しては，必ずしも有効ではないと考えられる。この解毒代謝能力の増大が，実際の防除場面での抵抗性発達を予測することを難解にしているひとつの要因と考えられる。そこで，ここでは最近のハダニ抵抗性研究について紹介したい。

1990 年代に登録された METI 剤は，ミトコンドリア呼吸鎖電子伝達系複合体 I を作用点とするグループである（図3）。このMETI剤の中から3種（fenpyroximate，tebufenpyrad，pyridaben）の殺ダニ剤を用いて抵抗性と感受性のカンザワハダニとの交配実験により，抵抗性の遺伝様式が検討された。その結果，それぞれに対する遺伝様式は不完全優性～完全劣性と別の様式であった。つまりこの抵抗性カンザワハダニが獲得している抵抗性は，作用点以外に存在すると推測される[30~32]。また，別の報告としてtebufenpyradを使用していたホップ畑から採取されたナミハダニが4種のMETI剤（tebufenpyrad，pyridaben，fenazaquin，fenpyroximate）に対して抵抗性を示し，この系統に対する遺伝様式の解析によると，いずれも同じ不完全優性の遺伝様式を持つとの報告がある。この遺伝様式の解析結果は，4種の剤が同じ作用点に作用し，その作用点の変異が抵抗性に関与していることを意味している。しかし，このナミハダニはbifenthrinにも抵抗性を示し，ピレスロイドの主な代謝経路とtebufenpyradの基本骨格であるピラゾールの主な代謝経路が酸化であることから，酸化による解毒代謝もこの系統の抵抗性発達に関与しているとされている[33]。このようにハダニの殺ダニ剤に対する抵抗性獲得は作用点の変異だけでなく，解毒代謝能力も同時に関与している場合があると考えられる。

Yongらは，圃場から採取したfenpyroximate抵抗性ナミハダニに対して，更にfenpyroximateで淘汰をかけて，20世代目にfenpyroximateに対してRS比＝252のFR-20系統を得た。このFR-20系統のMETI剤に対するRS比は，pyridaben 37.7，tebfenpyrad 24.4，fenazaquin 7.2であった。また，ピレスロイドであるacrinathrinのRS比は196であった[34]。このFR-20系統に

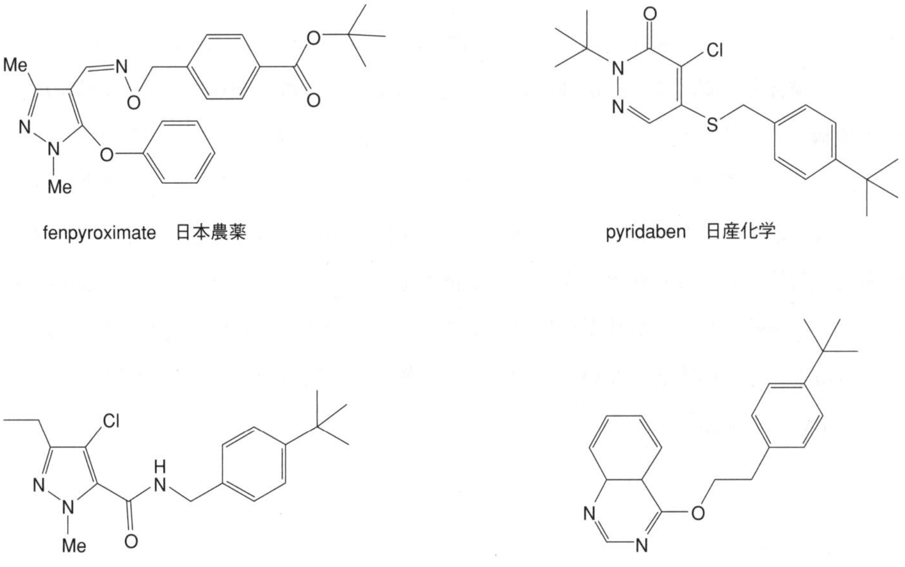

fenpyroximate　日本農薬

pyridaben　日産化学

tebufenpyrad　三菱化学(→日本農薬)

fenazaquin　DowAgroScience

図3　METI剤

対して各種代謝阻害剤の添加効果を，fenpyroximate を用いて調査した結果，酸化阻害剤（piperonyl butoxide）の添加は RS 比が 2.3 まで，加水分解阻害酵素（triphenyl butoxide）の添加は RS 比が 50.2 までそれぞれ活性が回復する共力効果が得られた[34]。METI 剤での感受性が異なることと，違う作用性である acrinathrin にも高い抵抗性を示すことから，FR-20 の抵抗性獲得には，代謝能力の増大が関与していると推測されている[34]。また Thomas らは，bifenthrin, dicofol, fenbutatin oxide に抵抗性を示すナミハダニを圃場から採集して，数種の殺ダニ剤に対する RS 比を測定した。その結果，clofentezine 2631，dimetoate 250，chlorfenapyr 154，bromopropylate 25 の RS 比が得られた。この抵抗性系統ナミハダニのエステラーゼのアイソザイムパターンを native PAGE により調査したところ，感受性系統とは異なるパターンが得られた[35]。また，同抵抗性系統に対して各種代謝阻害剤の添加効果を調査した結果，bifenthrin においてエステラーゼの阻害剤である *S*，*S*，*S*-tributyl-phosphorotrithioate との共力効果があることが報告された[36]。その他に，有機りん剤に対する感受性系統・抵抗性系統のナミハダニ，それぞれの系統由来の Acetylcholinesterase（AChE）の比較検討がされ，感受性系統由来の AChE は acetylthiocholine と propionylthiocholine に対する親和性が抵抗性系統由来の AChE の親和性より低く，DDVP，ambenonium，eserinen による AChE 阻害活性試験おいて，抵抗性系統由来の AChE は感受性系統由来の AChE よりも低感受性であることが報告されている[37]。

4　おわりに

農業上問題となるハダニ類が発達させる抵抗性は想像以上に速く，上市後数年以内に効果不足が報告される場合もある。この抵抗性発達を回避するために，散布現場では単一の剤の使用を避け，作用機構の異なる薬剤をローテーションで使用することを推奨している[38~42]。しかし，交差抵抗性は作用点を共通とする同系統の殺ダニ剤間だけの問題でなく，解毒代謝能力の発達によって異系統の薬剤間にも起こりうる問題である。実際に薬剤をローテーションしてもハダニの抵抗性発達を遅延させることができなかった事例もある[3]。従って，今後もハダニ類の抵抗性研究の強化やより洗練された防除体系の構築が望まれる。また，近年に開発された殺ダニ剤の多くが天敵や有用生物への影響が少ない「高選択性」を備える。新規な殺ダニ剤開発においては，より高度な「IPM への調和」が求められると考えられる[43]。

文　　献

1）井上雅央，ハダニ，p. 17-19，農文協（1993）
2）浅田三津男，化学と生物，**33**（2），p. 104-113（1995）
3）古橋嘉一，植物防疫，第62巻9号，p. 51-53（2009）
4）浅田三津男，植物防疫，第43巻11号，p. 41-46（1989）
5）田中寛，植物防疫，第53巻2号，p. 28-30（1999）
6）Lester E Ehler, *Pest Mang Sci*., **62**, p.787-789（2006）
7）広瀬義躬，植物防疫，第57巻11号，p. 1-4（2003）
8）大塚化学㈱，今月の農業，8月号，p. 44-45（2008）
9）宮田哲至ほか，植物防疫，第62巻1号，p. 43-46（2008）
10）IUPC International Congress of Pesticide Chemistry Kobe, Japan, Poster I-1-i-21 C（2006）
11）笹間康弘ほか，日本農薬学会第31回大会講演要旨集，p. 115（2006）
12）笹間康弘，日本農薬学会第23回農薬生物活性研究会シンポジウム講演要旨，p. 29-32（2006）
13）曽根信三郎，植物防疫，第62巻4号，p. 54-59（2008）
14）R. Nauen *et al., Proc. BCPC-Pest Dis*, p. 39-44（2002）
15）バイエルクロップサイエンス㈱，今月の農業，8月号，p. 46-49（2008）
16）R. Nauen *et al*., Pesticide outlook-December, p.243-245（2003）
17）江本暁ほか，第53回日本応用動物昆虫学会大会講演要旨，p. 102（2009）
18）城下道昭ほか，第53回日本応用動物昆虫学会大会講演要旨，p. 102（2009）
19）春山博史，今月の農業，8月号，p. 40-42（2008）
20）瀧井新自ほか，日本農薬学会第31回大会講演要旨集，p. 113（2006）
21）瀧井新自ほか，日本農薬学会第24回農薬生物活性研究会シンポジウム講演要旨，p. 13-16（2007）
22）IUPC International Congress of Pesticide Chemistry Kobe, Japan, Poster I-1-i-21 C（2006）
23）中平国光ほか，日本農薬学会第31回大会講演要旨集，p. 114（2006）
24）瀧井新自ほか，第53回日本応用動物昆虫学会大会講演要旨，p. 130（2009）
25）安藤公則ほか，第53回日本応用動物昆虫学会大会講演要旨，p. 129（2009）
26）太田泰宏，植物防疫，第62巻第11号，p. 53-57（2008）
27）Aiping Liu *et al., Pest Manag Sci*., **65**, p.229-234（2009）
28）Weigo Pan *et al., Pest Manag Sci*., **62**, p.283-287（2006）
29）浜弘司，害虫は何故農薬に強くなるか，農文協（1992）
30）山本敦司，植物防疫，第52巻第5号，p. 6-8（1998）
31）五箇公一，保全生態学研究，2号，p. 115-134（1997）
32）三宅敏郎，日本発の農薬開発，第2章，殺ダニ剤，p. 174（2003）
33）Gregor J Devine *et al., Pest Manag Sci*., **57**, p.443-448（2001）
34）Young-Joon Kim *et al., Pest Manag Sci*., **60**, p.1001-1006（2004）
35）Thomas Van Leeuwen *et al., Pest Manag Sci*., **61**, p.499-507（2005）
36）Thomas Van Leeuwen *et al., Pest Manag Sci*., **63**, p.150-156（2007）

37） Yoshio Anazawa *et al*., Insect Biochemistry and Molecular Biology 33, p.509–514（2003）
38） 藤知弥，今月の農業，8 月号，p. 11–16（2008）
39） 杉浦直幸，今月の農業，8 月号，p. 17–22（2008）
40） 羽田厚，今月の農業，8 月号，p. 23–28（2008）
41） 南島誠，今月の農業，8 月号，p. 29–32（2008）
42） 小澤郎人，今月の農業，8 月号，p. 33–39（2008）
43） 大岡高行，植物防疫，第 63 巻 7 号，p. 1–4（2009）

コラム

G-タンパク質共役型受容体と害虫防除 —生体アミン受容体を例として—

太田広人*

医薬の分野では，G-タンパク質共役型受容体（GPCR）は有望な創薬ターゲットとして非常に注目されている。一方，農薬分野では，行動制御剤として利用されている一連のフェロモンの受容体を除けば，生体アミンの一種オクトパミンの受容体が殺虫剤・殺ダニ剤の作用点として知られている程度ではないだろうか[1)]。しかし，近年の昆虫ゲノム研究と分子生物学的実験技術の目覚ましい進展により，昆虫GPCRの機能や生理的役割が明らかになるにつれて，害虫防除の作用点としても次第に注目されるようになってきた。本コラムでは，筆者が注目・研究してきた3種類の生体アミン（図1）の受容体に関する最近の知見をもとに，農薬分野におけるGPCR研究の現状と今後の方向性について概説したい。

オクトパミン（OA）受容体がアミジン系殺虫剤・殺ダニ剤のクロルジメホルムやアミトラズの作用点として報告されたのは1980年のことである[2,3)]。それから約20年後に，ショウジョウバエから

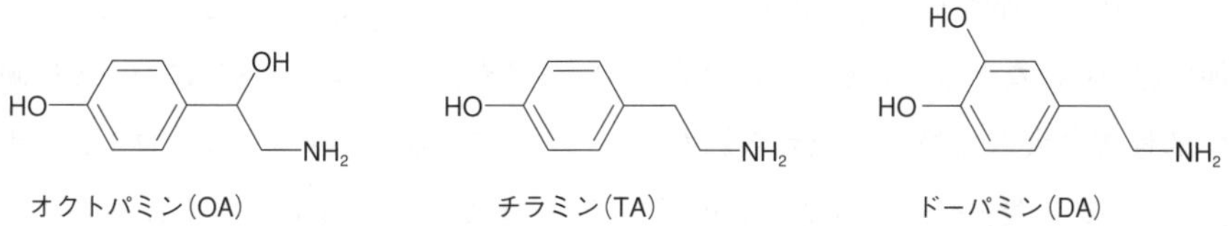

HO OH NH2 オクトパミン(OA)　HO NH2 チラミン(TA)　HO HO NH2 ドーパミン(DA)

図1　3種類の生体アミンとその構造
それぞれ特異的なGPCRに作用し，神経伝達物質，神経調節物質，神経ホルモンとして機能している。

* Hiroto Ohta　熊本大学　大学院自然科学研究科　助教

最初の昆虫OA受容体OAMBがクローニングされた[4]。培養細胞に発現させたOAMBにOAを作用させると，細胞内のcAMPとCa^{2+}の量が増加することが分かった。現在では，複数の昆虫種からOAMBのホモログ受容体（ミツバチのAmOA 1[5]，ゴキブリのPa oa_1[6]，カイコのBmOAR 1[7]など）がクローニングされている。害虫防除に関連する知見として，OAMBとPa oa_1に対して殺虫活性の高いエッセンシャルオイルがアゴニストとして作用すること[8]，BmOAR 1に対して殺虫剤クロルジメホルムのデメチル体が高いアゴニスト活性を示すこと[7]が報告されている。また，BmOAR 1については，アゴニスト結合部位と受容体活性化メカニズムに関するいくつかの構造情報が得られている[9,10]。近年，ショウジョウバエのゲノム中から，OAMBとは異なるタイプのOA受容体が3種類発見された[11]。培養細胞における機能解析では，OAMBとは少し異なり，3種類ともcAMPを増加させるもののCa^{2+}の増加は認められなかった。それぞれの薬理学的性質に大きな違いが認められたが，アミジン系殺虫剤がどの程度作用するかについては調べられていない。OA受容体を標的とする薬剤を開発するうえで，今後はOA受容体サブタイプごとに化合物のスクリーニングをおこなうことと，そのためのハイスループットシステムを開発していくことが重要になってくるであろう。

チラミン（TA）受容体は，ショウジョウバエから初めてクローニングされ[12]，OAMBとは反対に細胞内cAMP量を抑制することが分かった。同様のcAMP抑制型受容体が複数の昆虫種からクローニングされている[13]。TA受容体共通の機能なのかどうかははっきりしないが，OAMBと同じくCa^{2+}の増加を引き起こすものも報告されている[14]。ショウジョウバエのTA受容体の場合，Ca^{2+}増加がTAよりもOAで素早く起こるため，OA/TA受容体と呼ばれることもある[15]。この受容体のcAMP/Ca^{2+}応答と変異バエに対する毒性を指標にして，エッセンシャルオイルの作用特性が調べられた。その結果，アゴニストとして作用することで毒性が発現していることが分かった[16]。デメチルクロルジメホルムとアミトラズはこの受容体に対して比較的高い親和性を持っていることが報告されている[15]が，アゴニスト活性については調べられていない。デメチルクロルジメホルムはカイコのTA受容体B 96 Bom[17]に対しても結合するが，顕著なアゴニスト活性は示さない[18]ことから，この化合物はOA受容体にはアゴニストとして作用しTA受容体にはアンタゴニストとして作用しているようである。カイコ幼虫頭部膜画分やB 96 Bomの安定発現細胞系を用いて，TA受容体に作用する化合物の探索も進められている[19,20]。また，部位特異的変異法によってB 96 BomのTA結合部位も明らかにされている[21]。古くから研究されてきたOA受容体に比べてTA受容体の薬理学的研究はまだ始まったばかりといえるが，このようなリガンド探索研究と構造解析を相互に進める研究アプローチは，TA受容体に限らず，目的とするGPCRの特異的リガンドを合理的かつ効率的に探索する上で非常に有効であると思われる。最近，ショウジョウバエのゲノムから，TAに極めて特異的に応答するCa^{2+}動員型の新規TA受容体が発見された[22]。TA受容体を害虫防除の標的として考えた場合，TA受容体サブタイプ間の薬理学的性質の違いについても明らかにしていく必要がある。

最後にドーパミン（DA）受容体について触れたい。DA受容体は脊椎動物では5つのサブタイプ（D 1–D 5）が知られている。その構造と機能の側面から，D 1様（cAMP亢進型，D 1とD 5が含まれる）とD 2様（cAMP抑制型，D 2，D 3，D 4が含まれる）の2つのグループに大別されている。昆虫にもD 1様とD 2様の受容体が存在し，ショウジョウバエとミツバチから前者2種類，後者1種類がそれぞれクローニングされている[23]。個々の薬理学的調査も進んでいる[24,25]。最近カイコからも2つのD 1様受容体（BmDopR 1とBmDopR 2）がクローニングされた[26]。それらの薬理学的解析から，脊椎動物D 1様受容体との間に明瞭な薬理学的性質の違いが認められた[27]。このことは，昆虫DA受容体が殺虫剤や制御剤の標的になり得ることを示唆している。特にBmDopR 2は，INDRと呼ばれる無脊椎動物特異的なDA受容体[23]に属するため，害虫防除の新しい標的として注目できる。ユニークなDA受容体といえば，エクジステロイドによっても活性化されるDA受容体がショウジョウバエからクローニングされており[28]，害虫防除の潜在的ターゲットとしても非常に興味深い。

以上，3種類の昆虫生体アミンの受容体について述べてきた。今回紹介しなかったが，セロトニン受容体もまた害虫防除の標的として期待できる生体アミン受容体である（殺虫剤ピメトロジンは，セロトニンシグナリングをかく乱することでアブラムシなどの摂食行動を阻害しているともいわれている[29]）。生体アミン受容体は，神経系のみならず匂いや味などを感じる感覚器官にも発現し，感覚情報の調節に深く関わっている。既存の殺虫剤の中には，中枢レベルで害虫を制御し結果として昆虫を死に至らしめるものも多い。しかし，生体アミン受容体を標的とする薬剤であれば，嗅覚や味覚などの感覚情報を末梢レベルで制御できる可能性があるため，誘引・忌避剤や摂食行動制御剤としても利用できるかもしれない。この方法であれば，薬剤が感覚器に直接作用するため，昆虫に対する薬剤浸透性や薬剤が作用点に到達するまでの代謝・分解の問題も回避できよう。害虫防除に利用できるGPCRは，生体アミン受容体以外にも，味覚[30]・嗅覚受容体[31,32]なども含めるとまだ相当数存在すると思われる。昆虫GPCRの中から，害虫防除の新しい作用点や方法論が見出され，農薬分野におけるGPCR研究が今後ますます発展することを期待している。

文　　献

1) 本山直樹編集，農薬学辞典，p. 94，朝倉書店（2001）
2) P. D. Evans *et al., Nature*, **287**, 60 (1980)
3) R. M. Hollingworth *et al., Science*, **208**, 74 (1980)
4) K.-A. Han *et al., J. Neurosci.*, **18**, 3650 (1998)
5) L. Grohmann *et al., J. Neurochem.*, **86**, 725 (2003)
6) L. J. Bischof *et al., Insect Biochem. Mol. Biol.*, **34**, 511 (2004)
7) A. Ohtani *et al., Insect Mol. Biol.*, **15**, 763 (2006)
8) E. E. Enan, *Arch. Insect Biochem. Physiol.*, **59**, 161 (2005)
9) J. Huang *et al., Biochemistry*, **46**, 5896 (2007)
10) J. Huang *et al., Biochem. Biophys. Res. Commun.*, **371**, 610 (2008)
11) B. Maqueira *et al., J. Neurochem.*, **94**, 547 (2005)
12) F. Saudou *et al., EMBO J.*, **9**, 3611 (1990)
13) A. B. Lange, *Gen. Comp. Endocrinol.*, **162**, 18 (2009)
14) J. Poels *et al., Insect Mol. Biol.*, **10**, 541 (2001)
15) S. Robb *et al., EMBO J.*, **13**, 1325 (1994)
16) E. E. Enan, *Insect Biochem. Mol. Biol.*, **35**, 309 (2005)
17) H. Ohta *et al., Insect Mol. Biol.*, **12**, 217 (2003)
18) Y. Ozoe *et al.*, "New Discoveries in Agrochemicals", p.183, American Chemical Society (2005)
19) 尾添嘉久ほか，日本農薬学会誌，**29**，267（2004）
20) H. Ohta *et al., Arch. Insect Biochem. Physiol.*, **59**, 150 (2005)
21) H. Ohta *et al., Insect Mol. Biol.*, **13**, 531 (2004)
22) G. Cazzamali *et al., Biochem. Biophys. Res. Commun.*, **338**, 1189

(2005)
23) J. Mustard *et al., Arch. Insect Biochem. Physiol.*, **59**, 103 (2005)
24) W. Blenau *et al., Arch. Insect Biochem. Physiol.*, **48**, 13 (2001)
25) R. Scheiner *et al., Curr. Neuropharmacol.*, **4**, 259 (2006)
26) K. Mitsumasu *et al., Insect Mol. Biol.*, **17**, 185 (2008)
27) H. Ohta *et al., Insect Biochem. Mol. Biol.*, **39**, 342 (2009)
28) D. P. Srivastava *et al., J. Neurosci.*, **25**, 6145 (2005)
29) L. Kaufmann *et al., Comp. Biochem. Physiol.*, **C 138**, 469 (2004)
30) C. Mitri *et al., PLOS Biol.*, **7**, e1000147 (2009)
31) M. Ditzen *et al., Science*, **319**, 1838 (2008)
32) Z. Syed *et al., Proc. Natl. Acad. Sci. USA*, **105**, 13598 (2008)

第6章　除草剤および植物生育調節剤の動向

山口幹夫[*1]，花井　涼[*2]，清水　力[*3]

1　はじめに

今から約30年前の1980年に，ピリダジン系除草剤の作用点がカロチノイド生合成経路上のフィトエンデサチュラーゼ（PDS）であることが明らかにされた[1)]。その後，1984年にスルホニルウレア系除草剤やイミダゾリノン系除草剤の作用点が分岐鎖アミノ酸合成経路上のアセト乳酸合成酵素（ALS）であること[2,3)]，およびグリホサートの作用点が芳香族アミノ酸生合成経路上のエノールピルビルシキミ酸リン酸シンターゼであることが明らかにされた[4)]。また，グルホシネートやビアラフォスの活性本体であるホスフィノスリシンの作用点がグルタミンシンターゼであることが1982年から1986年にかけて[5,6)]，そしてジフェニルエーテル系除草剤やフタルイミド系除草剤の作用点がポルフィリン生合成経路上のプロトポルフィリノーゲンIXオキシダーゼ（PPO）であることが1986年から1989年にかけて明らかにされた[7,8)]。さらに，4-アリールオキシフェノキシプロピオン酸系除草剤の作用点がアセチルCoAカルボキシラーゼ（ACCase）であることは1987年に明らかにされた[9)]。1980年代に進められたこれらの作用点研究の成果は除草剤の合成に大きな影響を与え，1980年代はACCase阻害型除草剤，ALS阻害型除草剤ならびにPPO阻害型除草剤が研究開発の中心対象になった。1990年代に入るとスルコトリオンに代表されるトリケトン型除草剤の作用点が4-ヒドロキシフェニルピルビン酸ジオキシゲナーゼ（HPPD）であることが1992年から1993年にかけて明らかにされ[10,11)]，これを受けて1990年代はALS阻害型除草剤およびPPO阻害型除草剤に加えてHPPD阻害型除草剤の開発が活発になされた。1990年代後半から現在までにおいて作用点研究で顕著な進展があったのは，長年未解明であったクロロアセトアミド系除草剤の作用点が超長鎖脂肪酸伸長酵素（very long chain fatty acid elongase：VLCFAE）であることが解明されたことである[12)]。これは1993年から2000年までかけた長期間の研究で明確となった。VLCFAEが作用点であることが明らかにされた意義は大きく，それまで作用点が未知であった水田用除草剤の多くが後になってVLCFAEを作用点と

＊1　Mikio Yamaguchi　㈱ケイ・アイ研究所　室長

＊2　Ryo Hanai　クミアイ化学工業㈱　生物科学研究所　室長

＊3　Tsutomu Shimizu　クミアイ化学工業㈱　生物科学研究所　次長

することが明らかとなってきた。これにより2000年以降は，ACCase阻害型除草剤，ALS阻害型除草剤，HPPD阻害型除草剤，PPO阻害型除草剤に加えてVLCFAE阻害型除草剤の開発が多く行われるようになった。

2003年に刊行された「新農薬開発の最前線—生物制御科学への展開—」[13]には，1995年以降から2002年までの除草剤の特徴や作用機構などがまとめられている。開発の動きを掴むためには2，3年の期間の重複は必要であることから，本書では2001年以降の除草剤と除草剤の薬害軽減剤（セーフナー）ならびに植物生育調節剤について，上市された薬剤と開発段階にある化合物を中心にしてまとめることにした。これらの薬剤と化合物については主として生物活性を記載するとともに作用点に関する知見を示した。また，ACCase阻害型除草剤，ALS阻害型除草剤，HPPD阻害型除草剤，PPO阻害型除草剤，VLCFAE阻害型除草剤，PDS阻害型除草剤，光合成阻害型除草剤ならびに植物生育調節剤については，2001年以降の特許出願状況についてもその一部を紹介した。2001年以降は，除草剤抵抗性雑草に対して何かしらの対応がなされている開発剤が多いこと，またHPPD阻害型除草剤が比較的多く出願されていることが特徴である。

なお，開発剤や特許化合物を紹介した後に，除草剤の作物雑草間選択性や除草剤抵抗性（耐性）に関する最近の話題についても触れ，最後にこれらをふまえて，作用点研究を基盤とする除草剤研究の今後の方向性について言及した。除草剤や薬害軽減剤をアグロバイオレギュレーターとして展開していく上で，作用点研究，選択性研究，抵抗性（耐性）研究は今後さらに重要性を増すと考えられる。

2　アセチルCoAカルボキシラーゼ（ACCase）阻害型除草剤

ACCase阻害型除草剤は構造の面から4–アリールオキシフェノキシプロピオン酸系，シクロヘキサンジオン・オキシム系，ジオン系に分類することができる（図1）。これらの剤は主に茎葉処理剤として使用されており，禾本科雑草に特異的活性を示すことが特徴である。禾本科雑草に特異的活性を示す理由は，単子葉植物と双子葉植物のACCaseの性質が大きく異なり，ACCase阻害型除草剤は単子葉植物のACCaseを特異的に阻害することで説明できる（図2）[14]。この剤の近年の状況としては4–アリールオキシフェノキシプロピオン酸系の長期間の使用により，抵

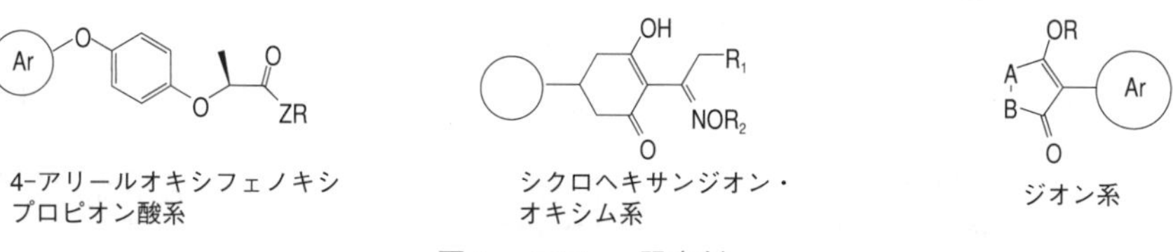

図1　ACCase阻害剤

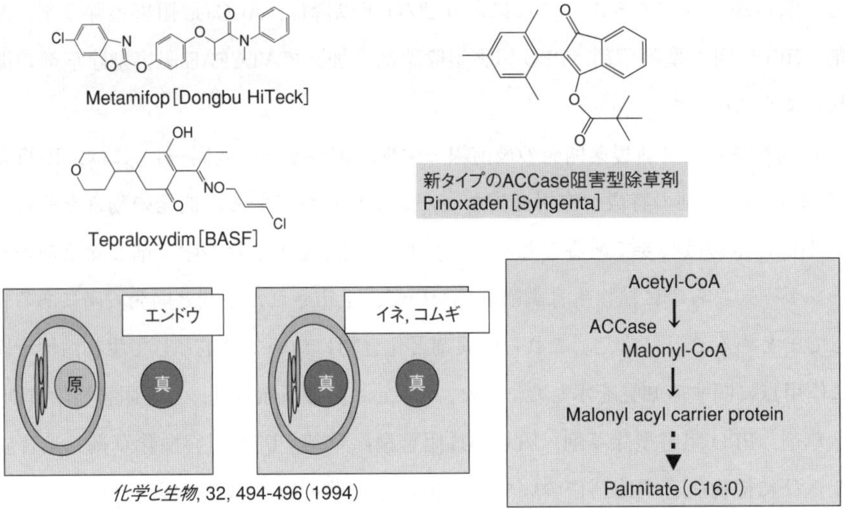

図2　ACcase 阻害型除草剤と作用点

抗性雑草が出現してきたことである。この結果，最近の特許や開発化合物としては，4–アリールオキシフェノキシプロピオン酸系除草剤に抵抗性を示す雑草にも活性があるジオン系タイプの特許の出願が多くなってきている。

2.1　4–アリールオキシフェノキシプロピオン酸系 ACCase 阻害剤

過去には多くの特許が出されていたが，最近ではほとんど展開されなくなった。近年の開発剤としては Dongbu HiTeck（韓国）の metamifop（DBH–129）がある（表1）[15]。本剤は，水稲用に開発された薬剤で，先行剤の cyhalofop–butyl 同様，イネに対する安全性が高く，禾本科の重

表1　4–アリールオキシフェノキシプロピオン酸系 ACCase 阻害剤

化学構造式	一般名 開発番号 開発企業	対象作物	薬量 （主な対象雑草）	公開特許	上市年
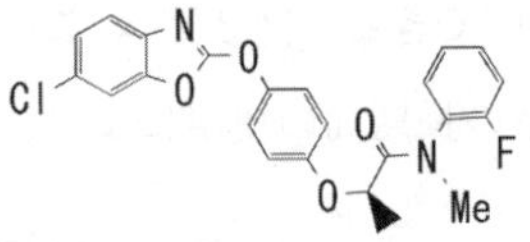	metamifop DBH–129 Dongbu Hannog Chem KRICT	イネ	90–200g/ha （ヒエ）	WO2001–008479	2003(to approved)
最近の先行剤					
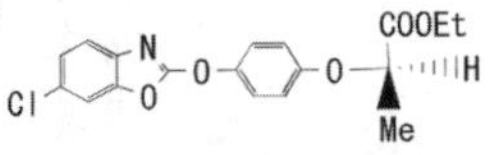	fenoxaprop-P-ethyl HOE-046360 Bayer CropScience				
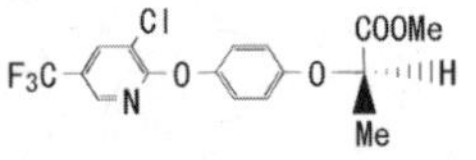	haloxyfop-R-methyl DE-535 Dow AgroScience				
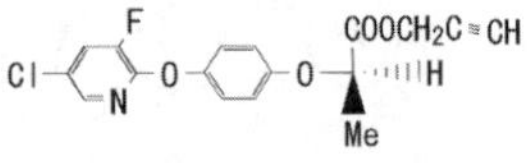	clodinafop-propargyl CGA-184927 Syngenta				

表2　シクロヘキサンジオン・オキシム系 ACCase 阻害剤

最近の先行剤	一般名 開発番号 開発企業	対象作物	薬量 (主な対象雑草)	公開特許	上市年
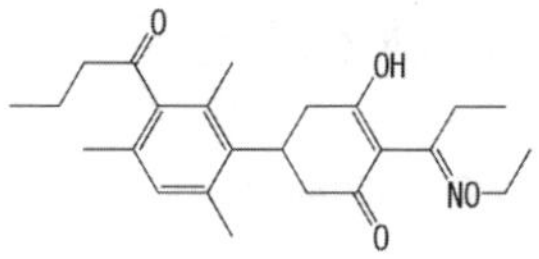	butroxydim ICI-A0500 Syngenta	広葉作物	25～75g/ha (イネ科雑草)	WO9221649 EP444769	1995
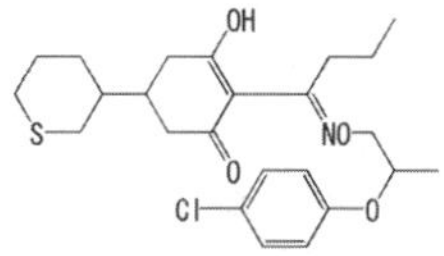	profoxydim BAS-625H BASF Agro	直幡 移植水稲	75～200g/ha (イネ科雑草)	US 5190573	1999 (approved)
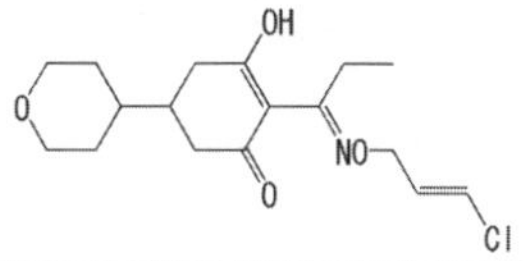	tepraloxydim BAS-620-H BASF Agro	ダイズ ナタネ ワタ テンサイ	50～140g/ha (イネ科雑草)	DE4222261	2000

要雑草であるノビエ類に卓効を示すとともに，アゼガヤやメリケンニクキビに対しても効果が高い点が特長である。本剤のイネに対する選択性は，解毒代謝能の違いによるものと推定されている[16]。また近年，芝への適用性も見出され，芝地における重要雑草であるメヒシバ防除剤として検討が進んでいる[17]。

2.2　シクロヘキサンジオン・オキシム系 ACCase 阻害剤

過去には多くの展開がなされたが，2001 年以降は特許出願及び開発剤としてほとんど確認されていない。比較的新しい開発剤としては tepraloxydim（BAS-620 H）[18]を挙げることができる（表2）。

2.3　ジオン系 ACCase 阻害剤

2001 年以降の出願特許ではこの系統の特許が多くなっている（図3）。このタイプはもともと除草剤よりも，殺虫剤を目標として展開されてきた化合物群で，特にスピロ環化合物群は特許の中で除草剤活性も示されているが，殺虫剤が主要な目的とした特許と考えられる。除草剤目的に展開され出したのは比較的最近である。新しい展開としては，ベンゼン環部をヘテロ環にした展開，ジオン環部を縮合環にした展開等がある。ただし，これらは別の作用点を持っている可能性がある。開発化合物としてはビシクロ環の pinoxaden（NAO-407855；シンジェンタ）がある（表3）。この化合物は同じ ACCase 阻害型除草剤の 4-アリールオキシフェノキシプロピオン酸系の

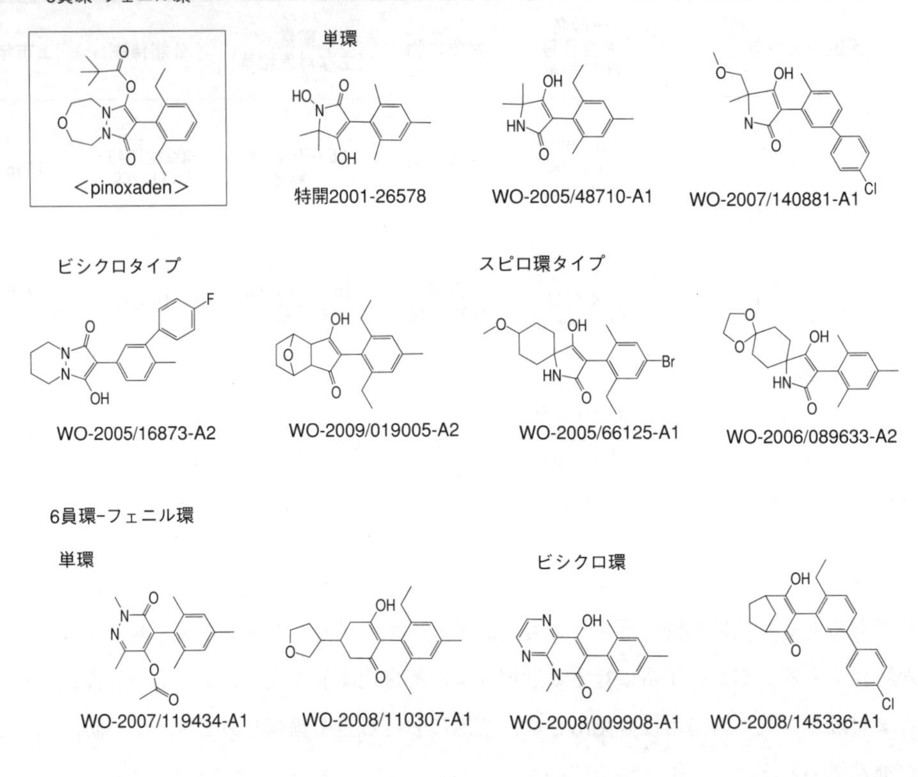

図3　ジオン型 ACCase 阻害剤

表3　ジオン系 ACCase 阻害剤

化学構造式	一般名 開発番号 開発企業	対象作物	薬量 （主な対象雑草）	公開特許	上市年
	pinoxaden NAO-407855 Syngenta	麦類	30～60g/ha 禾本科	WO2000/047585	2006

抵抗性雑草にも効果があることが報告されている。ジオン系ACCase阻害型除草剤の特許は，除草剤の特許出願が減少する最近の傾向の中で比較的多く出願されており，注目される系統化合物群になってきている。

Pinoxadenは麦用に開発された薬剤で，ヨーロッパを中心に広く使用されている。本剤は，麦作における禾本科の重要雑草であるブラックグラスやライグラスの他，ワイルドオート，カナリーグラス，シルキーベントグラス等にも有効で，同系統の他薬剤よりも殺草スペクトラムが広いことが特長である。また従来型のACCase阻害型除草剤抵抗性バイオタイプにも有効だが，その効果は限定的であり，蔓延圃場においては耕種的抑制方法などを取り入れた総合的な対策が提案されている。なお，pinoxadenを含む製剤にはセーフナーとしてcloquintocet-mexylが加用されており，コムギやオオムギに対する作物安全性が高められている[19,20]。

3　アセト乳酸合成酵素（ALS）阻害型除草剤

ALS阻害型除草剤は，以下に示すようにスルホニルウレア系，トリアゾリノン系，トリアゾロピリミジン系，ピリミジニルサリチル酸系，イミダゾリノン系などの系統化合物がある（図4）。ALS阻害型除草剤は植物特有の分岐鎖アミノ酸経路上のALS（図5）を阻害するので，動物に対する毒性が低く，低濃度で活性を示すことからこの周辺では多くの化合物が開発されてきた。近年の開発剤及び特許状況の特徴としては，スルホニルウレア系除草剤抵抗性雑草に対応した剤が多く出されている（表4～9）。

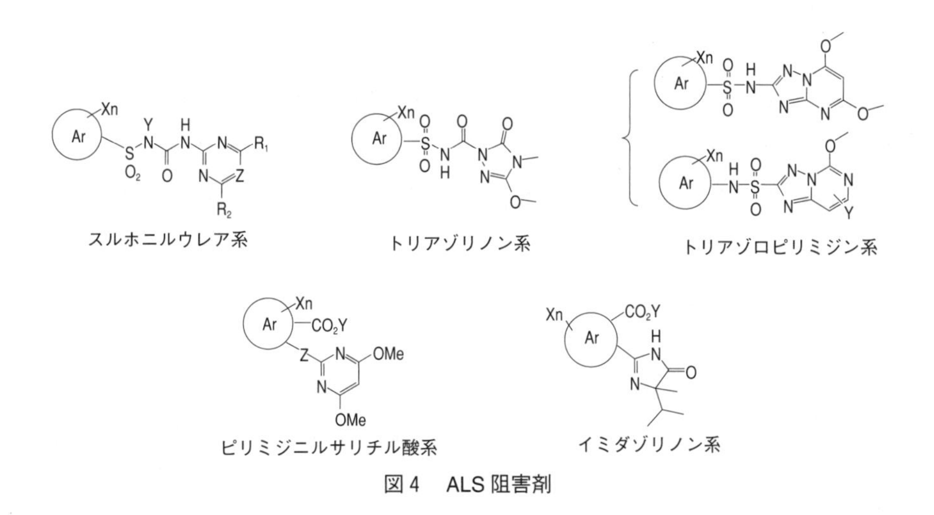

図4　ALS阻害剤

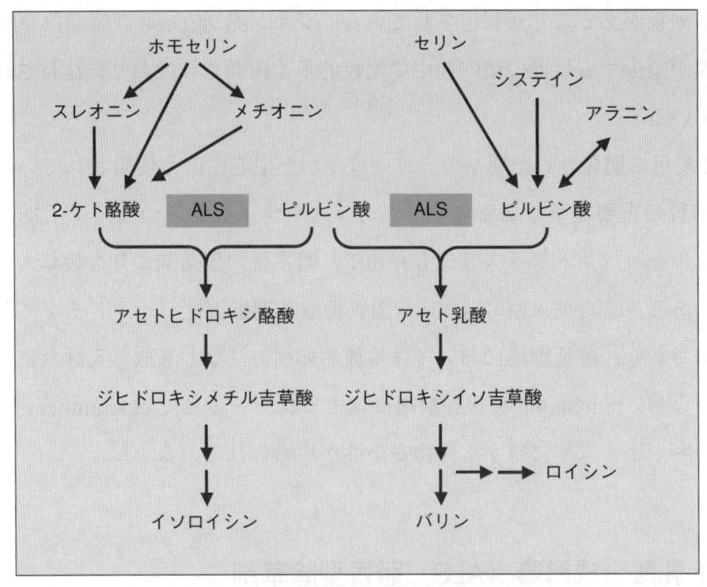

図5　分岐鎖アミノ酸生合成経路とALS

3.1　スルホニルウレア系ALS阻害剤

最近のスルホニルウレア系ALS阻害剤の開発化合物としては住友化学のpropyrisulfuron，日産化学のmatazosulfuronがある。最近出願されている特許もこの2剤の周辺が多い（図6）。今回例示した開発化合物群は最近開発された化合物だけを示した（表4）。

Propyrisulfuronおよびmatazosulfuronは共に水稲用に開発中の薬剤で，広い殺草スペクトラムを有することが特長である。これらの剤は広葉およびカヤツリグサ科雑草に加え，従来の同系統薬剤では防除の難しかったノビエに対して効果を有し，日本の水稲除草剤マーケットにおいて志向されている減農薬栽培（使用する農薬成分数を制限したもの）への対応を目指しているものと思われる。またpropyrisulfuronについては，既存スルホニルウレア剤に感受性の低下したアゼナ類やイヌホタルイなどのスルホニルウレア剤抵抗性雑草に対しても，効果が期待できるとの報告もある[21,22]。

Trifloxysulfuronはシンジェンタがワタ用として開発した薬剤で，主要雑草であるブタクサ，イチビ，オナモミ，シロザ，アサガオ類，ヒユ類などの広葉雑草およびキハマスゲなどのカヤツリグサ科に効果が高い[23]。また，本剤はサトウキビやシバにも適用性を有している。

Tritosulfuronは BASFによって開発された薬剤で，ムギ類，イネ，トウモロコシやシバなどに使用されている。特にムギ類栽培における主要雑草であるヤエムグラやイヌカミツレ，ナズナ，ハコベ，ホトケノザなどに効果を持つ。本剤は土壌分解が速やかであり，耕起なしでも60日以内で再播種することができる点で有利である[24]。

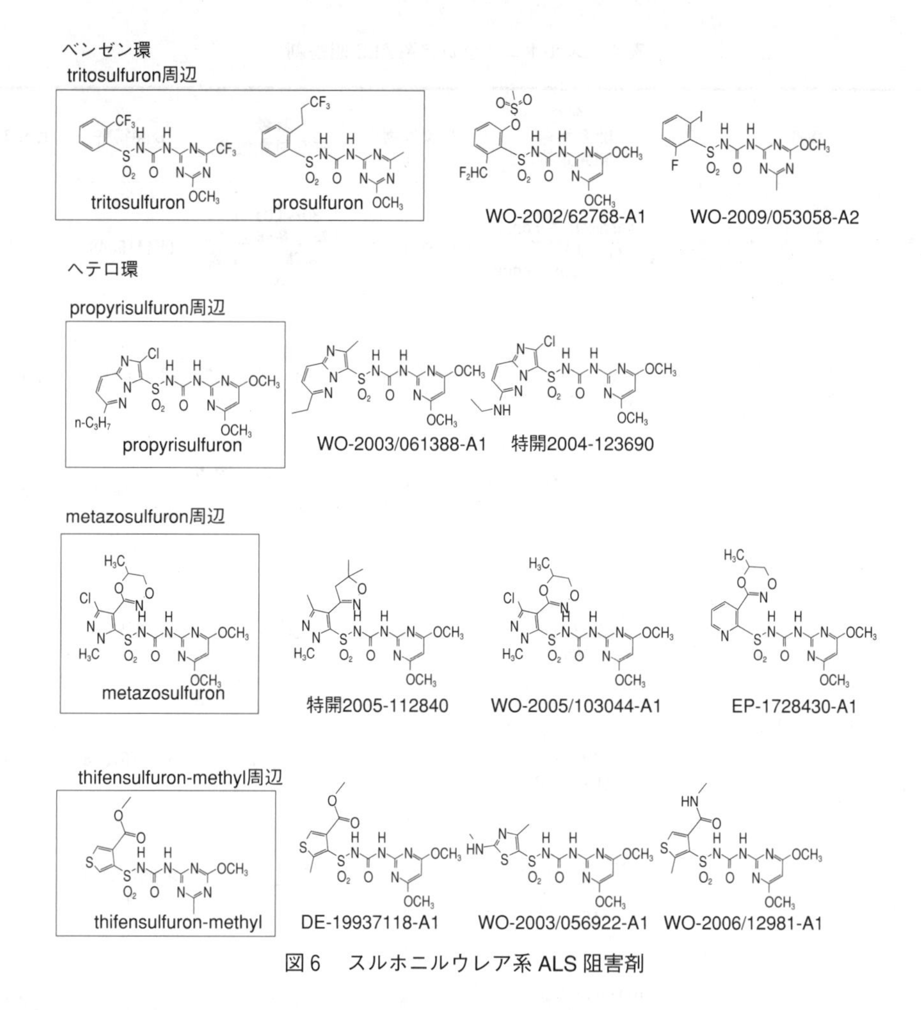

図6　スルホニルウレア系 ALS 阻害剤

Orthosulfamuron はイサグロが水稲用に開発した薬剤で，広い殺草スペクトラムと処理適期幅を有し，アメリカの水稲作においてはアメリカツノクサネムやコゴメガヤツリなどに効果が高い。日本においても開発が進められていたが，やや強い薬害が観察された事例が散見されている。

Flucetosulfuron は LG ライフサイエンスが開発した水稲・ムギ用の薬剤で，広葉・カヤツリグサ科雑草に加え，イネ科のいくつかの雑草にも効果があるスペクトラムの広い剤である[25)]。水稲においては，主要雑草であるヒエに低薬量で卓効を示し，かつ葉令の進んだ個体にも有効である。この特長を生かし日本での開発においては，ヒエ4葉期処理での一発剤を目指し，公的試験が進められている。また，ムギ類においては，ヤエムグラを含む広葉雑草に高い効果を有し，コムギ・オオムギに対する作物安全性も高い。

さらに詳しくスルホニルウレア系 ALS 阻害剤の開発剤を確認するためには，2003年に刊行された「新農薬開発の最前線―生物制御科学への展開―」[13)]のスルホニルウレア系 ALS 阻害剤の部

表4　スルホニルウレア系 ALS 阻害剤

化学構造式	一般名 開発番号 開発企業	対象作物	薬量 （主な対象雑草）	公開特許	上市年
	foramsulfuron AFE-130360 Bayer Cropscience	トウモロコシ	30～60g/ha (1年生多年生イネ科雑草・広葉雑草)	DE4415049	2001
	mesosulfuron-methyl AEF-130060 Bayer Cropscience	麦類 ライ麦 ライ小麦	15g/ha （広葉・イネ科雑草）	WO 0208176	2002
	trifloxysulfuron-Na CGA-362622 Syngenta	ワタ サトウキビ シバ	5～50g/ha　(PM 5～7.5g/ha) （広葉・イネ科雑草）	WO92/16522 WO97/41112	2001 (approved)
	tritosulfuron BAS635H BASF	麦類 トウモロコシ シバ イネ	50g/ha	DE4038430	2003
	propyrisulfuron TH-547 住友化学	イネ	90g/ha	WO03/61388	開発中
	metazosulfuron NC-620 日産化学	イネ	100g/ha	WO05/103044	開発中
	orthosulfamuron IR5878 ISAGRO	陸稲 移植水稲	40～75g/ha （広葉雑草）	WO9840361	2007 (approved)
	flucetosulfuron LGC-42153	イネ ムギ	10～40g/ha 禾本科，広葉雑草	WO2002030921	2004 （韓国農薬登録）

先行剤

iodosulfuron-methyl-Na
AFE-115008
Bayer Cropscience

oxasulfuron
CGA-277476
Syngenta

azimsulfuron
DPX-A8947
Dupont

ethoxysulfuron
HOE-095404
Bayer CropScience

cyclosulfamuron
AC-322140
BASF Agro

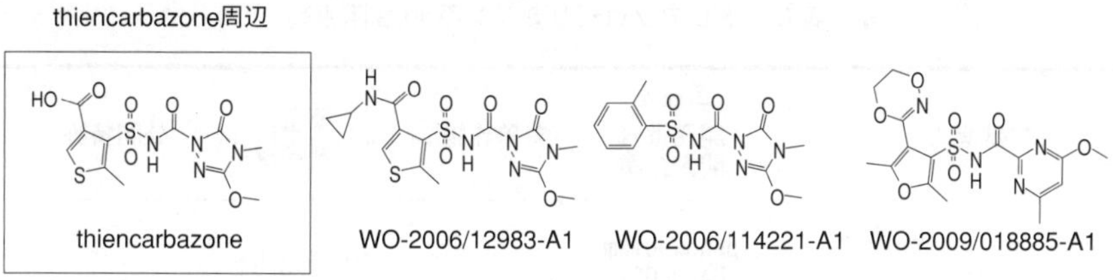

thiencarbazone周辺

thiencarbazone　WO-2006/12983-A1　WO-2006/114221-A1　WO-2009/018885-A1

図7　トリアゾリノン系ALS阻害剤

表5　トリアゾリノン系ALS阻害剤

化学構造式	一般名 開発番号 開発企業	対象作物	薬量 (主な対象雑草)	公開特許	上市年
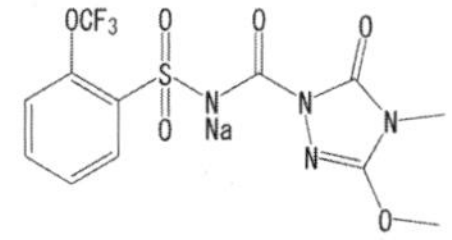	flucarbazone-Na MKH-6562 Bayer CropScience(Arysta)	麦類	21g/ha 禾本科	US5541337 EP507171	2000
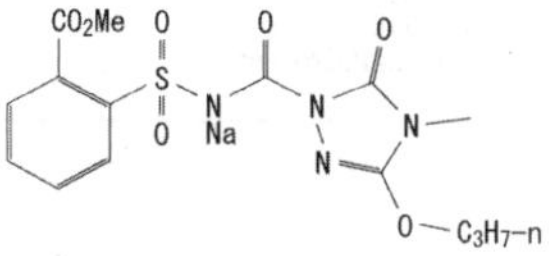	propoxycarbazone-Na MKH-6561 Bayer Cropscience	麦類	30～70g/ha 禾本科	US5541337 US6147221 US6147222	2001
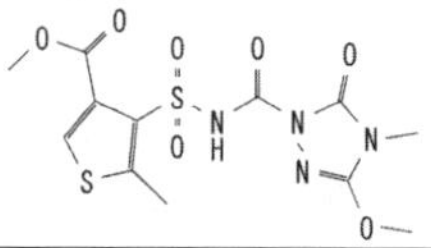	thiencarbazone- methyl Bayer CropScience	トウモロコシ コムギ	7.5～15g/ha Apera spp	US6964939	-

分も参照されたい。

3.2　トリアゾリノン系ALS阻害剤

トリアゾリノン系化合物は環の窒素まで含めるとスルホニルウレアの骨格を持ち，広義の意味でスルホニルウレア系ALS阻害剤に含まれる化合物群である（図7）。バイエルクロップサイエンスによって現在までにflucarbazone-Na，procarbazone-Naの2剤が開発され，現在thiencarbazone-methylが開発中である（表5）。

Thiencarbazone-methylはトウモロコシ用に開発された薬剤で，8g/haの極低薬量で主要な広葉雑草に効果を示し，効きにくいとされるイチビやタデ類にも有効である。使用適期はPRE～EARLY　POSTで効果の持続性に優れる。トウモロコシ栽培では，isoxaflutole等他の除草剤との混合剤としても使用されているが，セーフナーとしてcyprosulfamideも混用されている。また，mefenpyr-diethylと混用することでムギでの使用も可能である[26]。

表6　トリアゾロピリミジン系ALS阻害剤

化学構造式	一般名 開発番号 開発企業	対象作物	薬量 (主な対象雑草)	公開特許	上市年
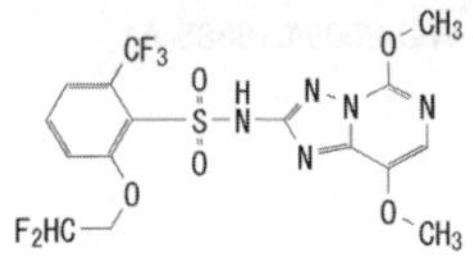	penoxsulam DASH-001 Dow AgroScience	イネ	10～50g/ha (ヒエ，コナギ， ホタルイ)	US 5828924	2004
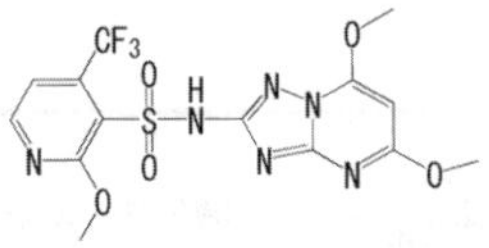	pyroxsulam XDE-742 Dow AgroScience	小麦	15g/ha，250g/ha 広葉，ワイルド オート	WO0236595	2007 (approved)

先行剤

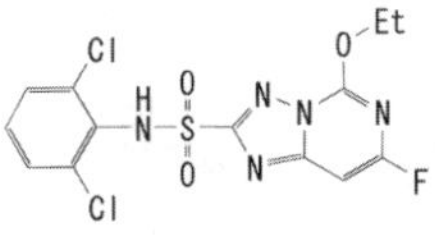

diclosulam
XDE-564
Dow AgroScience

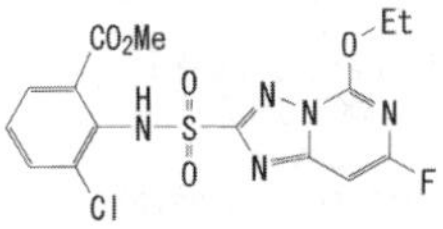

cloransulam-methyl
XDE-565
Dow AgroScience

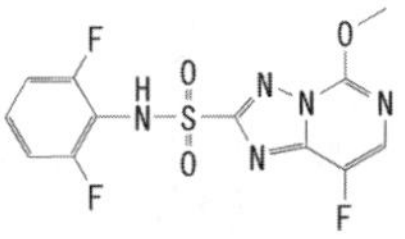

florasulam
DE-570
Dow AgroScience

penoxsulam周辺

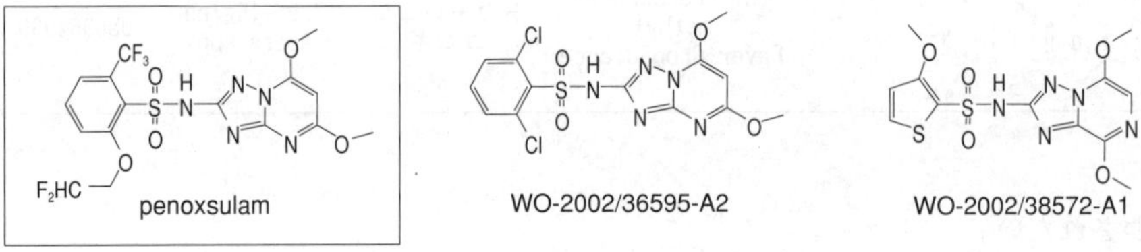

penoxsulam

WO-2002/36595-A2

WO-2002/38572-A1

図8　トリアゾロピリミジン系ALS阻害剤

3.3　トリアゾロピリミジン系ALS阻害剤

トリアゾロピリミジン系化合物は，ダウアグロサイエンスだけが成功して，開発化合物を創出している。トリアゾロピリミジン系化合物はさらに大きく二つの骨格に分けられる。主に初期に研究，開発されていたフェニルスルホニルアミノ体と最近主に研究されているフェニルアミノスルホニル体がある。最近の開発剤にはpenoxsulamがある（表6）。最近の特許もこの周辺の特許が中心である（図8）。

Penoxsulamは水稲用に開発された薬剤で，乾田～湛水直播栽培地域において，主に茎葉散布剤として使用されている。また，移植水稲地域においての使用も可能であり，その殺草スペクトラムは広く，イネ科雑草であるノビエをはじめコナギやアゼナ，オモダカ，クサネム等の広葉雑草，イヌホタルイやクログワイ等のカヤツリグサ科雑草にも効果がある。水稲安全性も充分備

表7　ピリミジニルサリチル酸系 ALS 阻害剤

化学構造式	一般名 開発番号 開発企業	対象作物	薬量 （主な対象雑草）	公開特許	上市年
	pyribambenz-propyl ZJ0273 Zhejiang Chemical Ind. Res. Institute	ナタネ	45～75g/ha	WO02/34724	2003

先行剤

pyrithiobac-Na KIH-2031 クミアイ-Dupont	pyriminobac-methyl KIH-6127 クミアイ	bispyribac-Na KIH-2023 クミアイ	pyribenzoxim LGC-40863 LG Chemical	pyriftalid CGA-279233 Syngenta

pyribambenz-propyl周辺

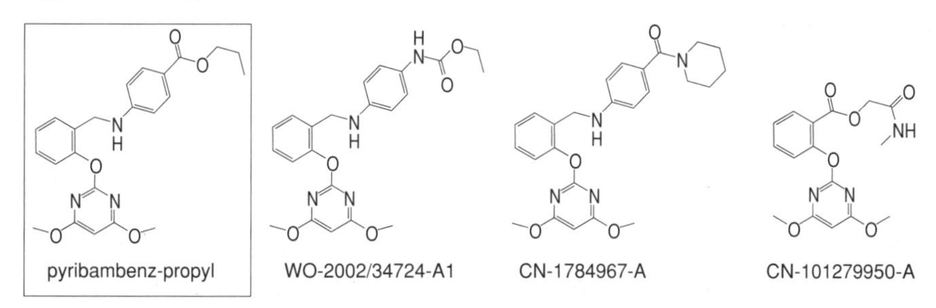

図9　ピリミジニルサリチル酸系 ALS 阻害剤

わっているが，ジャポニカ種よりもインディカ種の方がより耐性を有している[27,28]。

Pyroxsulam はコムギ用に開発された薬剤で，広い処理適期幅（3葉期～1節期）を持つ茎葉散布剤である。本剤は殺草スペクトラムも広く，低薬量で主要なイネ科雑草であるライグラスやワイルドオートに高い効果を示し，スミレやハコベ，ヤエムグラといった広葉雑草にも有効であり，土壌分解性も良好である。なお，製剤にはセーフナーとして cloquintocet-mexyl が含まれているものの，デュラム種やオオムギやオート麦に適用できない[29]。

3.4　ピリミジニルサリチル酸系 ALS 阻害剤

ピリミジニルサリチル酸系化合物はスルホニルウレアの酸性部分を置き換えた化合物である。すでにこの系統から6剤が開発されている。最近の特許は，中国で開発，登録された pyribam-

表8　イミダゾリノン系 ALS 阻害剤

先行剤	一般名 開発番号 開発企業	対象作物	薬量 （主な対象雑草）	公開特許	上市年
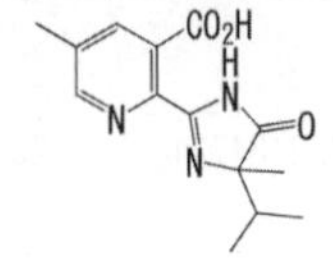	imazapic AC-263222 BASF Agro	ラッカセイ 非農耕地	50～70g/ha （落花生） 280～1200g （非農耕地）	US 4638068	1995 (approved)
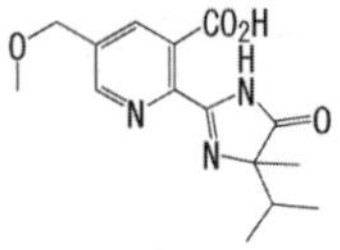	imazamox AC-299263 BASF Agro	マメ類	20～75g/ha （広葉・イネ科雑草）	JP08337571	1997

benz-propyl の周辺である（表7）（図9）。

Pyribambenz-propyl は Zhejiang Chemical Industry Research Institute（ZCIRI：浙江化工科技集団有限公司）が開発したナタネ用薬剤で，イネ科雑草（Alopecurus 類）や広葉雑草（ハコベ類）に効果がある[30)]。主に中国国内で使用され，カルボン酸エステル部が i-プロピル体（ZJ 0702）との混合剤として利用されていると思われる。

3.5　イミダゾリノン系 ALS 阻害剤

イミダゾリノン系では過去に幾つかの大型剤が開発された経緯もあるが，それらの剤も組み換え作物の影響を受ける結果になった。2001 年以降は関連する特許はほとんど出されていない（表8）。しかしながら近年，本系統化合物を抱える BASF は，遺伝子組換え技術を用いず，本系統の除草剤に耐性を持たせた CLEARFIELD 技術によりトウモロコシ，ナタネ，水稲，ヒマワリ，コムギなどの作物種子を提供することで，本系統薬剤の付加価値を高めている[31)]。特に GM が普及していない水稲において，難防除雑草である Redrice 対策として成功を収めている。これらの CLEARFIELD 作物は従来の変異育種により作出された作物であり，イミダゾリノン系除草剤の作用点である ALS が変異している。それぞれの作物がどのような変異を有しているかが明らかとなっている（表9）。たとえばイネの場合には 627 番目のセリンがアスパラギンに変異している（S 627 N）。留意すべき点はイネを除いてこれらの作物は ALS 遺伝子を 2 コピー以上有しており，その中の 1 つの ALS 遺伝子だけが変異して除草剤耐性形質を獲得していることである。薬剤耐性を示す変異 ALS の酵素的性質が変化していたとしても，元の酵素が存在するために，植物の性質はあまり変化していない。

表9　クリアフィールド作物（ALS 阻害型除草剤耐性作物）

＜イネ＞
ALS 変異：S 627 N，G 628 E
2 n=2 x=24，1つの ALS 遺伝子

＜トウモロコシ＞
ALS 変異：A 96 T，A 129 T，W 548 L，S 627 N
2 n=2 x=20，2つの ALS 遺伝子

＜ナタネ＞
ALS 変異：W 548 L，S 627 N
2 n=4 x=38（ゲノム構成 AACC），5つの ALS 遺伝子（AHAS 1～5），常時発現しているのは AHAS 1 及び 3

＜コムギ＞
ALS 変異：S 627 N
2 n=6 x=42（ゲノム構成 AABBDD），3つの ALS 遺伝子が確認されている

＜ヒマワリ＞
ALS 変異：A 179 V
2 n=2 x=34，ALS 遺伝子の正確な数はわかっていないが，少なくとも2つあることが示唆されている

3.6　その他の ALS 阻害型除草剤

新規な構造の ALS 阻害剤としては，スルホンアニリド構造を有する pyrimisulfan がある（表10）。Pyrimisulfan はクミアイ化学が水稲用に開発中の薬剤である（図10）。本剤は水稲主要雑草であるヒエおよび一年生広葉・カヤツリグサ科雑草に加え，難防除雑草であるオモダカやコウキヤガラなどの多年生雑草に対しても有効であり，スルホニルウレア系 ALS 阻害剤の propyrisulfuron および matazosulfuron 同様，本剤のみでの除草が可能な剤として減農薬栽培地域での適用を目指している[32]。水稲安全性にも優れ，移植水稲はもとより移植同時処理（混合剤）や湛水直播栽培における適用も予定している。また，既存 SU 剤に感受性の低下したイヌホタルイなどの抵

表10　その他 ALS 阻害剤

化学構造式	一般名 開発番号 開発企業	対象作物	薬量 （主な対象雑草）	公開特許	上市年
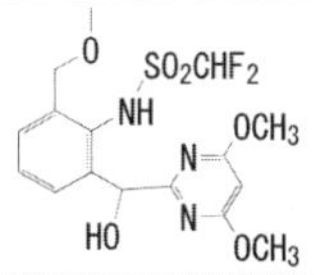 O, SO_2CHF_2, NH, OCH_3, N, N, HO, OCH_3	pyrimisulfan KIH-5996 クミアイ化学	イネ	50～70g/ha （主要雑草）	WO00/6553	2010

pyrimisulfan周辺

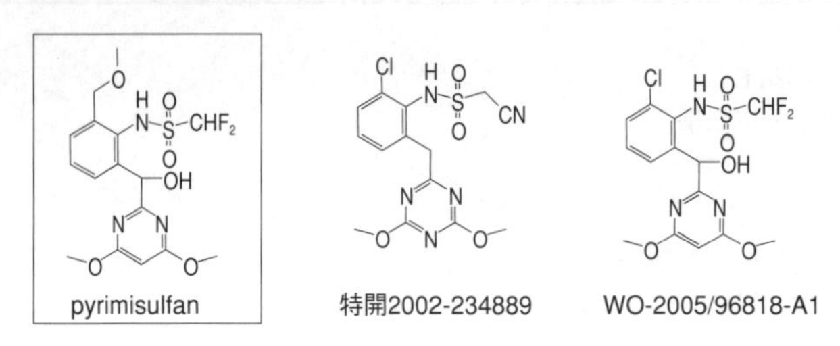

図10　その他 ALS 阻害剤

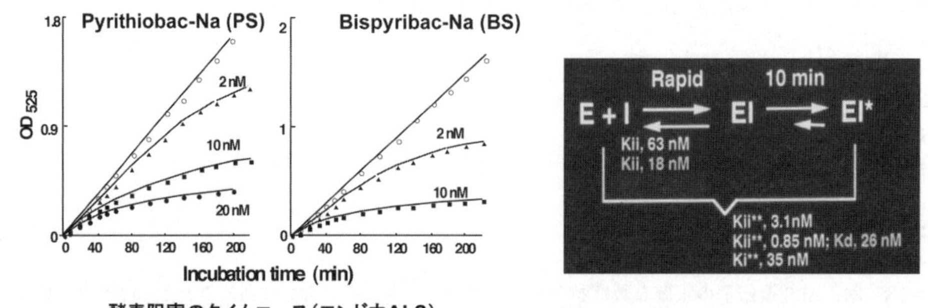

酵素阻害のタイムコース(エンドウALS)

Slow-binding 阻害の初期状態，最終定常状態の阻害定数および初期から最終状態への最大転移速度定数

化合物	初期状態		最終定常状態		初期／最終	最大転移速度定数
	K_{is}(nM)	K_{ii}(nM)	K_{is}(nM)	K_{ii}(nM)	Ratio	(min) $^{-1}$
PS	28	82	1.1	3.1	26	0.069
BS	6.2	18	0.29	0.85	21	-

図11　ALS のスローバインディング阻害

抗性雑草に対しても有効である。

3.7　ALS 阻害型除草剤の作用点研究

ALS 阻害型除草剤の特徴の1つとしては，可逆的阻害剤であるにもかかわらず，経時的に阻害が強くなるスローバインディングで ALS を阻害することが挙げられる（図11）[33,34]。ALS は活性中心を持つ4つのサブユニットと制御中心を持つ4つのサブユニットから構成されていることが明らかにされており[35,36]，薬剤がこれらのサブユニットの結合状態を変えてしまうことが，スローバインディング阻害の理由だと考えられる。他方，薬剤の結合部位は酵素の活性中心では

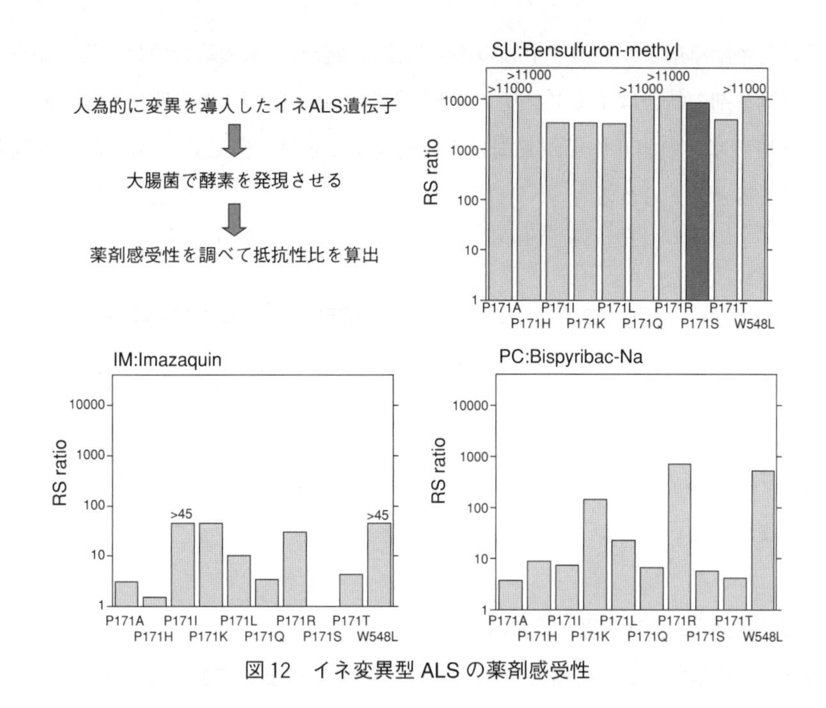

図12　イネ変異型ALSの薬剤感受性

なく進化の過程で機能を喪失したと考えられるユビキノン結合部位であることが2つ目の特徴である[37]。ALS阻害型除草剤の作用点が解明された当初は，活性中心から外れた部位に薬剤の結合部位が存在することは，強い除草活性を有する薬剤を設計する上での長所だと考えられたが，今ではこれがALS阻害型除草剤抵抗性雑草を蔓延させる短所になったと考えられる。というのは，活性中心を変えることなくALSが薬剤抵抗性を獲得することができるからである。進化的な観点から言えば，除草剤抵抗性へと変化するALSの変異は機能的制約が弱いということになる。しかしながら，ALS阻害型除草剤には上記のように化学構造の異なる少なくとも5つのタイプの薬剤が存在し，これらの薬剤が相互作用するアミノ酸残基は薬剤毎に少し異なっていることから，あるタイプのALS阻害型除草剤に抵抗性を示す変異を持つALSは別のタイプのALS阻害型除草剤によって強く阻害されることが示されている。イネのALSをモデルにして，スルホニルウレア系除草剤抵抗性を示す各種の変異型ALSを作製してこれらの変異型ALSのピリミジニルサリチル酸系除草剤感受性が調べられた結果，変異部位及び変異後のアミノ酸の種類により，ピリミジニルサリチル酸系除草剤抵抗性の度合いが大きく変化することを示されている（図12）[38]。スルホニルウレア系除草剤とイミダゾリノン系除草剤のALSへの結合がシロイヌナズナのリコンビナントALSを使ってX線結晶構造解析により調べられた結果，10残基のアミノ酸がこれらの薬剤と相互作用し，その他に6残基がスルホニルウレア系除草剤とだけ，2残基がイミダゾリノン系除草剤とだけ相互作用することが示されている。スルホニルウレア系除草剤の方がイミダゾリノン系除草剤よりも活性中心の深い部位に結合し，水素結合の数の違いから，スルホニルウレア系除草剤の結合はイミダゾリノン系除草剤よりも強いことも明らかにされている[39]。薬剤とアミノ酸残基との相互作用が薬剤により異なることは，同系統のALS阻害型除草剤に関しても当てはまると考えられる。

4　4-ヒドロキシフェニルピルビン酸（HPPD）阻害型除草剤

HPPD阻害型除草剤周辺の特許出願は除草剤全体の特許出願数の減少に比べれば，比較的変化が少ないため，2001年以降は相対的な比率では増加している。110件に及ぶ特許が2001年以降に公開されている。多くの特許が出願されているのは，抵抗性雑草の報告がHPPD阻害型除草剤に関してはまだ少ないことが，その理由の一つだと思われる。

4.1　HPPD阻害型除草剤の分類と開発剤

HPPD阻害型除草剤では主な骨格として，以下に示すような系統がある（図13）。エノール部ではシクロヘキサンジオン系，ピラゾール系，ビシクロ系，イソオキサゾール系があり，さらにこれらのエノール部がプロドラッグ化したタイプがある。芳香環部では主にベンゼン環，ピリジン環に2,3,4-置換体，2,3-縮合環化体，3,4-縮合環化体，2,4-置換体などが出願されている。最近，特に比較的多くのHPPD阻害剤の開発化合物が報告されている（表11）。本系統の薬剤は，一般的にイネ科よりも広葉植物により効果が高く，選択性付与に成功した作物もトウモロコシ，ムギ，イネに限られている。

Topramezoneは，BASFが開発したトウモロコシ用茎葉処理剤で，本系統の中では高活性（18 g/ha）で，主要な広葉雑草であるイチビ，オナモミ，ヒユ類，ブタクサ類等に効果がある。ま

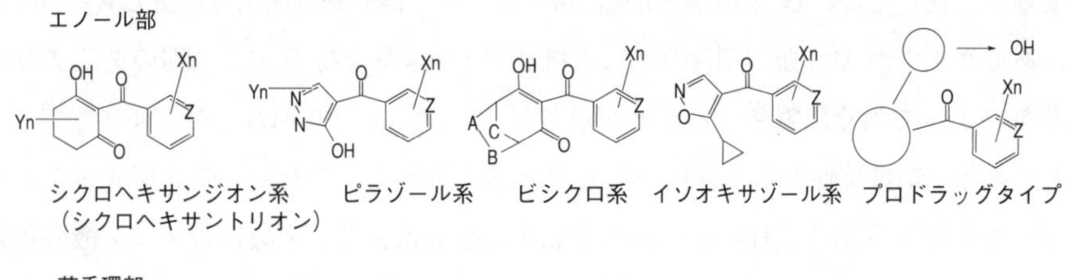

図13　HPPD阻害剤

表11　HPPD阻害剤

化学構造式	一般名 開発番号 開発企業	対象作物	薬量 （主な対象雑草）	公開特許	上市年
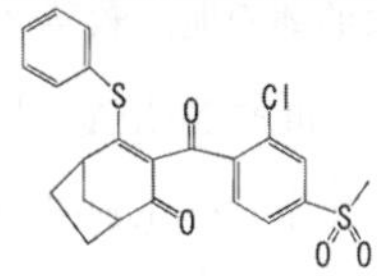	benzobicyclon SB-500 SDS Biotech	イネ	200～300g/ha ｲﾇﾎﾀﾙｲ・広葉雑草	JP0625144	2001
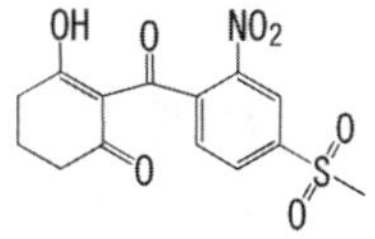	mesotrione ZA-1296 Syngenta	トウモロコシ イネ	75～225g/ha 広葉雑草	EP186118	2001
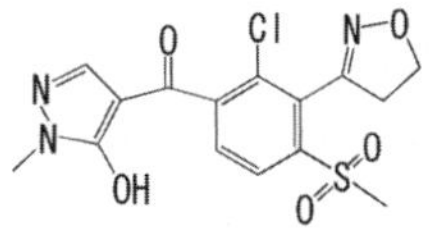	topramezone BAS670 BASF	トウモロコシ	18g/ha	WO98/31681	2006
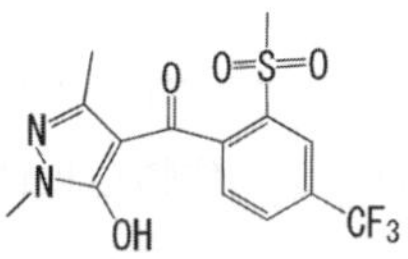	pyrasulfotole AE0317309 Bayer	小麦	37.5～50g/ha 広葉雑草	WO2001/074785	2008
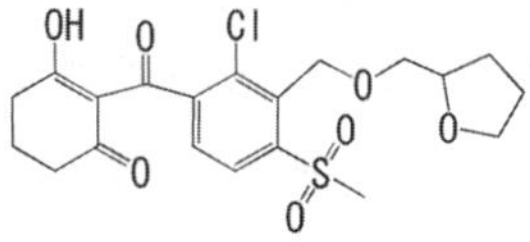	tefuryltrione AVH-301 Bayer	イネ	300g/ha 広葉雑草	WO2002/085120	開発中
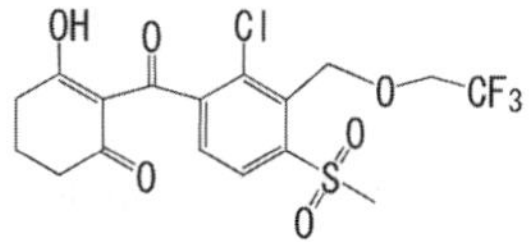	tembotrione AE 0172747 Bayer	トウモロコシ	92g/ha	WO2003/017766	2007 (approved)
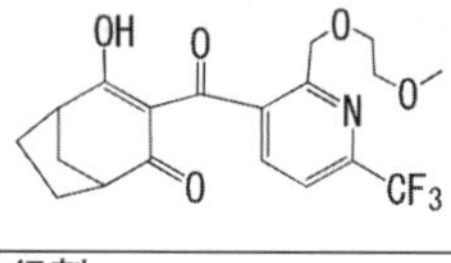	bicyclopyrone SYN449/NOA449280 Syngenta	トウモロコシ サトウキビ		WO01/94339	2012予定
先行剤	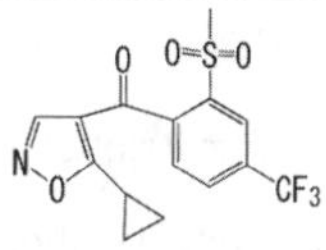	isoxaflutole RP-201772 Bayer CropScience	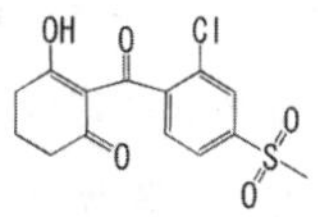	sulcotrione ICI-A0051 Bayer CropScience	

た，エノコログサ類やメヒシバ等のイネ科雑草にも有効である。本剤は土壌処理効果も有しており，ある程度の残効性も期待できる[40,41]。なお，北米におけるライセンスはAmvac，日本でのライセンスは日本曹達が有している。

Pyrasulfotoleは，バイエルクロップサイエンスが開発した麦用の茎葉処理剤で，シロザやアオビユ，ソバカズラ，ナタネ等の広葉雑草に効果がある[42]。麦類に適用性を有する本作用性の薬剤は初めてであることから，同社はこれをphoto-X technologyとして活用し，北米で多いSU抵抗性雑草の広葉雑草に効果を有する薬剤としての普及に成功している。本剤は単剤の他，殺草スペクトラムや効果安定性を向上させるため，他の作用性を持つ薬剤（bromoxynilやMCPA）との混合剤としても使用されている。なお，本剤を含む製剤にはセーフナーとしてmefenpyr-diethylが加用されており，麦類に対する作物安全性を高めている。

Tembotrioneもバイエルクロップサイエンスが開発したトウモロコシ用の茎葉処理剤でヒユ類やアサガオ類，シロザ，オナモミ，コチア等の主要な広葉雑草に加え，ヒエやメヒシバ類，エノコログサ等のイネ科雑草にも効果があり，先行剤のmesotrioneとの差別化をしている。本剤は植物体への吸収・移行性に優れており，作用発現が早いのが特長である。また，本剤はセーフナーとしてisoxadifen-ethylを加用しており，作物選択性を向上させている[43]。

Tefuryltrioneもまたバイエルクロップサイエンスが開発した水稲用の薬剤で，その化学構造はtembotrioneに類似し，ベンゼン環3位の置換基変換によりイネとトウモロコシの作物選択性差を付与している。本剤は，ヒエを除く主要な広葉，カヤツリグサ科雑草に卓効を示し，主に日本の移植水稲栽培においてヒエに有効な成分との混合剤として水面施用で公的試験が進められている。本剤は同系統の先行剤であるpyrazolate等に比べ，低薬量で多年生雑草に対しても効果に優れ，残効も長い点が特長である。作物安全性は，砂質土壌・漏水など不良条件下で強い傾向はあるが，根部露出がなければ高い安全性を示す[44]。

Bicyclopyroneは，シンジェンタがトウモロコシ・サトウキビ用としてSYN 449/NOA 449280のコード名で開発した薬剤で，benzobicyclon同様のビシクロ環骨格を持つ。しかしながら，現時点においてそれ以上の情報がなく，殺草スペクトラムなどの詳細は不明である。

4.2　シクロヘキサンジオン系HPPD阻害剤

シクロヘキサンジオン系化合物からtefuryltrione，tembotrioneの開発が報告されている。特許に関しては，2,3,4-置換のtefuryltrione，tembotrione，topramezone（ピラゾール環）周辺，2,4-置換のbicyclopyrone（ビシクロ環），2,3-，3,4-縮合環周辺を中心に出願されている（図14）。

4.3　ピラゾール系HPPD阻害剤

ピラゾール系では開発化合物としてtopramezoneが報告されている。シクロヘキサンジオンと比較して，芳香環部の置換基傾向は似ている部分もあるが，ベンゼン環部では2-位に関して

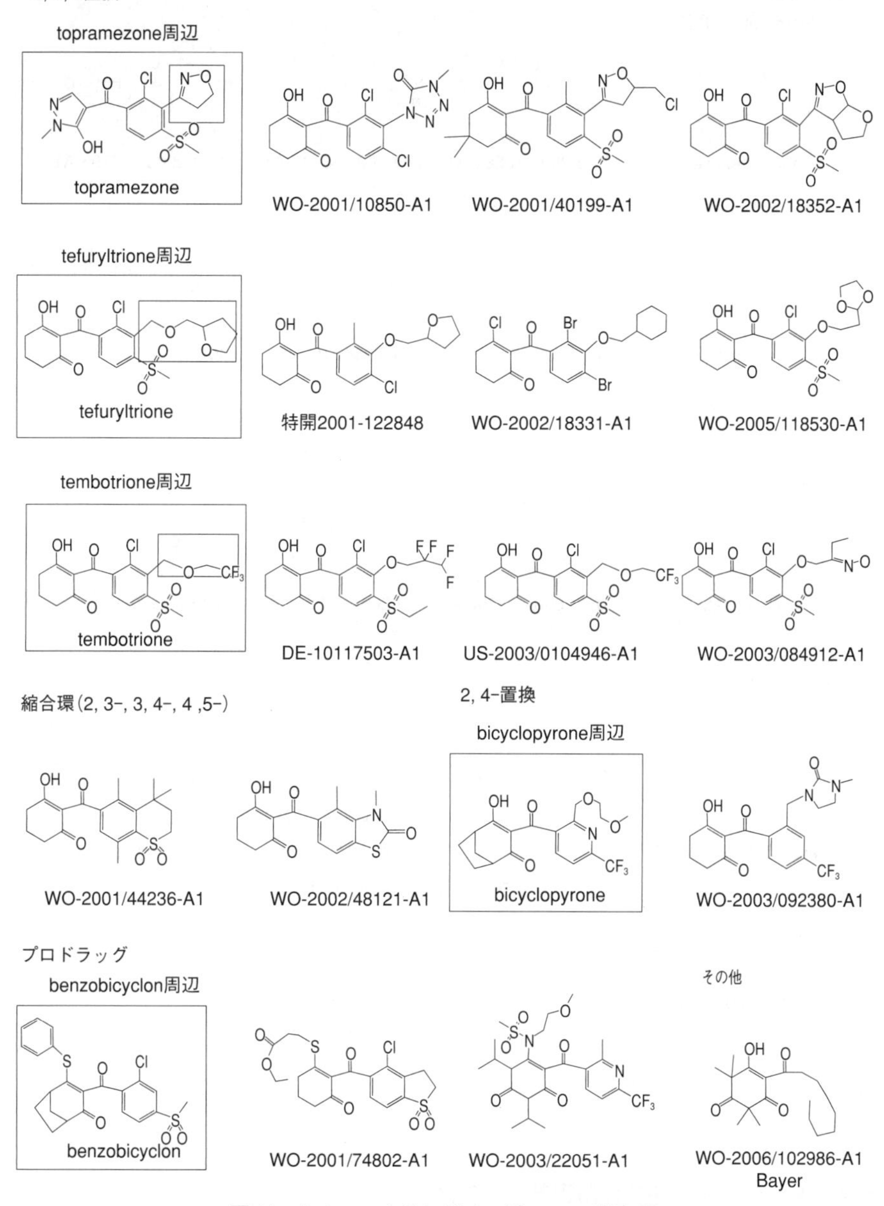

図14　シクロヘキサンジオン系HPPD阻害剤

はピラゾール系の方が立体的許容度は高い傾向にあることが報告されている（図15)。プロドラッグ化に関してはpyrazolateにも代表されるようにシクロヘキサンジオンよりも合成が容易なために，シクロヘキサンジオンよりも比較的プロドラッグ化した特許も多く出願されている。特許としてはtopramezone周辺，tembotrione周辺が多く出願されている。

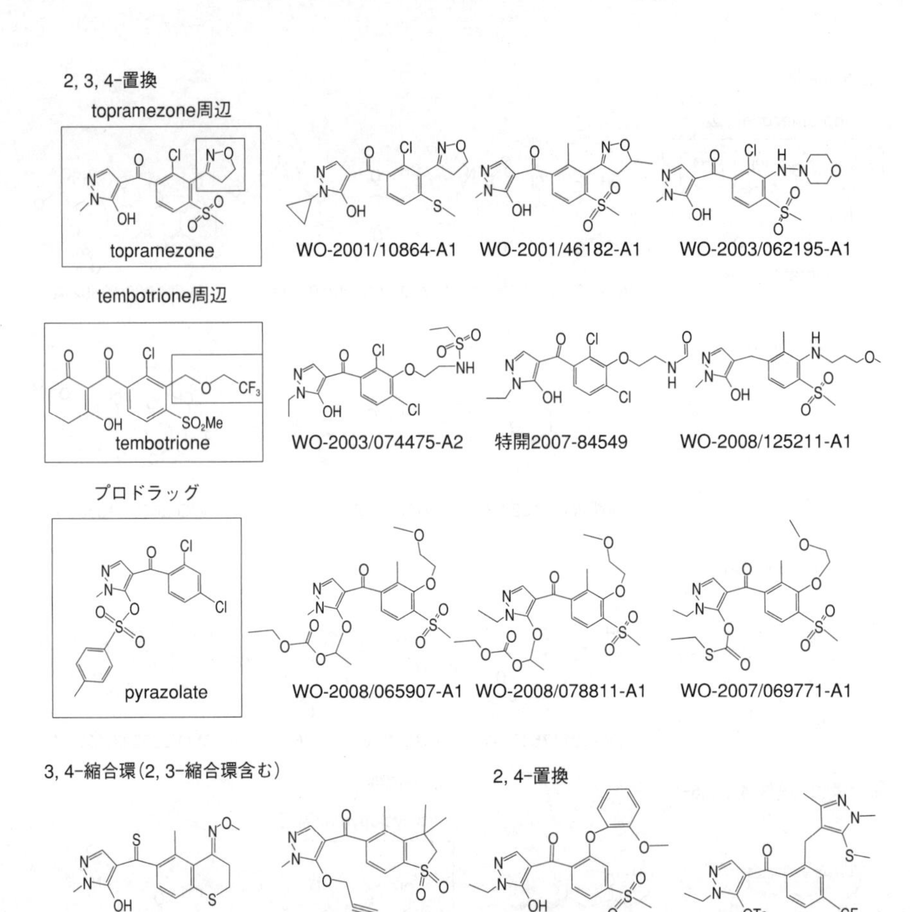

図15　ピラゾール系 HPPD 阻害剤

4.4　ビシクロ系 HPPD 阻害剤

ビシクロ系化合物では，開発中の bicyclopyrone 周辺の特許で，シンジェンタから出されている（図 16)。

4.5　イソオキサゾール系 HPPD 阻害剤・その他

シクロヘキサンジオンに比べて，高活性ではあるが特許数は少ない（図 16)。

4.6　HPPD 阻害型除草剤の作用点研究

HPPD 阻害型除草剤の作用点（図 17）は動物のチロシン代謝の異常が端緒となり解明された。これらの代表的薬剤である sulcotrione（ICI–A–0051)，isoxaflutole（RP–201772）開環体並びに detosyl–pyrazolate（pyrazolate，SW–751 の活性本体）は植物由来の HPPD だけでなく，動物由

ビシクロ環

bicyclopyrone周辺

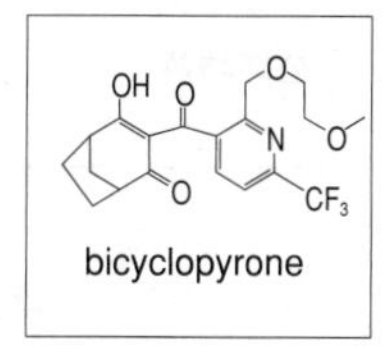

bicyclopyrone　WO-2001/94339-A1　WO-2005/58831-A1　WO-2008/006540-A1

イソオキサゾール環

isoxaflutole周辺

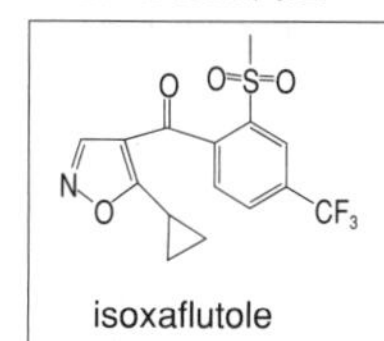

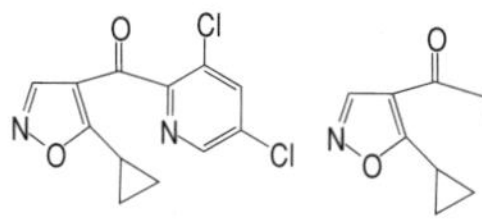

isoxaflutole　EP-1156048-A1　特開2005-272306　WO-2005/123726-A1

その他

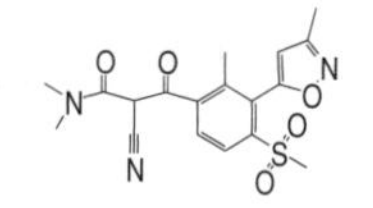

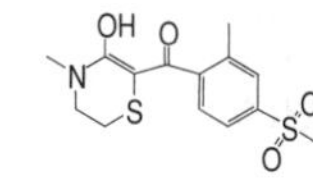

WO-2001/56979-A1　DE-10125432-A1　特開2003-327580　WO-2007/068352-A1

図16　ビシクロ環，イソオキサゾール環，その他HPPD阻害剤

イヌHPPDとシロイヌナズナHPPD阻害

Herbicide	I_{50} (μM)		
	Dog liver HPPD[a]	Arabidopsis HPPD[b]	
	0 min[c]	0 min[c]	10 min[c]
Sulcotrione	0.27	2.47	0.082
Isoxaflutole	>100 (49%)	nd[d]	nd
Ring-opened isoxaflutole	0.36	nd	0.035
Pyrazolate	2.2	nd	nd
Detosyl-pyrazolate	0.48	nd	nd

[a] エノールボーレート法で活性測定　[b] リコンビナント酵素を使用してHPLC法で活性測定　[c] プレインキュベーション時間　[d] 未検定

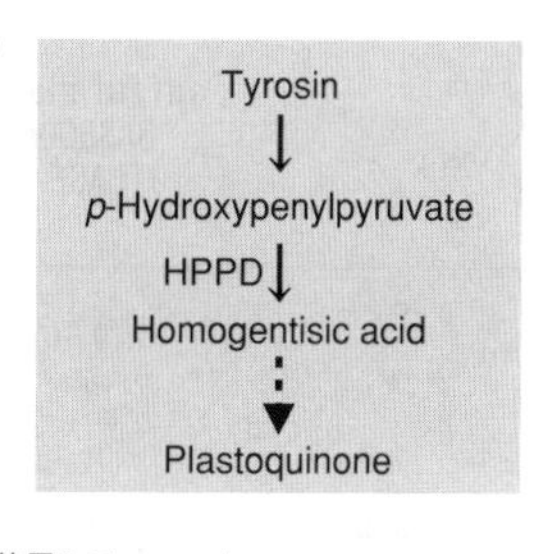

図17　HPPD阻害型除草剤のHPPD阻害

来のHPPDも阻害する。植物由来のHPPDはスローバインディングで阻害されるが，動物のHPPDは初期状態でも比較的強く阻害されることから，植物と動物の間に違いが認められている[45]。Detosyl-pyrazolateがHPPD阻害型除草剤であることが証明されたこと[46]及びトリケトンタイプとしてSDSバイオテックのbenzobicyclon（SB-500）が低薬量で除草効果を示す初めての水稲用HPPD阻害型除草剤として開発されたこと（benzobicyclon hydrolysateが活性本体）[47]並びにピラゾールタイプの薬剤としてBASFのtopramezon（BAS-670）が低薬量化に成功したこ

表12　PROTOX 阻害剤-1

化学構造式	一般名 開発番号 開発企業	対象作物	薬量 （主な対象雑草）	公開特許	上市年
	azafenidin DPX-R6447 Dupont	柑橘類 ブドウ サトウキビ オリーブ	240～480g/ha （広葉・イネ科雑草）	US5332718	開発中止
	fluazolate MON-48500 Bayer CropScience Monsanto	コムギ	125-175 g/ha （広葉・イネ科雑草）	WO96/02515	開発中止 (1999)
	butafenacil CGA-276854 Syngenta	非選択性	50-200 g/ha 広葉雑草	US-A-513492	2002
	flufenpyr-ethyl S-3153 住友化学	トウモロコシ ダイズ	17 - 104 g/ha イチビ，アサガオ	WP97/07104	2003 (approved)
	bencarbazone TM 435 Bayer	トウモロコシ ムギ	広葉雑草	US 6297192	2007 (to launch) DISCONTINUED?
	saflufenacil BAS800H BASF	トウモロコシ ムギ ナタネ ソルガム	茎葉処理 18～25g/ha 土壌処理 50～125g/ha 広葉雑草	WO01/83459	2009 (to launch)

先行剤

pentoxazone
KPP-314
科研

oxadiargyl
RP-020630
Bayer CropScience

cinidon-ethyl
BAS-6150H
BAS Agro

sulfentrazone
F-6285
FMC

carfentrazone
F-8426
FMC

pyraflufen-ethyl
ET-751
日本農薬

fluthiacet-methyl
KIH-9201
クミアイ

と[40]が注目すべき点として挙げられる。ダウアグロサイエンスの試験的除草剤であるDAS 869については，シロイヌナズナ由来のHPPDとの結合がX線結晶構造解析されており，結合に関与するアミノ酸残基が明らかにされている[48]。現時点で薬剤との結合がX線結晶構造解析で明

表13　PROTOX阻害剤-2

先行剤	一般名 開発番号 開発企業	対象作物	薬量 （主な対象雑草）	公開特許	上市年
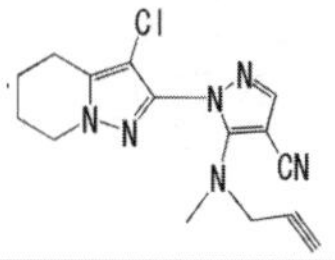	pyraclonil HSA-961 Bayer CropScience	イネ	200g/ha ヒエ，広葉	WO94/08999	2007

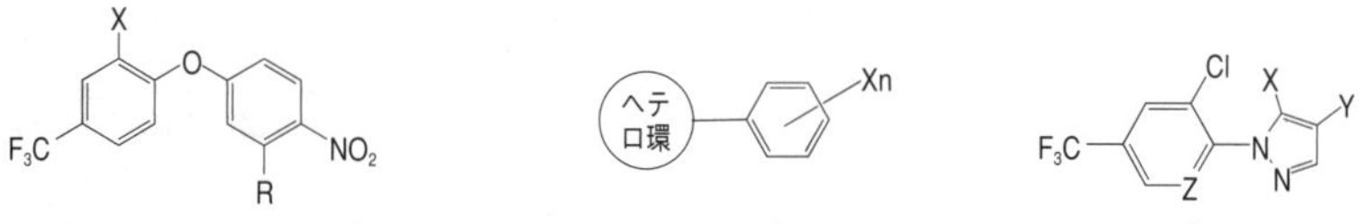

ジフェニルエーテル系　　ジアリル系　　ピラゾール系

図18　PROTOX阻害剤

らかにされている除草剤は前述のALS阻害型除草剤とHPPD阻害型除草剤だけである。

5　プロトポルフィリノーゲン-IXオキシダーゼ（PPO）阻害型除草剤

PPO阻害型除草剤は，大きなタイプではジフェニルエーテル（DPE）系とジアリル系に分けることができる。ジアリル系は構造の多様性があり，最初このタイプが展開されだした頃は環状イミド体が主な骨格だったが，その後の展開によりカルボニルがなくて塩素などにした化合物，結合部の窒素が炭素になった化合物またはイミノ骨格の化合物など多くの骨格が存在している（表12，13）。ジフェニルエーテルは過去には多くの展開がなされていたが，近年もう一方のジアリル系に比べ，活性的には下がるなどの理由によりあまり展開されなくなった（図18）。

5.1　ジフェニルエーテル系PPO阻害剤

過去にはこのタイプから多くの剤が開発されたが，ジアリルタイプに比べて活性が低いこともあり，20年以上前からほとんど展開されなくなった（図19）。

5.2　ジアリル系PPO阻害剤

ジアリル系化合物はヘテロ環部とベンゼン環部の両方の展開がなされてきた。ヘテロ環部でもかなりの多様性が確認されている。現在までに開発された化合物だけでも，flumioxazinのテトラハイドロフタルイミド環，fluthiacet-methylのようなチアジアゾリジノン環，oxadiazonのオ

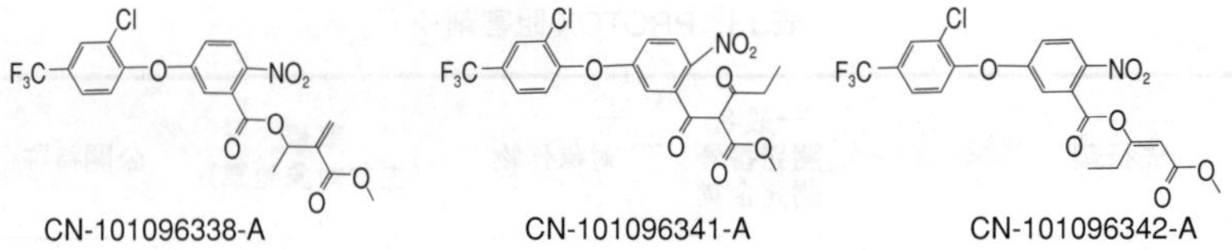

CN-101096338-A
CN-101096341-A
CN-101096342-A

図19　ジフェニルエーテル系 PROTOX 阻害剤

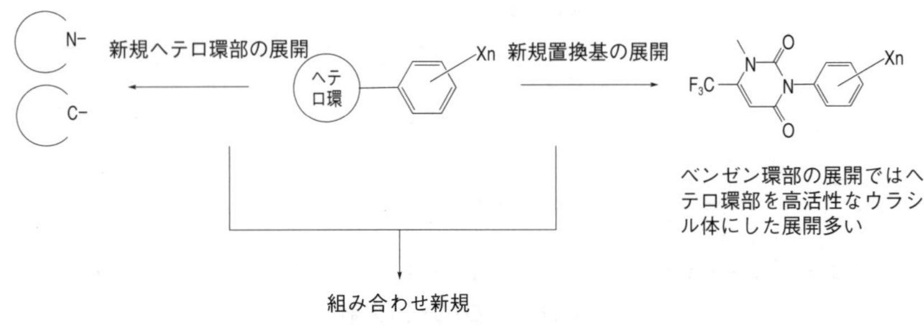

新規ヘテロ環部の展開
ヘテロ環
新規置換基の展開
ベンゼン環部の展開ではヘテロ環部を高活性なウラシル体にした展開多い
組み合わせ新規
ヘテロ環部，ベンゼン環部どちらも新規性はないが，組み合わせでは新しい展開

図20　ジアリル体の展開

キサジアゾリノン環，スルフェントラゾンのトリアゾリノン環，pyraflufen–ethyl のピラゾール環，butafenacil のウラシル環などがあり，その他多くのヘテロ環が確認されている。ベンゼン環部の展開を行う場合，ヘテロ環部で多く合成されているのは，高活性なウラシル環が最も多く，次に多いのはコストパフォーマンスで優れているテトラハイドロフタルイミド環がある（図20）。出願特許としては高活性が確認されているウラシル環周辺が多く，さらに開発が進められている benzfendione 周辺，saflufenacil 周辺の特許が多く出されている（図21）。その他のヘテロ環では，ベンゼン環部の展開に関しては，除草剤の目指す適用性により，置換基が使い分けられている（図22）。小麦，トウモロコシ，ダイズなど選択性茎葉剤では flufenpyr–ethyl などの5–位フェノキシアセテート，土壌処理剤では sulfentrazone などの5–位メタンスルフォンアミドがあり，非選択性では5–位カルボン酸エステル，水田剤では pentoxazone などの5–位シクロペンチルオキシがある。

Flufenpyr–ethyl は，住友化学がトウモロコシ・ダイズ，サトウキビ用に開発した茎葉処理剤で，イチビやアサガオ類，ヒユ類に高い効果を示す[49]。本剤は，Valent によってアメリカを中心に開発が進められ，登録認可を得ているが，その後普及段階で中断したものと思われる。

Butafenacil は，シンジェンタが開発した非選択性の薬剤で，非農耕地および永年作物であるカンキツ類等の果樹園や麦類などの播種前で使用される。本剤は，主要な一年生，多年生の広葉雑草に効果があり，茎葉処理においては速効的な枯殺作用が見られるとともに土壌処理効果によ

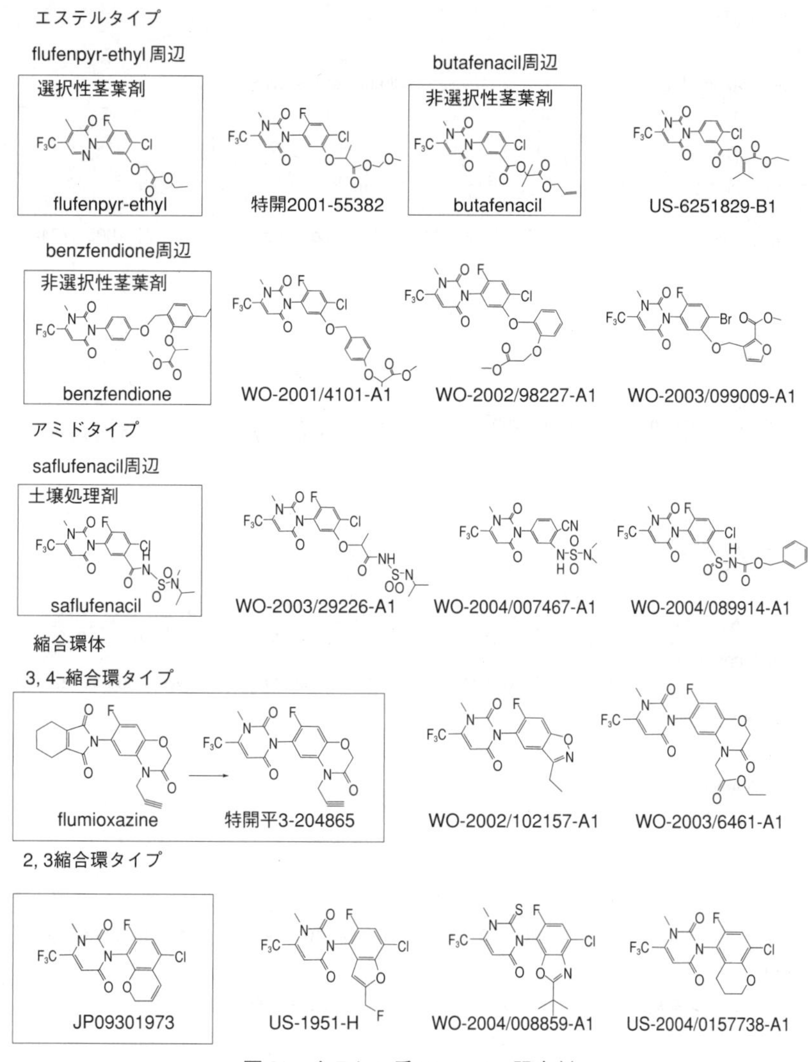

図21　ウラシル系PROTOX阻害剤

る残効も期待できる[50]。本作用を生かし，他薬剤との混合剤として用いられることも多く，glyphosateやtriasulfuronとの混合により速効性や残効性を付与している。

Saflufenacilは BASFが開発したトウモロコシ，ソルガム用土壌処理剤で，シロザやアオビユ，ブタクサ類，ヒメムカシヨモギ等の主要広葉雑草に対して高い効果を示す[51]。これらの草種はグリホサートやALS阻害剤に抵抗性を獲得したバイオタイプの報告があることから，その有効性は作用性の異なる本剤の価値を高めている。なお，本剤の残効は比較的安定しており，少雨条件下においても効果が期待できる。また，播種前処理ではムギ類やダイズ，ワタでの使用が可能であり，果樹やナッツなどでは，下草茎葉処理において直接的な除草と残効が期待できる。

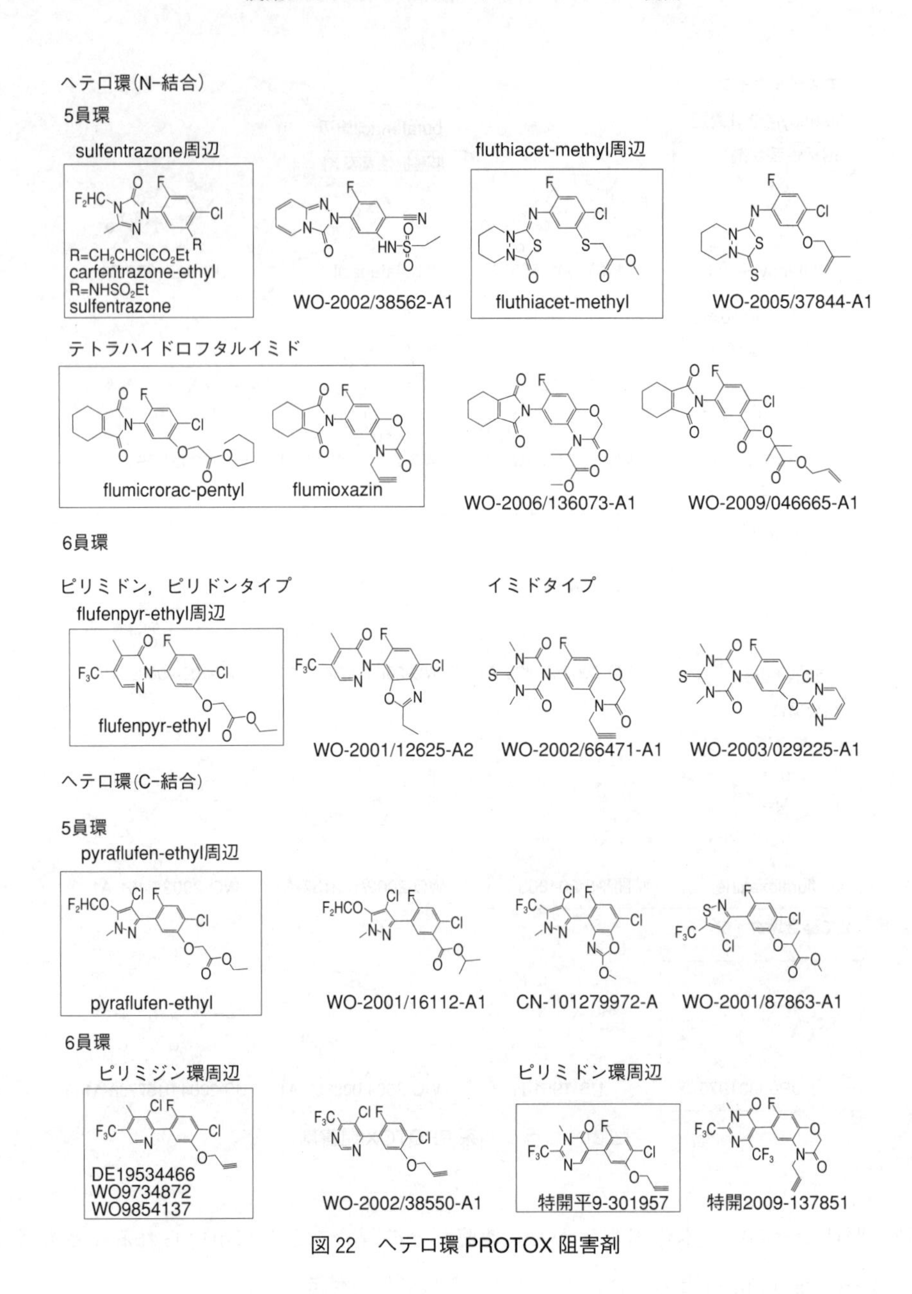

図22　ヘテロ環 PROTOX 阻害剤

5.3　ピラゾール系 PPO 阻害剤周辺

Nipyraclofen，pyraclonil 周辺から導きだされたと思われる縮合環化合物の特許が出願されている（図23）。Pyraclonil はバイエルクロップサイエンスが開発した水稲用薬剤で，日本においては協友アグリが権利を取得している。本剤は，主要な水田雑草であるヒエ類，一年生広葉，カヤツリグサ科雑草に加え，同系統薬剤としては効き難いウリカワ等の多年生雑草に対しても有効である[52]。本剤が多年生雑草のみならず，比較的葉令の進んだ個体にも速効的な効果を発揮するの

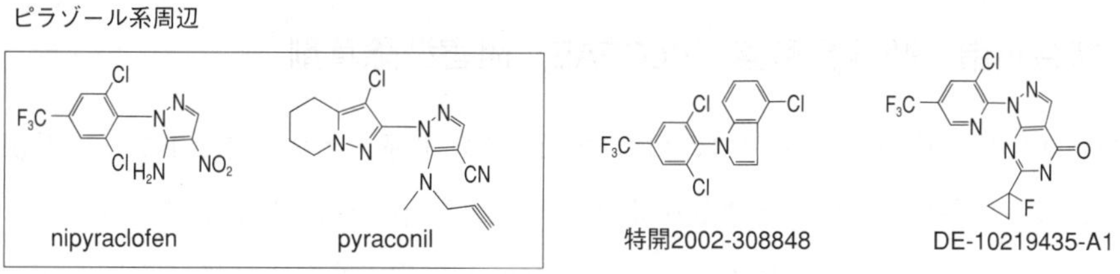

ピラゾール系周辺

nipyraclofen　pyraconil　特開2002-308848　DE-10219435-A1

図23　ピラゾール系 PROTOX 阻害剤

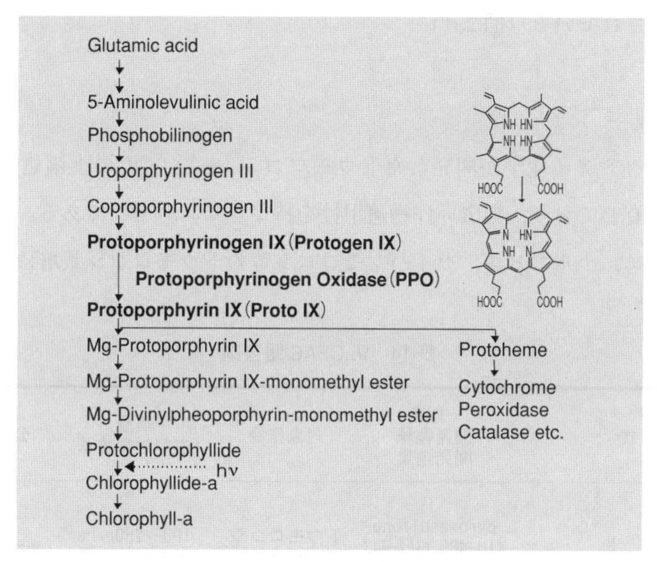

図24　クロロフィル生合成経路と PPO

は水溶解度が高く，雑草に吸収されて移行しやすいからだと考えられる。

5.4　PPO 阻害型除草剤の作用点研究

PPO 阻害型除草剤の作用点（図24）は動物のポルフィリン代謝の知見を利用して解明された。PPO 阻害型除草剤は動物の PPO も阻害することから，安全性評価試験において過剰量の薬剤が投与された動物にはいわゆるポルフィリン症に似た症状が現れる。

クミアイ化学が開発したイソウラゾールタイプの fluthiacet-methyl（KIH-9201）は環状イミド系 PPO 阻害型除草剤の1つであり，本剤は除草剤の選択性機構に関わっているグルタチオン S-トランスフェラーゼによりイミドタイプに異性化して PPO 阻害を発現する[53]。PPO 阻害型除草剤に関しては，人為的に作出された抵抗性植物[54,55]を除いて，作用点変異による抵抗性雑草が出現していないことから，HPPD 阻害型除草剤と同様に継続的に研究開発の対象になっていると考えられる。

6　超長鎖脂肪酸伸長酵素（VLCFAE）阻害型除草剤

VLCFAE 阻害型除草剤は，過去にはクロロアセトアミド系，オキシアセトアミド系が中心であったが，最近は多様な骨格が確認されている。例えば，pyroxasulfone のようなイソオキサゾリン，fentrazamide のようなテトラゾリノン，cafenstrole のようなトリアゾール，indanofan のような化合物も VLCFA 生合成阻害剤である（表 14）。最近は pyroxasulfone，fentrazamide 周辺の特許が多く出願されている（図 25）。

6.1　最近の開発剤

Pyoxasulfone はクミアイ化学が開発したトウモロコシ，ダイズ用の土壌処理剤であるが，ムギ類にも選択性を有しており，幅広い作物適用性を持つ点でユニークである。本剤はエノコログサやメヒシバ，ヒエ，ナルコビエ，セイバンモロコシ等のトウモロコシ栽培における主要イネ科

表 14　VLCFAE 阻害剤

化学構造式	一般名 開発番号 開発企業	対象作物	薬量 （主な対象雑草）	公開特許	上市年
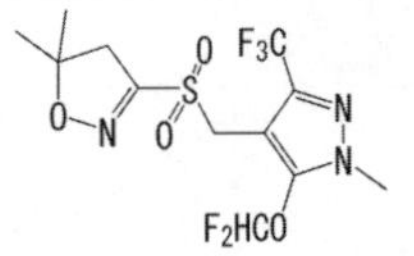	pyroxasulfone KIH-485, KUH-043 クミアイ化学	トウモロコシ 小麦	100～250g/ha 禾本科，広葉	WO02062770	2010予定
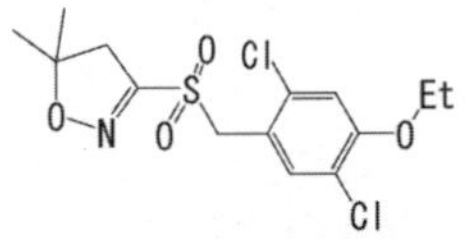	fenoxasulfone KIH-1419, KUH-071 クミアイ化学	イネ	200g/ha ヒエ，広葉	JP04/2324	開発中
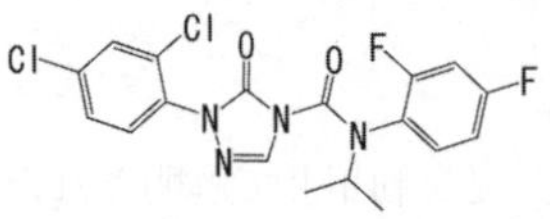	ipfencarbazone HOK-201 北興化学	イネ	250g/ha ヒエ，広葉	WO98/38176	開発中

先行剤

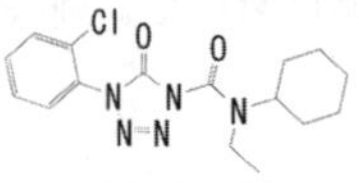

fentrazamide
NBA-061
Bayer CropScience

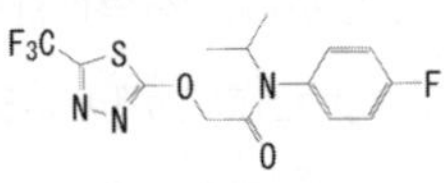

flufenacet
BAY-FOE-5043
Bayer CropScience

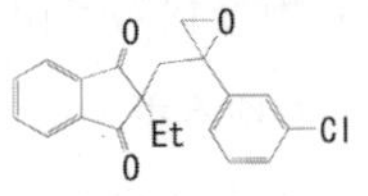

indanofan
MK-243
日本農薬

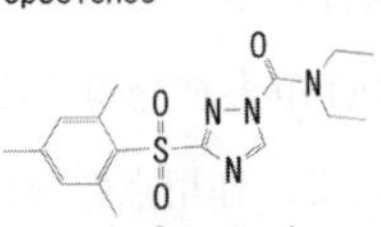

cafenstrole
CH-900
SDS

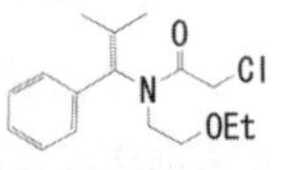

pethoxamid
NSK-688
徳山

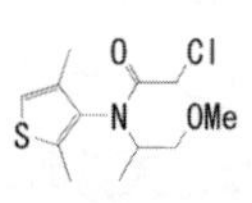

dimethenamid
SAN-582H
Syngenta

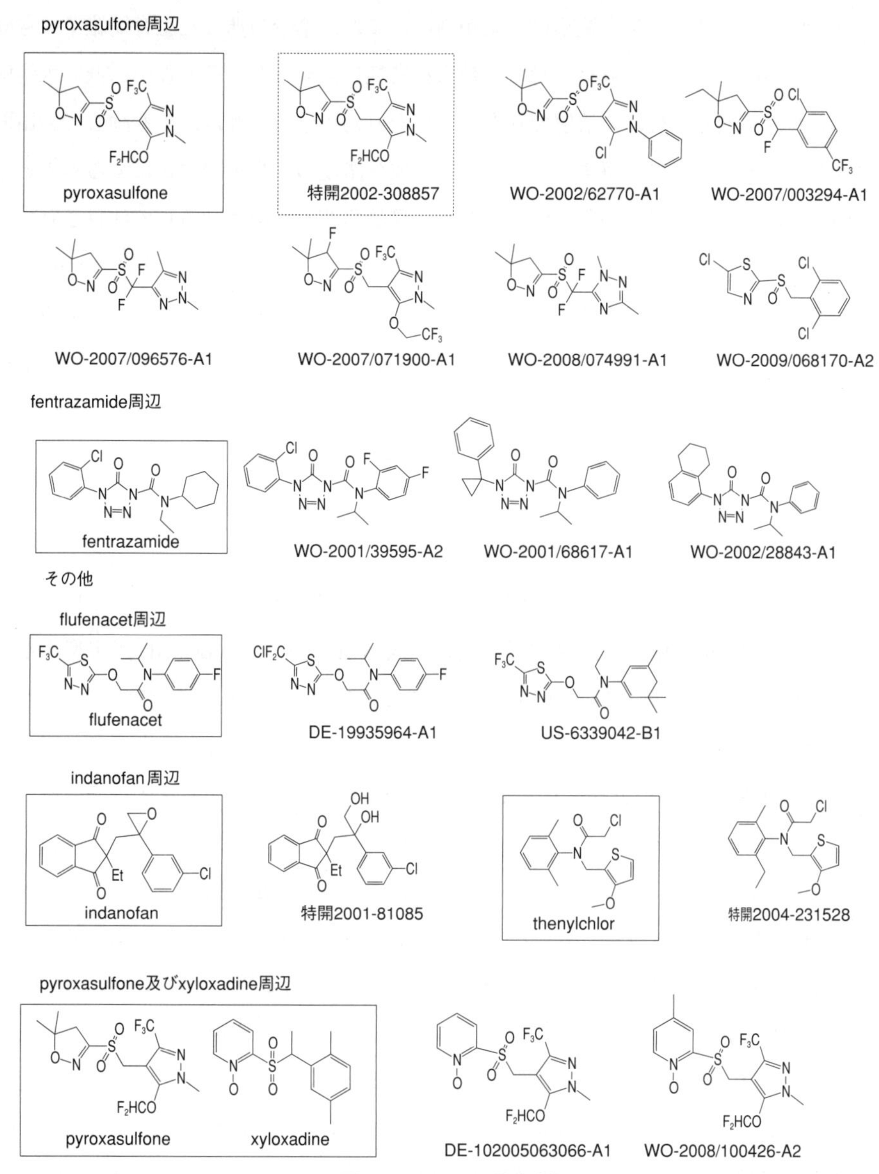

図25　VLCFAE阻害剤

雑草に加え，ヒユ類やシロザ，イチビ等の広葉雑草にも広いスペクトラムを有している。投下薬量は100～250 g　a.i./haと土壌処理剤としては低く，同作用性の先行剤の数分の1である[56]。また，本剤は残効性に優れ，Fall処理やEarly Pre Plant処理でも適用可能である。ムギ類においては，ブラックグラスやライグラス類といったACCase阻害剤やジニトロアニリン系薬剤に抵抗性を獲得している草種に効果が高い点が特長である。

Fenoxasulfoneもまた，クミアイ化学が開発した水稲用薬剤で，タイヌビエやコナギ，アゼナ類およびタマガヤツリ等の一年生雑草に効果が高い。また，葉令の進んだ生育期雑草にも効果を有している。本剤はこれら主要雑草に対する効果持続性に優れるが，その理由は低い水溶解度にあると考えられ，薬剤処理後に未溶解で存在していた有効成分の一部が，水変動などで田面水中の成分濃度が下がった場合に溶解することで，有効成分濃度の減衰を緩やかにするものと考えられる。この特性は，水田系外への薬剤流亡を抑え，環境負荷を低減させる点で注目されている。

Ipfencarbazone は北興化学が開発した水稲用薬剤で，その殺草スペクトラムは fenoxasulfone や fentrazamide に類似している。本剤も，葉令の進んだ生育期雑草にも有効で，3 葉期タイヌビエにも高い効果を示す。また残効性も 50 日以上と長く，水稲安全性も優れている[57]。本剤はトリアゾリノン環を母核とし，テトラゾリノン環の fentrazamide とは異なるが，全体骨格は比較的類似している。

6.2　VLCFAE 阻害型除草剤の作用点研究

長年作用点が判然としなかったクロロアセトアミド系除草剤の作用点が VLCFAE であることが明らかにされて以来，国内で使われてきた水稲用除草剤の多くが VLCFAE 阻害型除草剤であることが明らかとなっている。この VLCFAE が近年では最も注目される作用点である。VLCFAE は植物や藻類の超長鎖脂肪酸を合成する酵素である（図 26）が，同様な機能を持つ酵素の遺伝子は動物には存在しないことから，ALS と同様に VLCFAE はターゲットレベルで薬剤の選択毒性が担保される作用点である。モンサントの butachlor（CP-53619），シンジェンタの pretilachlor（CG-113），バイエルクロップサイエンスの mefenacet（BAY FOE-1976），SDS バイオテックの cafenstrole（CH-900）並びにバイエルクロップサイエンスの fentrazamide（NBA-061）などの水稲用除草剤はすべて VLCFAE 阻害型除草剤の範疇の薬剤である[58, 59]。最近では日本農薬の indanofan（MK-243）が新規な構造を持つ水稲用 VLCFAE 阻害型除草剤として注目される[60]。一方，トウモロコシ用の VLCFAE 阻害型除草剤は長い間低薬量化をはかれなかったが，近年，低薬量で高い除草効果を発揮する pyroxasulfone がクミアイ化学で開発された。本剤は VLCFAE を低濃度で阻害して植物体中の超長鎖脂肪酸を減少させる[61]。シロイヌナズナやイネのゲノムプロジェクトで遺伝子の配列が明らかにされた結果，両植物には多種類の VLCFAE をコードする遺伝子が存在することが示されており，構造が異なる VLCFAE 阻害型除草剤がどの VLCFAE を阻害するかは今後の課題である。Pyroxasulfone は多くの VLCFAE 分子種を阻害することを示唆する結果が得られており，今後さらにこの点を分子レベルで解明することは，本剤の特徴を明らかにすることに役立つだけでなく，植物生理学の中で遅れている本領域の発展に寄与できるものと考えられる。

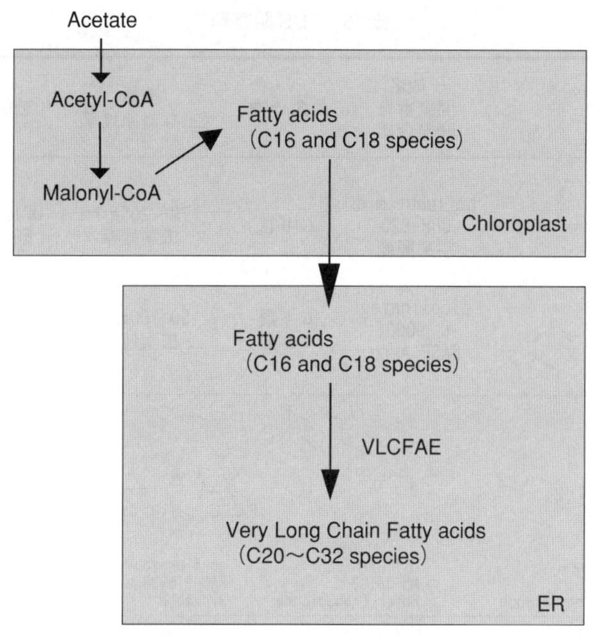

図26　超長鎖脂肪酸（VLCFA）生合成経路とVLCFAE

7　フィトエンデサチュラーゼ（PDS）阻害型除草剤

PDS阻害型除草剤は，最近開発されたpicolinafen，beflutamid，先行剤のdiflufenicanも含めて，比較的構造の共通性が低い（表15）。最近出願されている特許はpicolinafen周辺が多く，次に多いのはdiflufenicanで，比較的狭い範囲で出願されている（図27）。カロチノイド生合成経路上（図28）で，PDSが触媒する反応の下流に位置するゼータカロテンデサチュラーゼを作用点とする薬剤としては，バイエルクロップサイエンスのLS-80707[62]及びメトキシフェノンよりも強い阻害活性を有する九州大学のKYB-39が挙げられる[63]。

8　光合成阻害剤

過去には多くの大型の開発化合物が出されている。最近ではtriaziflam，indaziflamがある。Triaziflamは光合成阻害活性とセルロース生合成阻害の両方の作用機構を有することが報告されている（表16）。

表 15　PDS 阻害剤

化学構造式	一般名 開発番号 開発企業	対象作物	薬量 （主な対象雑草）	公開特許	上市年
	beflubutamid UBH-820 宇部興産	ムギ類	170～255g/ha 広葉雑草	JP10195007 EP239414	2003
	picolinafen AC-90001 BASF Agro	ムギ類 マメ類	50-100g/ha 広葉雑草	US4270946 US4327218	2001
先行剤					
flurtamone Ro-40885 Bayer CropScience	diflufenican MB-38183 Bayer CropScience	norflurazon SAN-978938 Syngenta	fluridone MB-38183 Bayer CropScience		

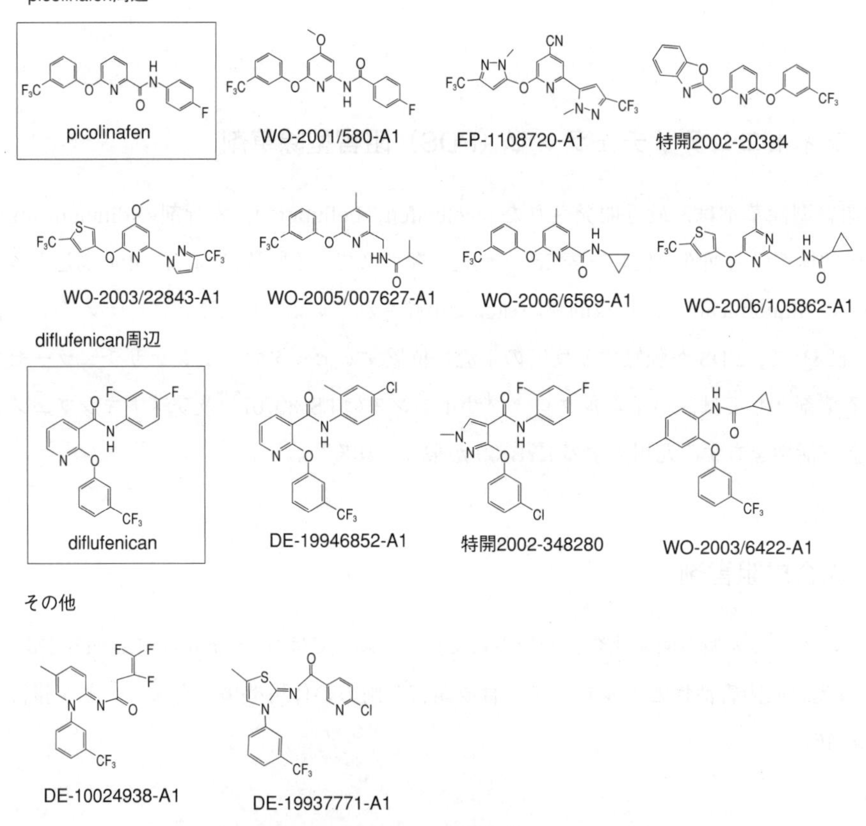

図 27　PDS 阻害剤

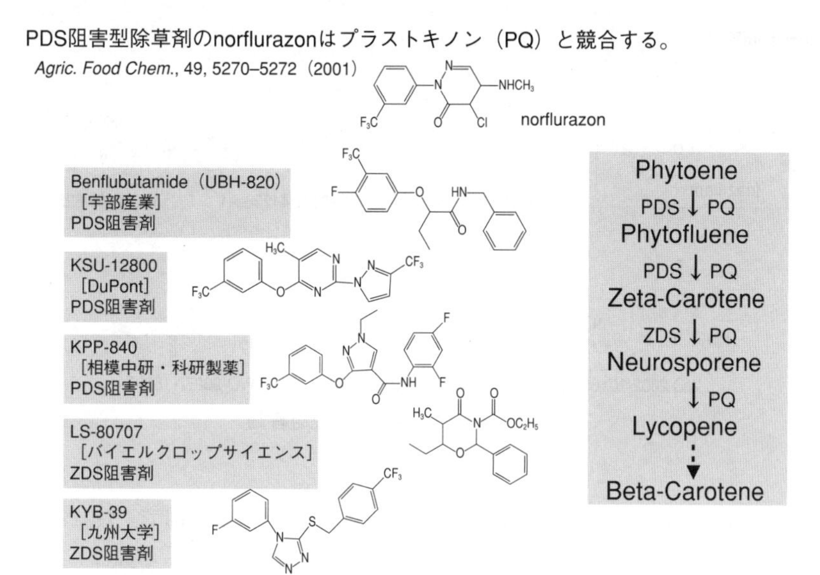

図28　PDS および ZDS 阻害型除草剤と作用点

8.1　最近の開発剤

Triaziflam は出光興産が開発した芝生用薬剤であり，メヒシバやスズメノカタビラ等の芝地における主要イネ科雑草およびヤハズソウ，カラスノエンドウやフグリ類等の一年生広葉雑草にも高い効果を示す。本剤は残効に優れ，春処理で 120 日程度，秋処理で 180 日程度と日本芝における効果持続性は長い[64,65]。

表16　トリアジン系光合成阻害剤

先行剤	一般名 開発番号 開発企業	対象作物	薬量 （主な対象雑草）	公開特許	上市年
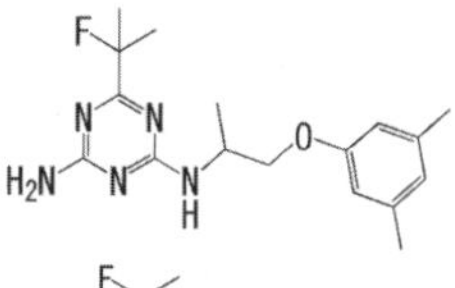	triaziflam IDH-1105 出光興産	シバ	250～1000g/ha	WO90/09378	1998
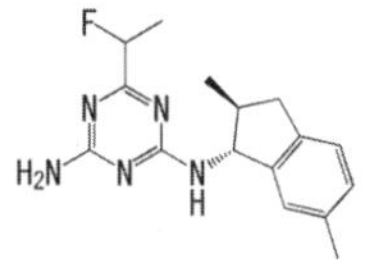	indaziflam BCS-AA10717A Bayer CropScience	非農耕地 シバ	50～60 g/ha	-	2011予定
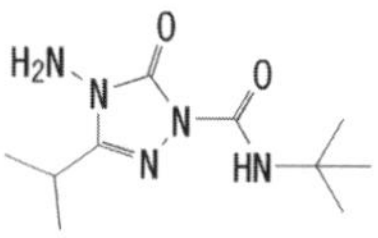	amicarbazone MKH-3586 Bayer/Arvesta	トウモロコシ シュガーケーン	トウモロコシ 500g/ha シュガーケーン 1000g/ha 広葉雑草	-	2004

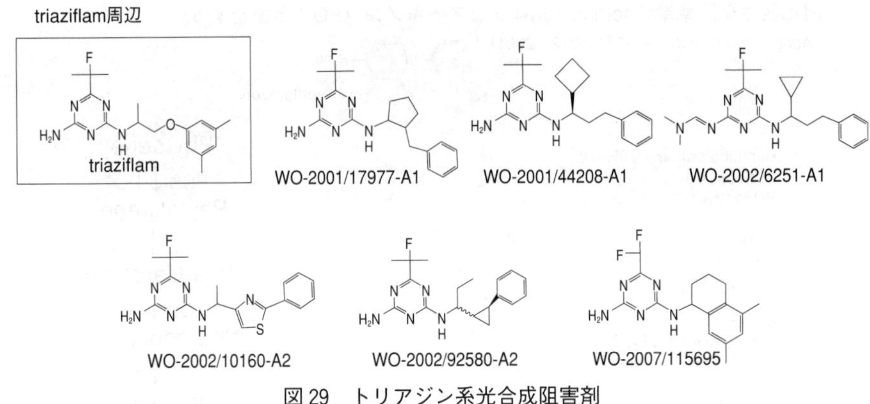

図29　トリアジン系光合成阻害剤

Indaziflamはバイエルクロップサイエンスが開発した非農耕地用薬剤で，殺草スペクトラムも広く，スズメノカタビラやグースグラス，ライグラス等に効果が高い。本剤は，残効にも優れており，他の土壌および茎葉処理剤との混合相性も良い。また，農耕地であるブドウやナッツ，カンキツ，オリーブ園などの下草防除や芝，サトウキビ栽培における適用も可能である[66]。

Amicarbazoneはバイエルクロップサイエンスが開発したトウモロコシ，サトウキビ用の薬剤であるが，ブラジルのサトウキビについてはアリスタがライセンスを取得している。本剤はイチビ，シロザ，ヒユ類，オナモミ，アサガオ類といったトウモロコシ栽培における主要な一年生広葉雑草に対して，茎葉・土壌処理のいずれも効果があり，残効も期待できる。本剤は，殺草スペクトラムや作用性がatrazineに類似しており，世界の耕地において環境負荷が懸念されているatrazine代替を指向していると考えられる。また本剤の化学構造はトリアゾリノン環を持ち，光化学系II反応（PS 2）阻害剤としては新規骨格であるが，トリアジノン環骨格であるmetribuzinやmetamitronをベースに開発されたものである[67]。

8.2　最近の特許動向

光合成阻害剤の出願特許はトリアジン系が中心で，さらにtriaziflam周辺特許がほとんどである（図29）。

9　その他

その他として，セルロース生合成阻害剤，オーキシン阻害剤，MEP阻害剤，細胞分裂阻害剤，作用機構は確認されていないがoxaziclomefoneのような剤が報告されている（表17）。セルロース生合成阻害剤については作用点タンパク質が解明されていないが，クレハのflupoxam[68]や出光のtriaziflam（IDH-1105）が，低薬量化が図られた薬剤として注目される。Flupoxamは当初，モンサントと共同でムギ類での開発を目指していたが，その後日本曹達とともにシバでの開発に切り替えている。本剤は，シバ（バミューダグラス）に安全性が高く，スズメノカタビラやオオアレチノギク，オランダミミナグサ等の一年生雑草に効果がある。他の新しいセルロース合成阻害型除草剤としてはバイエルクロップサイエンスのAEF-150944やシンジェンタのCGA-325615が挙げられる[69]。Methiozolinは Moghu Research Centerが開発したシバ用の薬剤で，スズメノカタビラやオヒシバなどのイネ科雑草に対してPre～Early Post処理で高い効果が見られるが，広葉雑草には効果は期待できない。作用症状はpendimethalin，butachlorやdichlobenilと異なっているが，その阻害部位は細胞壁生合成に関与していると考えられる[70]。オーキシン阻害剤としては，ダウアグロサイエンスのaminopyralidやデュポンのaminocyclopyrachlorならびにオーキシンの転流を阻害すると考えられているBASFのdiflufenzopyr（BAS-654 H）[71]が注目される。

他には，テルペノイドの生合成を阻害する除草剤には東ソーのpyributicarb（TSH-888）やFMCのclomazon（FMC-57020）がある。前者はスクワレノン以降の経路を作用点とすることが示唆されているが[72]，さらに詳細な解析が必要である。一方，後者（5-ketoclomazon）の作用点は非

表17　その他阻害剤

化学構造式	一般名 開発番号 開発企業	対象作物	薬量 （主な対象雑草）	公開特許	上市年
セルロース生合成阻害剤 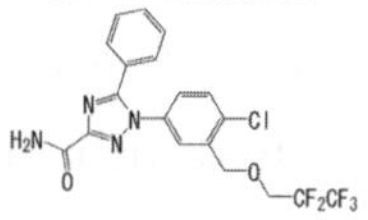	flupoxam MON-18500 KNW-739 呉羽化学	シバ	100～200g/ha 広葉雑草	EP0282303	2012予定
オーキシン様阻害剤 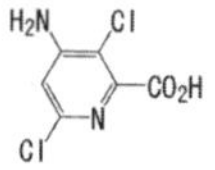	aminopyralid DE-750, XDE-750 Dow AgroScience	コムギ	ムギ4～10g/ha 牧場140～480g/ha 広葉雑草	WO2001/051468	2006
オーキシン様阻害剤 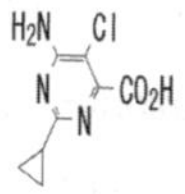	aminocyclopyrachlor DPX-KJM44　DuPont	シバ 非農耕地		WO2005/63721	
cell wall biosynthesis阻害剤 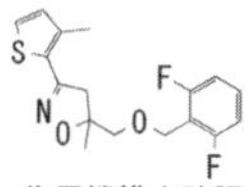	methiozolin MRC-01（EK-5229） Moghu Research Center	シバ	600g/ha ヒエ	WO00219825	-
作用機構未確認 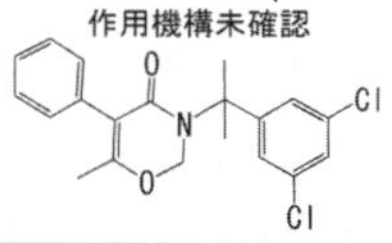	oxaziclomefone MY-100 Bayer CropScienc	イネ	30g/ha ヒエ	WO93/15064	2001

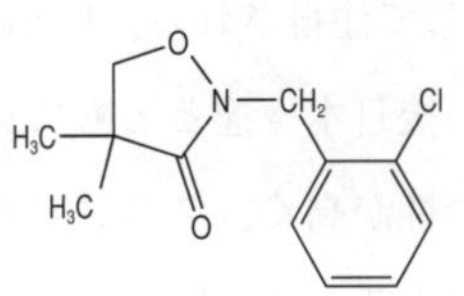

Clomazone[FMC]

Pyruvate, D-Glyceraldehyde 3-phosphate
DXP synthase ↓
1-Deoxy-D-xylulose 5-phosphate (DXP)
↓ (fosmidomycin)
2-C-Methyl-D-erythrose 4-phosphate
↓
2-C-Methyl-D-erythritol 4-phosphate
↓
Isopentenyl diphosphate (IPP)

図30　Clomazoneの作用点

メバロン酸経路（MEP経路）上の1-deoxy-D-xylulose 5-phosphateシンターゼ（DXPシンターゼ）であることが証明された（図30）[73]。細胞分裂阻害剤としてはmitotic disruptorであることが示されている日本曹達のNS-245852[74]が注目される。イミダゾールホスフェートデヒドロターゼを作用点とするシンジェンタの一連の除草剤（IRL-1695等）も研究されているが[75,76]，これらは実用化には至っていない。なお，バイエルクロップサイエンスの水田用除草剤であるoxaziclomefon（MY-100）は低薬量で効くことから，新しい作用点が解明されればこの作用点を持つ除草剤の新分野が拓かれる可能性がある。

10　薬害軽減剤（セーフナー）の動向

除草剤の薬害を軽減する最近の開発剤としてはcyprosulfamide，isoxadifen-ethylが報告されている（表18）。Isoxadifen-ethylはバイエルが開発したトウモロコシおよび水稲用セーフナーで，カルボン酸エチルエステル体部分がフリー体であるisoxadifenを利用することもある。本剤は，トウモロコシ用として，自社剤のforamsulofuron，iodosulfuron-methyl，tembotrion，thiencarbazone-methylなどに混用されるほか，デュポンのrimsulfuronやthifensulfuronに混用されている（一部係争中）。また，水稲用としては，fenoxaprop-P-ethylやethoxysulfuronに用いられている[77]。なお，foramsulofuronとの混用の場合，混合比は1：1である。

Cyprosulfamideもまたバイエルクロップサイエンスが開発した新たなトウモロコシ用セーフナーで，同社が開発したトウモロコシ用除草剤であるisoxaflutoleやthiencarbazone-methyl剤に混用され，その適用性を高めている[78]。またソルガムにおいては種子粉衣による使用も検討されている。薬量は混合相手によるが，おおむね除草剤と等量である。

セーフナーの作用メカニズムは大別して4つに分けられる[79]。生物学的不活性化（Biological antagonism），化学的不活性化（Chemical antagonism），化学構造拮抗（Competitive antagonism）並びに生理作用拮抗（Physiological antagonism）である。生物学的不活性化に分類されるセーフナーは，植物の解毒代謝能や浸透移行性を変化させる活性を有している。化学的不活性化

表18　セーフナー

先行剤	一般名 開発番号 開発企業	対象作物	薬量 (主な対象雑草)	公開特許	上市年
(構造式: $C_2H_5O_2C$–isoxazoline, 5,5-diphenyl)	isoxadifen-ethyl AE-F-122006 Bayer CropScience	トウモロコシ 水稲	foramsulofuron と等量	DE4331448	2002
(構造式)	cyprosulfamide AE-0001789 Bayer CropScience	トウモロコシ ソルガム	Isoxaflutole・ Thiencarbazone-methyl と等量	WO9916744	2009

に分類されるものは，混合相手の除草剤と化学的に反応（化学分解や吸着）することで薬害軽減効果を示す。化学構造拮抗に分類されるものは，植物に対する生理活性を有さないが混合相手の除草剤と類似する構造を持つために作用点において除草剤と拮抗する。そして4番目の生理作用拮抗に分類されるものは，混合相手の除草剤とは異なる生理活性を有し，この生理活性が除草剤による薬害を低減化する。市販のセーフナーは概して除草剤の解毒代謝能を高める活性を有しているが，これとは別の植物生理活性（植物成長促進作用）を有することも少なくない。即ち，1番と4番目の性質を併せ持つものも多く見受けられる。したがって，セーフナーはまさしくアグロバイオレギュレーターと呼べる化合物であり，セーフナーの作用メカニズムを分子レベルで解析していくことが，除草剤をアグロバイオレギュレーターへと展開していく上で役立つと考えられる。

11　植物生長調節剤の動向

生育調節剤については，近年のバイオエネルギーに対する期待から再び注目されてきている。最近の開発剤としては1-methylcyclopropene（1-MCP），5-aminolevulinic acid（ALA），prohydrojasmonが報告されている（表19）。1-methylcyclopropene（1-MCP）はRohm & Haas社傘下のAgroFresh社が開発した鮮度保持剤で，エチレン受容体と結合することでエチレンの作用を阻害する[80]。対象となる作物は，リンゴやバナナ，キウイフルーツなどの果物類やトマトなどの野菜などで船舶などによる長期輸送の際に使用されている。また，切り花，鉢植え，鑑賞用植物の老化防止にも利用されている。更に近年，本剤を作物に茎葉処理することで高温や乾燥ストレスに耐性を付与できることが明らかになっており，世界の気候変動に伴うリスクに対応する新たな農業利用の開発も進められている。本分野において，AgroFresh社はシンジェンタ社と提携

表19　植物調節剤

化学構造式	一般名 開発番号 開発企業	対象作物	薬量 (主な対象雑草)	公開特許	上市年
	1-MCP AgroFresh Syngenta	トウモロコシ ダイズ　ワタ コムギ　コメ ヒマワリ キャノーラ	300～400g/ha	US5518988	2010予定
H_3N^+ Cl^- O OH	ALA KWG-601 コスモ石油	果菜　葉菜類 果樹類　花卉 チャ　イモ類 豆類	100～1000g/ha	特開平5-303791	2003
	Prohydrojasmon PDJ 日本ゼオン 明治製菓	リンゴ　ブドウ トマト　マンゴ パイナップル バナナ　チャ	600g/ha	WO96/6529	2003

し，2010年を目処の商業化を目指している[81]。

同上（ALA）は，クロロフィルやヘム等のテトラピロール環状化合物の前駆体となる天然アミノ酸であり，コスモ石油が生長促進剤として開発した。ALAは高薬量でProtox阻害剤様の枯殺作用を持ち，当初非選択性除草剤として開発が試みられたが，植物体内での移行性の低さや高薬量がネックとなりドロップしている。しかしながら，その後の地道な研究により，窒素源存在下のALA低薬量において植物生長の促進効果が見出すとともに，発酵法による生産効率の高い工業的製造法を確立させ，生育促進剤としての普及性の高い商品化に成功している[82]。ALAによる生育促進効果は，クロロフィル生合成の促進による光合成能の増強によるもので，トマト，イチゴ，ホウレンソウ，パプリカなど果菜・葉菜類はもとより，ブドウ，リンゴ，オウトウなどの果樹類，バラ，スターチス，カーネーションなどの花卉の他，チャ・イモ類・豆類などでも使用されている[83]。またALAには，低温や日照不足，乾燥や塩類障害といった環境ストレスに対する耐性の向上作用も見出されている。なお，ALAについては植物生長調節剤としての農薬登録ではなく肥料登録を取得しており，狭義では本項目に含まれないかもしれない。

Prohydrojasmonは，日本ゼオンと明治製菓が共同で開発したジャスモン酸誘導体の生育調節剤である。本剤は，アントシアニン生合成を活性化し，リンゴ，ブドウの着色を促進する作用がある。これら果実は，その着色程度が商品価値に直結することから，生産現場のニーズを捉えている。他作物に対しても検討が進められており，トマトやマンゴ，パイナップルなどでの着色・成熟促進効果，バナナやチャにおける低温耐性向上，ジベレリンとの併用による温州ミカンの浮

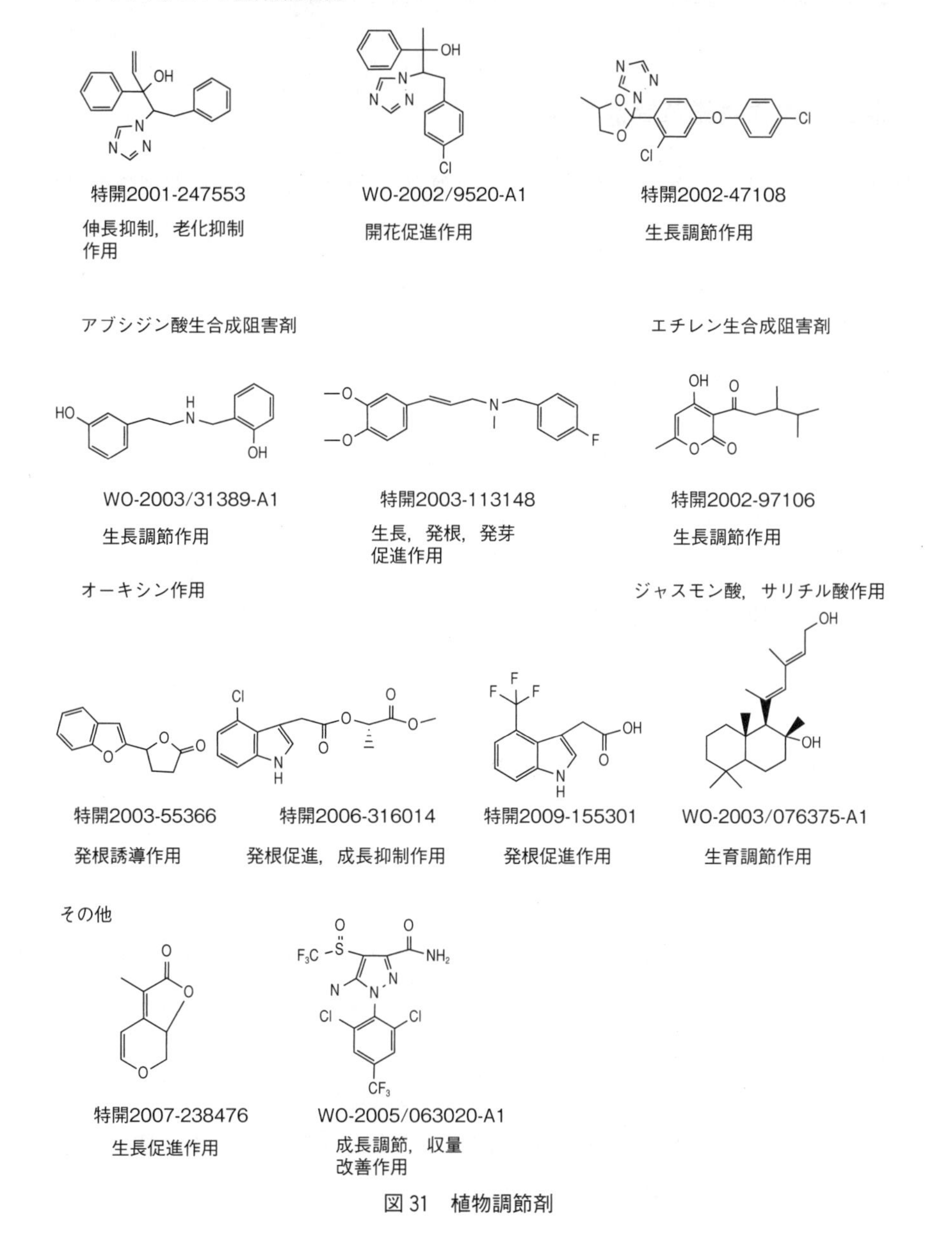

図31　植物調節剤

皮抑制効果など多岐に渡った作用が認められている[84]。

一方，特許化合物に目を移すと，オーキシン，ジベレリン，エチレンなどの植物ホルモンに関与する化合物が多く存在している。最近の特許としては近年植物ホルモンとして，認められるようになったブラシノステロイド，アブシジン酸に関与する化合物の特許が比較的多く出されている（図31）。なお，広い意味ではSAR剤も植物生育調節剤に含まれるかもしれないが，このタイプの化合物は他の項で記載されているので本稿では割愛する。

12　除草剤の作物雑草間選択性

耕種的要因に依存しているのではなく，作物と雑草の生理的な違いが除草剤の選択性要因になっている例が数多く知られている。これは，作用点の感受性差が選択性要因になる場合と薬剤の解毒代謝や移行性等の作用点以外のものが要因になる場合の2通りに分けられる。例えば，広葉作物用のACCase阻害型除草剤は作用点の薬剤感受性差が選択性要因になっているが，作用点に薬剤感受性差が認められないALS阻害型除草剤は作用点以外のものが要因になっている。作用点以外の要因として重要なのは，解毒代謝反応に関わっているチトクロムP 450（P 450），グルタチオンS-トランスフェラーゼ（GST）並びにグルコシルトランスフェラーゼと薬剤の移行に関わっているABCトランスポーターである[85,86]。タバコ，ダイズ，キクイモ，グンバイナズナなどからクロルトルロンを酸化代謝するP 450が単離されていたが，近年ベンタゾンやベンスルフロンメチルの選択性要因になっていると考えられるP 450の遺伝子（*CYP 81 A 6*）がイネから単離された[87]。一方，5つのクラスに分類されているGSTがクロロアセトアミド系除草剤の選択性に関わっていることは古くから知られていたが，近年イネからクロロアセトアミドクロロアセトアミド系除草剤に高い親和性を示すphiクラスのGSTをコードする遺伝子が単離された[88]。RNAi法でこれらの遺伝子の転写活性を抑制した組換えイネを作出すれば，除草剤のイネに対する選択性を研究する有用な材料となるだけでなく，イネ用セーフナーの開発にも利用できると考えられる。

ピリミジニルサリチル酸系ALS阻害剤であるbispyribac-sodium（BS）はインド型イネ用の除草剤であるが，日本型イネでの本剤の使用は制限されている。即ちインド型イネと日本型イネには選択幅が存在する。しかしながら，インド型イネにP 450阻害剤を処理すると，この選択幅は失われることから，インド型イネのP 450がBSの選択性に関わっていることが示されている[89]。植物には極めて多くのP 450分子種が存在することから[79]，特定の分子種の同定は容易ではないが，今後このP 450が同定されることが期待される。一方，pyroxasulfone処理したシロイヌナズナで高発現する遺伝子をシロイヌナズナのマイクロアレイで解析した結果，phiクラスのGST遺伝子が高発現している結果が得られている[90]。VLCFAE阻害型除草剤はVLCFAEの活性中心に存在するシステイン残基と反応すると考えられることから，この範疇の薬剤はGSTの触媒下のもとグルタチオンと反応して不活性化される可能性が高い。マイクロアレイの結果は，pyroxasulfoneの作物と雑草間の選択性にはGSTが関わっていることを示している可能性が高いと考えられる。

13　除草剤抵抗性（耐性）

選択性の場合と同様に除草剤抵抗性も作用点変異によるものとそれ以外のものに分けられるが，ここでは作用点変異について述べる。現在までに，全世界で250種類以上にのぼる除草剤抵抗性雑草が報告されており，その内，ALS阻害型除草剤に対して抵抗性を示す雑草種の報告は100種以上にのぼる。国内においても少なくとも14種類のALS阻害型除草剤抵抗性雑草が報告されている[91)]。最初のALS阻害型除草剤抵抗性雑草はアメリカ国内で確認された。その後，日本でも抵抗性雑草の遺伝子変異が解明され[92～97)]，現在ではALSタンパク質中で保存されているアミノ酸のそれぞれ別の場所の少なくとも6つの変異がALS阻害型除草剤抵抗性を付与することがわかっている[98,99)]。

一方，スルホニルウレア系除草剤を開発したデュポンでは，作用点を明らかにする前から，本除草剤抵抗性を付与した作物を育成することを目的に本除草剤抵抗性植物や微生物の作出を始め，作用点が解明された2年後の1986年には，タバコ及び酵母菌並びに大腸菌のALS遺伝子変異をもとにした膨大なデータを有する変異型ALS遺伝子の特許が出願された。他方では，別の研究グループがイミダゾリノン系除草剤に対して抵抗性を示す変異についても研究を進め，スルホニルウレア系除草剤抵抗性に関与する変異とは異なる変異を見出した。現在までに報告されている作物及びシロイヌナズナ由来のALSの変異は抵抗性雑草で報告されている変異と酷似している。クミアイ化学も薬剤との共存培養によりBSに抵抗性を示すイネ培養細胞を作出して，その培養細胞から新規なW 548 L/S 627 I　2点変異型ALS遺伝子（DDBJ accession number：AB 049823）を単離した[100)]。この変異型ALS遺伝子は，植物形質転換の選抜マーカー遺伝子として有効利用されている[101～105)]。

14　除草剤耐性作物

除草剤に対して耐性を示す作物を作出する方法は，変異育種等の従来法によるものと遺伝子組換えによるものの2つの方法がある（作物が示す除草剤抵抗性は耐性という表現を用いる）。変異育種により作出された作物の代表的なものはイミダゾリノン系除草剤に対して耐性を示す前述のクリアフィールド作物である。一方，遺伝子組換え技術を使った除草剤耐性作物については，グリホサート耐性と合わせてさらにもう1つの除草剤耐性形質を持たせることが最近の流れである（二重形質除草剤耐性作物）。これは，グリホサート抵抗性雑草の出現が引き金になっていると考えられる。2形質を持つ組換え植物は，それぞれ1形質を持つ組換え植物を掛け合わせることにより作出できるが，遺伝子組換え手法により2形質を導入したケースとしては，デュポンの

Optimum GAT ダイズ及びトウモロコシが挙げられる[106]。これはデュポンが独自に開発したグリホサート耐性遺伝子（グリホサート不活性遺伝子）と古くから有している ALS 阻害型除草剤耐性遺伝子（変異型 ALS 遺伝子）の２つの遺伝子技術を融合させたものである[107]。研究レベルであるが，クミアイ化学も bispyribac-sodium 耐性を示す W 548 L/S 627 I　2 点変異型 ALS 遺伝子を組み込んだイネの作出に成功している[108]。

15　作用点研究を基盤とする除草剤研究の今後の方向性

雑草制御の中での除草剤研究の位置付けと作用点研究の意義を確認した上で，アグロバイオレギュレーターとしての除草剤開発の今後の方向性を主に作用点研究の観点から考察したい。

雑草制御の方法は耕種的制御（栽培技術），化学的制御（有機合成化合物及び天然物利用），生物学的制御，品種改良による制御（育種技術）に分けることができる。これらをふまえて雑草制御の有力な道具となる除草剤の実用化研究を区分けすると，有機合成化合物を利用する方法，天然物を利用する方法並びに生物を利用する方法の大まかに３つに分けることができる。除草活性化合物の発見から除草剤として実用化されるまでの過程は創製研究，開発研究，普及研究に区別され，さらに創製研究はリード化合物の発見を目的とする探索研究とリード化合物を最適化して実用的な除草活性化合物を発明する選抜研究に二分できる[109]。この区分に従って考えると，作用点研究はおおむね開発研究に位置し，その成果を利用する *in vitro* の生物検定は選抜研究であり，また作用機構が未知の化合物の作用点解明研究は探索研究に属すと考えられる。一方，選択性や抵抗性に関する研究は開発研究と普及研究に属すが，抵抗性研究に関しては，変異した作用点を新たに阻害する化合物を設計するような場合には探索研究になると考えられる。

有機合成除草剤の研究開発は，化合物の合成に始まり，化合物の物性測定，生物活性検定，動植物安全性評価，環境安全性評価，製剤化，施用法構築など多岐にわたっている。化合物には，高い除草活性，広い除草スペクトラム，高度な選択性と選択毒性，低残留性が求められ，製剤には安定性，拡散性，利便性などが求められる。生物活性検定の範疇に入る作用点研究は薬剤の合成設計に利用できるだけでなく，薬剤の選択性や選択毒性を理解する上で欠かせないものである。また，実用場面では交差抵抗性の予測に役立つ[110]。

前述した除草剤の作用点の研究については，次のような点を留意すべきである。ALS，HPPD の２つの作用点は，植物以外の生物材料を使った研究が端緒となり解明された。ALS はバクテリアを材料とした研究から，HPPD は動物におけるチロシン代謝物の異常蓄積から解明された。即ち，これら２つの作用点解明に関しては，植物の生理学や生化学的な知見は直接役立っていない。むしろ作用点が解明されたことにより，植物生理や生化学に有益な知見がもたらされたと言える。また，PPO阻害型除草剤の作用点解明に当たっては，動物のポルフィリン代謝の知見が大きな役割を果たした。これらのことは，作用点の解明研究は異分野融合型研究であることを示している。もう1つ留意すべき点は，VLCFAE作用点解明研究には植物のモデルとして緑藻類が利用されたことである。作用点研究においてはモデル系がたいへん重要であり，バクテリアに対する効果がアミノ酸添加で回復することが端緒となって作用点が解明されたALS阻害型除草剤もサルモネラ菌というモデル系を利用したと考えることができる。除草剤の作用点は雑草を材料とするよりも，扱いが簡単なモデル的な植物や微生物を材料として解明される場合が多い。また安全性研究の知見が契機になり解明される場合もある。

しかしながら，近年植物に関してもいわゆるオミクス研究（ゲノミクス，トランスクリプトミクス，プロテオミクス並びにメタボロミクス）が盛んになり，ジェネティクスとこれらの技術を利用すれば植物を材料とした研究だけで比較的短期間に作用点が解明できる可能性がでてきたように思われる。シロイヌナズナのマイクロアレイやイネゲノムプロジェクトの成果をもとに開発された再現性の極めて高いイネのマイクロアレイ[111]を利用すれば，作用点の違う薬剤毎に遺伝子発現のプロファイリングが可能であるので，このようなデータを蓄積しておけば，新規に開発する除草剤が未知作用点を持つか否かを比較的短期間で判断できる。また作用点が解からない薬剤については，いわゆるケミカルバイオロジー[112,113]のケミカルプロテオミクスやケミカルジェネティクスの手法が作用点解明に役立つと考えられる。ケミカルプロテオミクスの方法としては，薬剤をリガンドとする担体を作製してリガンドとの親和性で作用点タンパク質を単離することが考えられ，このための優れた担体が開発されている[114]。ケミカルジェネティクスの手法としては，一塩基置換した変異体が多く得られるEMSやMNU等の変異原処理したシロイヌナズナやイネの中から薬剤抵抗性を示す変異株を選択して，抵抗性を付与している変異遺伝子をポジショナルマッピングで同定することが考えられる。この方法でピコリン酸タイプのオーキシン型除草剤が2,4-Dとは別のオーキシン受容体に結合することが証明されている[115]。また，アクチベーションタグライン[116]やフォックスハンティングライン[117]の中に抵抗性株を見出すことができれば短期間での作用点解明が可能である。

除草剤をアグロバイオレギュレーターとして展開していく上では，すでに作用点が解明されている薬剤については，植物の最先端研究の成果を有効に活用して，植物に及ぼす薬剤の影響を多面的に掌握する必要がある。また，最先端技術を利用して，除草剤の新規作用点を見出すことが今後の新規除草剤開発の牽引力になると考えられる。除草剤の作用機構は勿論，選択性や抵抗性に関する研究を進めることは，学術面では，植物の生理，生化学，さらに進化の基礎生物学に，応用面では作物学，園芸学，植物育種学等にも有用な知見を与えるものと考えられる。

文　献

1）Beyer P. *et al., Planta,* **150**, 435–438（1980）
2）LaRossa R. A. *et al., J. Biol. Chem.,* **259**, 8753–8757（1984）
3）Ray T. B. *Plant Physiol.,* **75**, 827–831（1984）
4）Rubin J. L. *et al., Plant Physiol.,* **75**, 839–845（1984）
5）Leason M. *et al., Phytochem.,* **21**, 855–857（1982）
6）Tachibana K. *et al., J. Pestic Sci.,* **11**, 27–31（1986）
7）Matringe M. *et al., Pestic. Biochem. Physiol.,* **26**, 150–159（1986）
8）Matringe *M. et al., Biochem. J.,* **260**, 231–235（1989）
9）Burton J. D. *et al., Biochem. Biophys. Res. Commun.,* **148**, 1039–1044（1987）
10）Lindstedts., *The Lancet,* **340**, 813–817（1992）
11）Schulz A. *et al., FEBS LETTERS,* **318**, 162–166（1993）
12）Böger P. *et al., Pestic. Manage. Sci.,* **56**, 497–508（2000）
13）新農薬開発の最前線—生物制御科学への展開—，山本出 監修，シーエムシー出版（2003）
14）小西智一ほか，植物の化学調節，**31**，134–142（1996）
15）平井憲次ほか，新農薬開発の最前線—生物制御科学への展開—，山本出 監修，シーエムシー出版，p.136（2003）
16）T. J. Kim *et al.,* The BCPC International Congress: Crop Science and Technology, Volumes 1 and 2. Proceedings of an international congress held at the SECC, Glasgow, Scotland, UK, 10–12 November（2003）
17）神谷雄次ほか，第 26 回農薬生物活性研究会シンポジウム講演要旨，pp.25–28（2008）
18）Takahashi A. *et al., Weed Biol. Manage.,* **2**, 84–91（2002）
19）Muehlebach M. *et al.,* Pesticide Chemistry, Crop Protection, Public Health, Environmental Safety, Wiley–VCH Verlag GmbH & Co. KGaA, pp.101–110（2007）
20）U. Hofer *et al.,* Zeitschrift mr Pnanzenkrankheiten und Pnanzenschutz Sonderhd xx, 989–995（2006）
21）Tanaka Y. *et al., Weed Biol. Manage.,* **6**, 115–119（2006）
22）田中易ほか，雑草研究，**42**（別），40–41（2003）
23）S. Howard *et al.,* Proc. BCPC Conference 2001 – Weeds, pp. 29–34
24）W. Krämer *et al.,* Modern Crop Protection Compounds Vol.1, 2007, pp. 61–62
25）D. S. Kim *et al.,* Proc. BCPC Conference 2003 – Weeds, pp. 87–92
26）B. D. Philbook *et al.,* Proc. 2007 North Central Weed Science Society 62, p. 150
27）Johnson T. C. *et al.,* Pesticide Chemistry, Crop Protection, Public Health, Environmental Safety, Wiley–VCH Verlag GmbH & Co. KGaA, pp.89–100（2007）
28）I. Shiraishi, *J. Pestic Sci.,* **30**, 265–268（2005）
29）Pyroxsulam Technical Bulletin <http://ipm.montana.edu/Training/CPMS/2008/pyroxsulam%20 technical%20 bulletin.pdf>
30）特許公表　2004–512326
31）Tan S. *et al., Pestic Manage. Sci.,* **61**, 246–257（2005）

32）花井涼，今月の農業，**52**（10），53-58（2008）
33）Hawkes T. R., BCPC Monograph, No.42, pp.131-138（1989）
34）清水力，日本農薬学会誌，**22**，245-256（1997）
35）Lee T. Y. *et al., Biochemistry,* **40**, 6836-6844（2001）
36）McCourt J. A. *et al., PNAS,* **103**, 569-573（2006）
37）Schloss J. V. *et al., Nature,* **331**, 360-362（1988）
38）Kawai K. *et al. J. Pestic. Sci.,* **33**, 128-137（2008）
39）J. A. McCourt *et al., PNAS,* **103**, 569-573（2006）
40）若林功，日本農薬学会誌，**32**，61-63（2007）
41）IMPACT Herbicide Technical Information and use guide, Amvac Chemical Corporation <http://www.impactherbicide.com/PDFs/techbulletin.pdf>
42）Agrow, No. 535, 2008, p. 22
43）*Research & Innovation Bayer CropScience Journal,* <http://www.bayercropscience.com/bcsweb/ cropprotection.nsf/id/>
44）峯岸なつこほか，雑草研究，**54**（別），11（2009）
45）清水力ほか，未発表データ
46）Matsumoto H. *et al., Weed Biol. Manage.,* **2**, 39-45（2002）
47）関野景介，日本農薬学会誌，**27**，388-391（2002）
48）I. M. Fritze *et al., Plant Physiol.,* **134**, 1388-1400（2004）
49）Agrow, No. 434, 2003, p 26
50）A. Zoschke *et al., J. Weed Sci. Tech.,* **43**, 126（1998）
51）A. Caren *et al., North Central Weed Science Society Proc.,* **63**, p. 13（2008）
52）協友アグリ技術資料，http://www.kyoyu-agri.co.jp/prod/pdf/pyraclonil.pdf
53）Shimizu T. *et al., Plant Cell Physiol.,* **36**, 625-632（1995）
54）堀越守，日本農薬学会誌，**24**，328-335（1999）
55）US Patent 5767373
56）山地充洋ほか，雑草研究，**50**（別），54（2005）
57）岡村充康ほか，日本農薬学会第33回大会講演要旨集，p.37（2008）
58）平井憲次ほか，新農薬開発の最前線―生物制御科学への展開―，山本出 監修，シーエムシー出版，p.175（2003）
59）Wakabayashi K. *et al., Weed Biol. Manage.,* **4**, 59-70（2004）
60）Kato S. *et al., J. Pestic. Sci.,* **30**, 7-10（2005）
61）Y. Tanetani *et al., Pestic Biochem Physiol.,* **95**, 47-55（2009）
62）Sandmann G. *et al., J. Pestic. Sci.,* **10**, 19-24（1985）
63）Watanabe Y. *et al.,* Book of Abstract（2） of 11 th IUPAC ICPC, p.125（2006）
64）平井憲次ほか，新農薬開発の最前線―生物制御科学への展開―，山本出 監修，シーエムシー出版，pp.178-179（2003）
65）出光興産HP上技術資料，
http://www.idemitsu.co.jp/agri/golf/idetop/index.html
66）Bayer CropScience Press Release <http://www.bayercropscience.com/BCSWeb/CropProtection.nsf/id/EN_20090209>

67） W. Krämer *et al.*, Modern Crop Protection Compounds Vol.1, pp. 389-396（2007）
68） K. C. Vaughn *et al.*, *Protoplasma*, **216**, 80-93（2001）
69） Bryant R. *et al.*, *AG CHEM NEW COMPOUND REVIEW*, **23**, p.18 and p.105（2005）
70） S. Koo *et al.*, Weed Sci. Soc. America 2008 Meeting, Section 3, p. 43
71） 平井憲次ほか，新農薬開発の最前線—生物制御科学への展開—山本出 監修，シーエムシー出版，p.179（2003）
72） Morinaka H. *et al.*, *Weed Research, Japan*, **38**, 12-19（1993）
73） Farhatoglu Y. *et al.*, *Pestic. Biochem. Physiol.*, **85**, 7-14（2006）
74） Takahashi A. *et al.*, *Weed Biol. Manage.*, **1**, 182-188（2001）
75） 清水力ほか，植物防疫，**48**，433-436（1994）
76） Bryant R. *et al.*, *AG CHEM NEW COMPOUND REVIEW*, **23**, p.104（2005）
77） W. Krämer *et al.*, Modern Crop Protection Compounds Vol.1, pp. 270-278（2007）
78） Bayer CropScience Balance Flexx Technical Information <http://www.bayercropscience.us/bayer/cropscience/bcsus.nsf/id/Intp_Balance_Flexx_corn_herbicide_knocks_out_tough_weeds_with_the_power_of_Recharge/$file/2009%20 Balance%20 Flexx%20 Overview.PDF>
79） K. K. Hatzios, Crop Safners for Herbicides edited by K. K. Hatzios and R. E. Hoagland, Academic Press Inc., pp. 65-101（1989）
80） 三井萬丈，植物の生長調節，**41**（2），163-169（2006）
81） Biotechnology Japan, <http://biotech.nikkeibp.co.jp/BIO.jsp>
82） 田中徹ほか，植物の生長調節，**40**（1），22-29（2005）
83） <http://www.pentakeep-world.com/jtop.html>
84） 腰山雅巳，植物の生長調節，**41**（1），24-33（2006）
85） Ohkawa H. *et al.*, *J. Pestic. Sci.*, **24**, 197-203（1999）
86） Yuan J. S. *et al.*, *TRENDS in Plant Sci.*, **12**, 6-13（2006）
87） Pan G. *et al.*, *Plant Mol. Biol.*, **61**, 933-943（2006）
88） Cho H. Y. *et al.*, *Pestic. Biochem. Physiol.*, **83**, 29-36（2005）
89） 清水力ほか，未発表データ
90） 河合清ほか，未発表データ
91） <http://jhrwg.ac.affrc.go.jp/JHRWG.html>
92） Uchino A. *et al.*, *Weed Biol. Manage.*, **2**, 104-109（2002）
93） Wang G. X. *et al.*, *Pestic. Biochem. Physiol.*, **80**, 43-46（2004）
94） Lin Y. *et al.*, *J. Pestic. Sci.*, **29**, 1-5（2004）
95） Shimizu T. *et al.*, ACS Symposium Series 899（American Chemical Society），pp.255-271（2005）
96） Uchino A. *et al.*, *Weed Biol. Manage.*, **7**, 89-86（2007）
97） Inagaki H. *et al.*, *Pestic. Biochem. Physiol.*, **89**, 158-162（2007）
98） 内野彰，日本農薬学会誌，**28**，479-483（2003）
99） 角康一郎ほか，雑草研究，**51**（別），140-141（2006）
100） Kawai K *et al.*, *J. Pestic. Sci.*, **32**, 89-98（2007）
101） 清水力，植調，**39**，129-140（2005）
102） K. Osakabe *et al.*, *Molecular Breeding*, **16**, 313-320（2005）

103）M. Tougo *et al., Plant Cell Report,* **28**, 769–776（2009）
104）H. Sato *et al., HortScience,* **44**, 1–4（2009）
105）K. Kawai *et al., Plant Biotechnology,* submitted.
106）<http://biotech.nikkeibp.co.jp/bionewsn/detail.jsp?id=20037637>
107）<http://www.bch.biodic.go.jp/download/lmo/public_comment/DP_356043_5 ap.pdf>
108）K. Kawai *et al., J. Pestic. Sci.,* **32**, 385–392（2007）
109）萩本宏，雑草研究，**46**，56–59（2001）
110）松中昭一，雑草研究，**46**，118–122（2001）
111）Nagamura Y. *et al.,* Program and Abstracts of the 5 th International Symposium of Rice Functional Genomics, PO–019（2007）
112）上杉志成，現代化学，2004 年 12 月号，pp.49–55
113）大和隆志，現代化学，2006 年 9 月号，pp.50–55
114）坂本聡ほか，化学と生物，**45**，712–717（2007）
115）Walsh T. A. *et al., Plant Physiol.,* **142**, 542–552（2006）
116）<http://www.brc.riken.jp/lab/epd/catalog/plantc.shtml>
117）Ichikawa T. *et al., The Plant J.,* **45**, 974–985（2006）

コラム

ストリゴラクトンの植物成長調整剤としての応用可能性

米山弘一*

ストリゴラクトン（strigolactone，SL）は3環性の母核（ABC部分）に，ブテノライド（D環）がエノールエーテル結合した特徴的な構造を有する植物の二次代謝産物である（図1）。最初に報告されたSLであるストリゴール（1）[1]は，ワタの根の滲出液から，根寄生雑草ストライガ（*Striga*）の種子発芽刺激物質として単離構造決定された。現在までに10種類以上のSL[2]が報告されているが，その大部分は根寄生雑草（*Striga*，*Orobanche*，*Alectra*）種子に対する発芽刺激活性を指標として単離構造決定された。その後の研究から，植物は，根に共

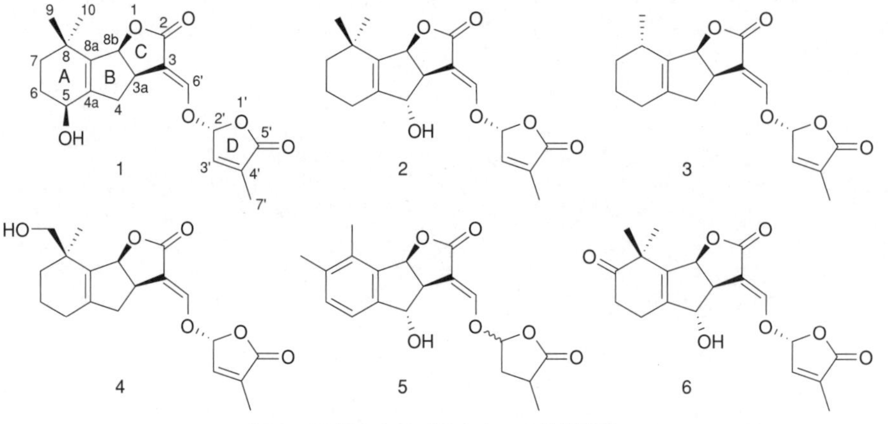

図1　天然ストリゴラクトンの化学構造
ストリゴラクトン（1），オロバンコール（2），ソルゴラクトン（3），ソルゴモール（4），ソラナコール（5），7-オキソオロバンコール（6）

＊ Koichi Yoneyama　宇都宮大学　雑草科学研究センター　教授

生するアーバスキュラー菌根菌（AM菌）の宿主認識物質[3]としてSLを分泌していることが明らかとなった。すなわち，一般の植物から進化した根寄生雑草は，SLを宿主の根を見つけ出すためのシグナルとして利用しているわけである。

植物の根から極微量が分泌されるSLは土壌中で不安定であり，急速に分解する。そのため，菌糸分岐および種子発芽刺激に十分な量のSLは，宿主としてふさわしい，生命活動の活発な根の極近傍に短期間だけ存在するのであろう。しかし，アブラナ科植物のシロイヌナズナ[4]やマメ科植物のホワイトルーピン[5]など，AM菌と共生しない植物もSLを生産・分泌していることから，SLは，共生・寄生のシグナル以外に，未知の役割を担っていることが予想された。その後，枝分かれ過剰変異体の解析から，SLあるいはその代謝物が，枝分かれを抑制する植物ホルモン[6,7]であることが分かった。すなわちSLは，根から放出されるとAM菌および根寄生雑草の宿主認識物質として，植物体内では枝分かれを抑制する植物ホルモンとして機能している。このようなSLの示す3種類の生理活性は，それぞれ，①AM菌との共生促進による植物生産性の向上と環境耐性の付与，②根寄生雑草の制御，および③枝分かれの制御による着花（果）数およびイネのげつ調節などへのSLおよびその類縁体の利用可能性を示唆している。

根寄生雑草の種子発芽におけるSLの構造要求性は比較的良く研究されているが，AM菌の菌糸分岐や，枝分かれ抑制における構造要求性についての情報は限られている。根寄生雑草種子発芽刺激活性を有する天然のSLおよび代表的な合

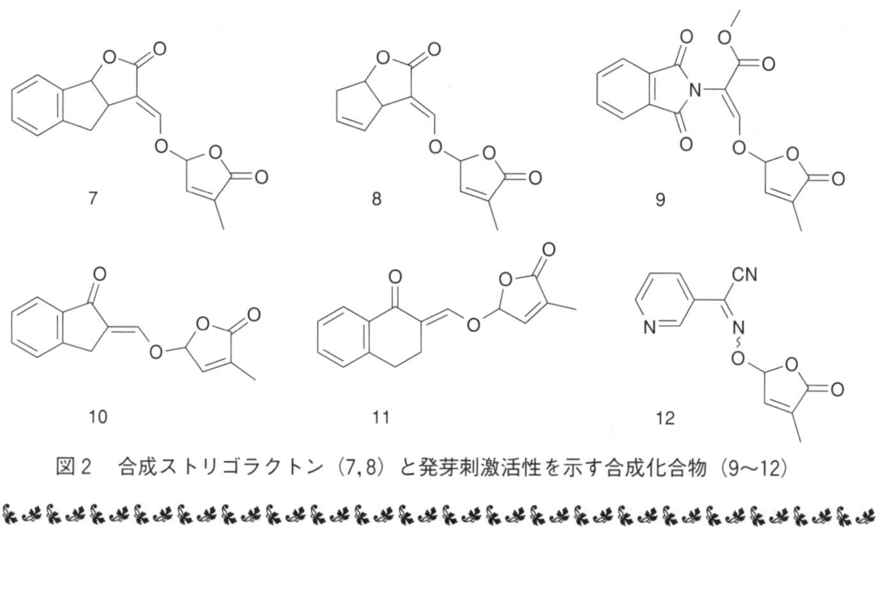

図2　合成ストリゴラクトン（7,8）と発芽刺激活性を示す合成化合物（9～12）

成SLであるGR 24（7）は，AM菌の菌糸分岐活性[3]と枝分かれ抑制活性[6,7]を示す（図2）。

種子発芽刺激活性に必要な構造要素は，C／D環部分と考えられており，実際に天然SLは全てこの構造要素を含んでいる[2]。その他，合成類縁体による構造活性相関の検討結果などを総合すると，D環の構造は高活性発現に極めて重要と考えられる。実際に，A環の欠けているGR 7（8），ABC部分を持たないNijmegen-1（9），インダノン誘導体（10），テトラロン誘導体（11）[8]およびイミノ誘導体（12）[9]も強い発芽刺激活性を示す（図3）。これらの発芽刺激活性物質のAM菌菌糸分岐および枝分かれ抑制活性の詳細は報告されていない。しかしGR 24のエノールエーテル部分を飽和型に変換した化合物は発芽刺激活性を完全に喪失しているもののAM菌の菌糸分岐誘導活性を維持している[10]ことなどから，これらの化合物は新しいタイプの植物成長調整剤（PGR）のリードとなりうる。

一方，SLの生合成経路に影響を与える物質もPGRとして利用可能である。SLはカロテノイドから生合成されることから，カロテノイド生合成を阻害するフルリドンなどの除草剤は，SL生合成を阻害する[11]。PGRとして利用する場合にはSL合成に特異的に作用する方が望ましく，カロテノイド酸化開裂酵素（carotenoid cleavage dioxygenase，CCD）を標的とすべきであろう。アーバミン（13）[12]は，アブシジン酸生合成に関与する9-*cis*-epoxycarotenoid dioxygenase（NCED）の阻害剤であるが，SLの生合成も低下させる。D 2（14）[13]は特異的なCCD阻害剤であり，NCEDは阻害しない。これらのCCD阻害剤も新しいPGRのリード化合物となりうる。

以上のような潜在的なリード化合物から，例えば，AM菌の共生を促進するが，寄生雑草の発芽を誘導せず，枝分かれを妨げないようなPGRの開発が期待される。そのためには，それぞれの生理

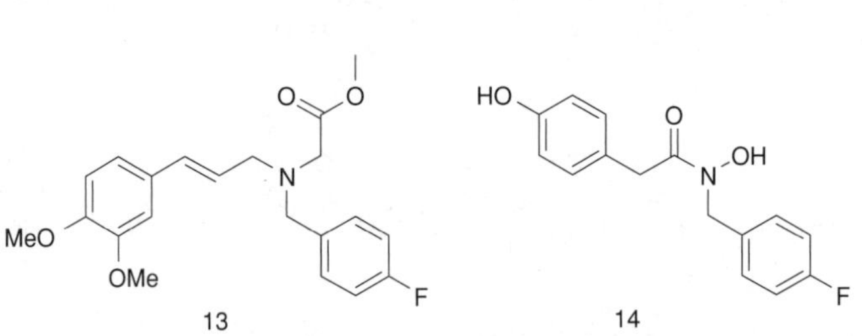

MeO OMe N O O F 13
HO O N OH F 14

図3　カロテノイド酸化開裂酵素阻害剤
アーバミン（13），D 2（14）

活性発現に係わる受容体およびシグナル伝達経路の解明が鍵となる。

文　　献

1) C. E. Cook *et al., Science*, **154**, 189 (1966)
2) K. Yoneyama *et al., Pest Manag. Sci.*, **65**, 467 (2009)
3) K. Akiyama *et al., Nature*, **435**, 824 (2005)
4) Y. Goldwasser *et al., Plant Growth Regul.*, **55**, 21 (2008)
5) K. Yoneyama *et al., New Phytol.*, **179**, 484 (2008)
6) V. Gomez-Roldan *et al., Nature*, **455**, 189 (2008)
7) M. Umehara *et al., Nature*, **455**, 195 (2008)
8) B. Zwanenburg *et al., Pest Manag. Sci.*, **65**, 478 (2009)
9) Y. Kondo *et al., Biosci. Biotechnol. Biochem.*, **71**, 2781 (2007)
10) 秋山康紀ほか，植物の生長調節，**42** (Suppl.)，77 (2007)
11) R. Matusova *et al., Plant Physiol.*, **139**, 920 (2005)
12) N. Kitahata *et al., Bioorg. Med. Chem.*, **14**, 5555 (2006)
13) M. J. Sergeant *et al., J. Biol. Chem.*, **284**, 5257 (2009)

第7章　製剤・施用技術の動向

川島和夫*

1　はじめに

我国では農業従事者の高齢化，輸入農産物の増大等の諸問題を抱える中，2007年から品目横断的経営安定対策の導入に伴う交付金の変更により，日本の農業は大きな転換期を迎えようとしている。一方，農薬を取巻く環境として2006年からポジティブリスト制度の導入による現場での農薬散布時の飛散防止対策，さらに新規農薬の開発費が約100億円を超えるほど増大し，開発期間についても最低10年を要して長期化すること等が挙げられる。このような状況下，社会の多様なニーズに応えるため，製剤技術の重要性が高まり，新規製剤および施用技術の開発が過熱化している。有効成分（原体）がそのまま農薬として田畑に散布されることはなく，製剤の形に加工されて使用されるので製剤の良し悪しが農薬としての性能および安全性を決定づけることになる。

農薬は通常10アール当たり数グラム～数百グラムの原体で十分な効果を発現するが，原体単独をこのような低い薬量で広範囲に均一に散布することは非常に困難である。そのため，医薬品にカプセル，錠剤や軟膏等があるように，農薬も使いやすく，防除作用を効果的に発現させるために様々な形に仕上げられている。これを製剤技術と呼び，活性成分である原体以外に不活性成分として粘土鉱物，水，有機溶剤，界面活性剤，ポリマーや色素等の補助剤を加えて希釈され，農業現場での使用に適した剤型に加工されている。最近は使い易さだけでなく，人畜や環境への悪影響をより少なく，かつ省力・省資源の視点から製剤研究が進められている。製剤技術の主な目的として下記の5点が挙げられる[1,2]。

①原体を利用しやすい形に加工し，加工された製剤は使用するまで安定である

②原体の効果を最大限に発揮させるだけでなく作物等への薬害を最小限に抑制する

③人畜への毒性および環境への悪影響を最小限に抑制する

④作業性を改善し，省力化・省資源化する

⑤既存原体を機能化し，効果を高めて用途を拡大させる

＊ Kazuo Kawashima　花王㈱　ケミカル事業ユニット　油脂事業グループ
香粧医農薬営業部　部長，技術士（農業部門）

2　農薬製剤の種類と剤型推移

農林水産省監修の農薬要覧によると，農薬製剤はその形状と使用方法に基づき粉剤，粒剤，乳剤・液剤，水和剤，粉粒剤，その他の6種類に大別され，固形剤と液剤の2種の剤型はさらに細かく分類される（表1）[3]。日本の農薬製剤の総生産量は1974年度の74万7千トンをピークとして減少を続けており，2007年度はピーク時の64％減の27万トン，前年比でも2.6％減である（図1）。用途別では殺虫剤が9万9千トン，除草剤が7万4千トン，殺菌剤が5万3千トン，殺虫殺菌剤が2万5千トン，展着剤が約3千トンであるのに対し，剤型別では粒剤が10万4千トン，粉剤が4万トン，乳剤・液剤が4万3千トン，水和剤が3万2千トンである。剤型別に生産量の推移をみると1960～70年代は粉剤が最も多い製剤であったが，1985年を境に粉剤に替わって粒剤の比率が高まっている。また過去10年の推移を見ると乳剤や水和剤は微減する傾向にあるが，新規製剤が分類上は既存の剤型に分類されるため，生産量だけでなく製品数を細かく

表1　主要な農薬製剤の分類と使用方法

形状	剤型	製剤形態	使用方法
固形剤	粉剤	微粉体	そのまま器具で散布
	（一般）粉剤	微粉体	そのまま器具で散布
	DL粉剤	微粉体	そのまま器具で散布
	FD粉剤	微粉体	そのまま器具で散布
	粉粒剤	微粉体	そのまま器具で散布
	細粒剤F	微粉体	そのまま器具で散布
	微粒剤F	微粉体	そのまま器具で散布
	粒剤	粒体	そのまま器具で散布
	水和剤	微粉体	水で希釈して器具で散布
	水溶剤	微粉体	水で希釈して器具で散布
	顆粒水和剤（DF，WDG，WG）	顆粒体	水で希釈して器具で散布
	錠剤	錠形	水で希釈して器具で散布又はそのまま散布
	ジャンボ剤	発泡錠形又は水溶性包装	そのまま手で散布
液剤	乳剤	透明液体	水で希釈して器具で散布
	液剤	透明液体	水で希釈して器具で散布又はそのまま散布
	フロアブル（FL，ゾル，SC）	白濁液体	水で希釈して器具で散布又はそのまま散布
	濃厚エマルション（EW，CE）	白濁液体	水で希釈して器具で散布
	マイクロエマルション（ME）	透明液体	水で希釈して器具で散布
	サスポエマルション（SE）	白濁液体	水で希釈して器具で散布
	マイクロカプセル（MC，CS）	白濁液体	水で希釈して器具で散布
	油剤	油状液体	そのまま又は有機溶剤で希釈して散布

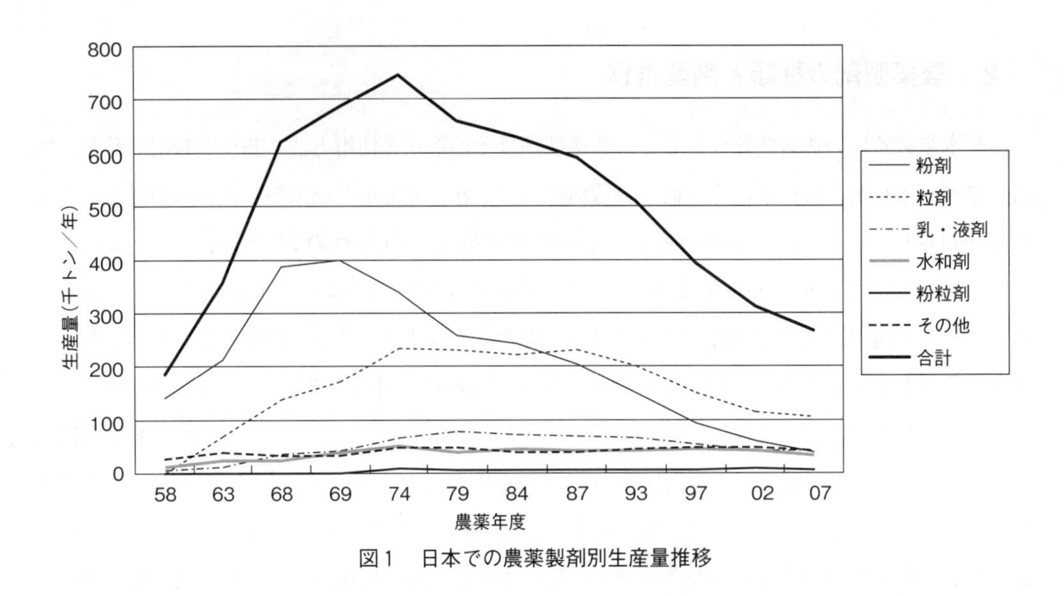

図1　日本での農薬製剤別生産量推移

解析することによって初めてフロアブルと顆粒水和剤が顕著に増加していることが分かる（表2）。農薬全体の減少の理由として水稲減反による農薬使用量の減少，さらに農薬の高性能化や剤型の変化等による単位面積当たりの農薬製剤の使用量減が挙げられる。

特許庁の解析によると[4]，1978年から2000年3月までに日本で公開された農薬関連の特許・実用新案の出願件数は約31000件ある。その内訳として病気防除20％，害虫防除18％，雑草防除17％，混合剤26％であり，製剤関係は19％を占める。製剤の技術課題として農作業の軽減化や省力化，農業従事者や環境に配慮した農薬施用技術の改善があり，さらに新規原体開発の減少を背景とした既存農薬の差別化や作用スペクトラム拡大の必要等から，製剤の技術開発の重要性が高まっている。製剤の技術開発に関連する出願は1980年代以降，明らかに増加傾向にある。具体的には有機溶剤の毒性を回避するために水を媒体として使用するフロアブルや濃厚エマルション等，粉塵問題を回避するためのフロアブルや顆粒水和剤等，マイクロカプセルやコーティング剤等の放出制御製剤，省力化を可能にする1キロ粒剤やジャンボ剤等多くの開発成果がある（図2）。このような技術動向を踏まえて既存の農薬製剤の課題を解決するために新規の製剤開発が進められている。

3　農薬製剤における界面活性剤の機能と役割

日本で販売されている界面活性剤は5000種を超える製品があり，様々な業種において特有な界面活性剤が使用されている。界面活性剤は陰イオン性（アニオン），非イオン性（ノニオン），

表2　農薬用途別フロアブルおよび顆粒水和剤の生産量および製品数の推移

	用　途	平成9農薬年度	平成14農薬年度	平成19農薬年度
FL	殺虫剤	841（13）	1632（30）	1668（39）
	殺菌剤	2913（40）	4818（55）	3653（70）
	殺菌・殺虫剤	355（6）	592（9）	365（17）
	除草剤	3024（21）	4046（72）	3281（93）
	その他	14（5）	51（6）	63（5）
	小計	7147（85）	11139（172）	9030（224）
DF	殺虫剤	20（1）	261（10）	637（15）
	殺菌剤	76（4）	762（17）	862（30）
	殺菌・殺虫剤	0（0）	33（1）	60（5）
	除草剤	178（6）	206（17）	165（24）
	小計	274（11）	1252（45）	1724（74）

FL：フロアブル　　DF：顆粒水和剤
数字：トン　　（　）：製品数

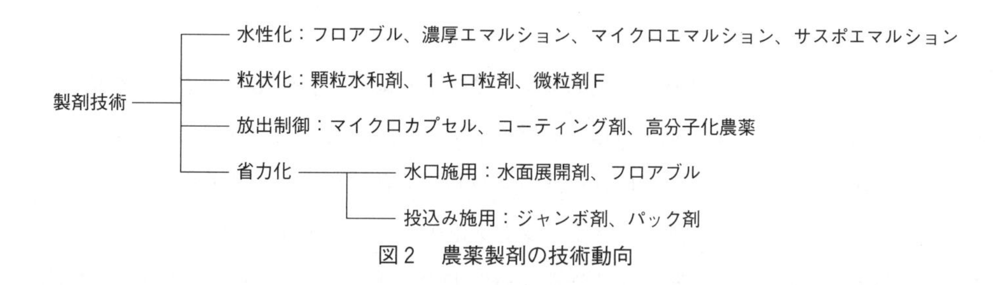

図2　農薬製剤の技術動向

陽イオン性（カチオン），両イオン性の4種類に大別されるが，農薬を主体とする農業分野において使用されている界面活性剤はノニオンとアニオンを主体として界面活性剤の総生産量の中で僅か2％弱の約1万トンと推定される。原体の物理化学的性状や作用特性，さらに使用目的等に応じて様々な製剤があり，農薬製剤化において不活性成分として様々な補助剤が配合されているが，界面活性剤が最も重要な役割を果たしている。主要な農薬製剤について選定される界面活性剤の機能と役割を液剤および固形剤別にまとめた（表3）。

界面活性剤が示す特有な性質の中でCMC，クラフト点，曇点，HLB値やPIT等は，原体を製剤化する際に重要な因子となるので，界面活性剤の選定に当たり必要な情報であると共に界面科学の基本的な知識が重要になる。まず第一に農薬散布時の製剤物性の挙動を把握する必要があり，水溶液系の微粒子分散系の分散・凝集に関して以下に挙げる理論がある。

表3　主要な農薬製剤における界面活性剤の機能と役割

形　状	剤型名	界面活性剤の機能	界面活性剤の役割
液剤	乳剤	乳化剤	散布液のエマルション安定化
	液剤	湿潤剤	散布液の濡れ性・浸透性の向上
	油剤	溶解剤	散布液の溶解性・浸透性の向上
	マイクロエマルション	可溶化剤	製剤の透明なエマルション安定化
	濃厚エマルション	乳化剤	製剤のエマルション安定化
	フロアブル	分散・乳化剤	散布液のサスペンション安定化
固形剤	粉剤	流動性改良剤 帯電防止剤	製造時に分散性の改善 散布時に分散性の向上
	粒剤	造粒促進剤* 崩壊拡展・溶出制御剤	押し出し造粒工程の簡便化 散布後の溶出コントロール
	水和剤	湿潤・分散剤	水希釈時の水和性の向上 散布液のサスペンション安定化
	顆粒水和剤	湿潤・分散剤	水希釈時の水和性の向上 散布液のサスペンション安定化

＊　製造工程

・ブラウン運動，沈降，光散乱，電気的性質（コロイド粒子の帯電機構，電気二重層等）

・粒子間の相互作用（電気二重層の相互作用エネルギー，Deplation 効果等）

・安定性の理論の実験的検証（Schulz–Hardy の法則，水銀滴の合一，粒子体形成等）

・有機溶剤中への分散（表面改質，フラッシング法等），微粒子の規則組織化

次に農薬製剤を作物や雑草に散布する作業現場の実状と課題を把握する必要があり，植物への付着性（付着，浸透，移行等），原体物性と生物効果が挙げられる。現場で農薬を散布する際に添加する展着剤については後で述べる。各種の農薬製剤用として選定される界面活性剤に求められる条件は下記の 6 点が挙げられる。

①物理化学的に安定であり，原体に悪影響を及ぼさない

②施用後は速やかに環境中で分解される

③人畜への毒性や環境への悪影響が少なく，作物（芝，花卉等も含む）への薬害も少ない

④品質が安定である

⑤経済的な価格である

⑥適正な界面活性能と共にアジュバント機能を有する

4　主要な農薬製剤の課題と新規製剤への移行

既存の農薬は過去の開発背景や用途等に応じ，各種の特長を有する製剤として上市された経緯があるものの，不具合な課題も抱えているのが現状である（表4）[5]。主要な農薬製剤の代表的な配合例を見ながら個別に考察する。

4.1　粒剤

粒剤は剤型の中で最も生産量が多く水田や畑等にそのまま散布され，通常0.1～10％の原体を含有して粒径300～1700ミクロンが95％以上の粒状の製剤である。粒剤の製造法は大別して押出し造粒法，含浸法およびコーティング法の3種類があり，製造法に準じて原料が決まる。粒剤は一般的には原体，増量剤（キャリア），結合剤，分散剤，崩壊剤等から構成されている。分散剤，崩壊剤としてアニオンが数％未満で配合されており，主要な製造法である押出し造粒法では崩壊剤としてリグニンスルホン酸塩，ナフタレンスルホン酸ホルマリン縮合物，ラウリル硫酸ナトリウム，ドデシルベンゼンスルホン酸ナトリウム等が選択されている。また製造時の磨耗防止のために平滑剤としてアニオンが約1％添加され，ラウリル硫酸ナトリウム，ジオクチルスルホコハク酸塩やドデシルベンゼンスルホン酸ナトリウム等が使用されている。粉剤の飛散問題から粒剤への移行が認められ，さらに水田用除草剤では省力化を目的として従来の3キロ製剤から1

表4　主要な農薬製剤の課題と新規製剤への移行

剤型名	長所	課題	対策	新規製剤
乳剤	製造の簡便性 原体が液体でも固体でも製造可能 製剤の安定性が良好 薬効が高い	毒性問題（経皮，吸入，環境） 薬害を生じやすい 危険物 PRTR対象になる（有機溶剤，界面活性剤） 容器廃棄	水性化	フロアブル マイクロエマルション 濃厚エマルション
			被覆化	マイクロエマルション
			固形化	固型製剤，ゲル
水和剤	製造の簡便性 原体が液体でも固体でも製造可能 製剤の安定性が良好 容器廃棄の問題なし	粉塵による毒性問題（吸入） 薬効がやや弱い 計量が面倒	粒状化 水中分散化	顆粒水和剤 フロアブル
			容器改良	ジャンボ剤
粉剤	製造の簡便性 混合製剤が得やすい	ドリフト，付着効率が低い 嵩ばり	微粒子除去	DL粉剤
			微粒状化	微粒剤F
粒剤	製造の簡便性 散布しやすい	重量 薬効のバラツキ	高濃度化	1キロ粒剤

キロ製剤への切り替えが加速化されている。

4.2 粉剤

粉剤は通常5％以下の原体を含み，キャリアとして鉱物，その他に物性改良剤，安定剤等が添加され，45ミクロン以下（95％以上）の粒径をもち，そのまま散布される粉状の製剤である。粉剤は粒径によってドリフトレス（DL）粉剤，一般粉剤およびフローダスト（FD）剤に分けられる。DL粉剤は平均粒径が20～30ミクロンで10ミクロン以下の粉は20％以下と少なく，粉剤の欠点であるドリフトを軽減した剤型である。近年，農薬散布の現場ではドリフト対策が強く叫ばれる中，粉剤全体が顕著に減少しているが（前年比13％減），ドリフトを回避する機能を有するDL粉剤の比率が増加する傾向にある。一方で平均粒径が5ミクロン以下のFD剤は施設園芸に限定されて使用されている。

キャリアとしてクレー，タルクや炭酸カルシウム等の鉱物や無機物が添加されている。また物性改良剤としてモノ体およびジイソプロピルホスフェートや高級脂肪酸金属塩等が1％未満で添加されている。キャリアがタルクの場合には発生する静電気を防止する目的でポリオキシエチレンアルキルアミンが帯電防止剤として添加されている。

4.3 乳剤

乳剤は一般に5～60％の原体，乳化剤およびキシレン等の有機溶剤から構成され，簡便に製造できる透明液体の製剤（表5）であり，乳剤を製造する際に最重要な課題は有機溶剤および乳化剤の選定である。乳化剤はアニオンとノニオンの組合せによって選定されて10％以上配合されていた経緯もあるが，最近は10％未満が主流になっている。乳化剤の選定においては良好な自己乳化性と乳化安定性が求められ，水温，水質，希釈倍率等に大きく影響されるので複数の界面活性剤の組合せになる。乳化剤選定の指針としてHLB値のみでなくPITの活用も必要であるが，各種原体の過去のデータを整理しておくこと（経験則）がより重要になる。

乳剤を使用する際には水で希釈して白濁した乳化液ができ，農薬の粒径は数～数十ミクロンと細かく，固形剤に比べて効力は高いが作物に対して薬害が出やすい傾向にある。液剤の中で乳剤は最も広く適用されてきた剤型であるが，最近に上市される農薬は引火性を回避すべく脱有機溶剤タイプの剤型や顆粒水和剤に移行しつつある。従来から脱キシレンの動きはあったものの，ノニルフェノールを原料とする界面活性剤の見直しによって乳剤からフロアブル，濃厚エマルションやマイクロエマルション等の他剤型へ移行しつつある。また乳化剤のアニオンベースとして分岐型アルキルベンゼンスルホン酸カルシウム（ABS-Ca）が配合されており，他の分野では直鎖型のLASに切り替わっている。ノニオンで問題のあるノニルフェノール原料の界面活性剤と同

表５　乳剤の代表的な配合例

配合成分	配合量
原体（有効成分）	5～60％
乳化剤	5～15％
溶剤（主としてキシレン）	バランス

乳化剤：アニオンとノニオンの配合品
アニオン：ABS-Ca，リグニンスルホン酸塩，LAS-Ca 等
ノニオン：POE ノニルフェニルエーテル，POE スチレン化フェニルエーテル，POE･POP アルキルエーテル等
ABS-Ca：分岐型アルキルベンゼンスルホン酸カルシウム
LAS-Ca：直鎖型アルキルベンゼンスルホン酸カルシウム
POE：ポリオキシエチレンの略
POP：ポリオキシプロピレンの略

様に ABS が難生分解性であるために良生分解性の LAS タイプへの切り替えは農薬分野でも加速している。

4.4　水和剤

水和剤は通常 5～80％の原体を含有してさらに湿潤剤，分散剤，キャリアおよびその他から構成される（表６）。粒径として 63 ミクロン以下が 95％以上の微粉状の製剤であり，各成分を混合，粉砕して製造される。湿潤剤および分散剤は各種の界面活性剤が選定されて 10％未満の配合であり，一般的には５％前後である。界面活性剤の種類は湿潤剤用途では主としてノニオンとアニオンであり，分散剤用途ではアニオンである。アニオンは湿潤・浸透作用によって一次粒子の間隙に浸透し，固体粒子と液体の界面に吸着・配向することにより界面エネルギーを低下さ

表６　水和剤の代表的な配合例

配合成分	配合量
原体（有効成分）	5～80％
水和剤助剤	3～10％
キャリア（クレー，珪藻土，タルク，炭酸カルシウム等）	バランス

水和剤助剤：湿潤剤と分散剤の配合品
湿潤剤：LAS-Na，POE ノニルフェニルエーテル，ジアルキルスルホコハク酸 Na，アルキル硫酸 Na，POE･POP アルキルエーテル等
分散剤：アルキルナフタレンスルホン酸ホルマリン縮合物，アルキレンマレイン酸共重合物等
LAS-Na：直鎖型アルキルベンゼンスルホン酸ナトリウム
POE：ポリオキシエチレンの略
POP：ポリオキシプロピレンの略

せる。さらに電荷を与えて電気二重層効果による静電気的斥力や溶媒和による立体障害効果等で粒子の二次凝集を防ぎ分散を安定化させる。キャリアとしてクレー，タルク，珪藻土，炭酸カルシウム等の鉱物や無機物が使用される。また液状の原体の際には粉剤と同様にホワイトカーボンや珪藻土等の吸油性微粉体で粉末化後に混合されている。

水和剤は乳剤と比較して高濃度の製剤化が可能であり，さらに薬害が少ない等の長所があるものの，微粉状であるため計量時の粉塵問題がある。また乳剤と同様にノニルフェノールを原料とするノニオンが配合されている場合も多く，さらに水和剤のキャリアによる果菜類の果面汚れの問題を解決するため，ドライフロアブルとも称される顆粒水和剤へ移行する傾向にある。水和剤や顆粒水和剤用に推奨される界面活性剤を挙げる（表7）。

4.5　顆粒水和剤

顆粒水和剤は水和剤の改良品で，粉塵問題を防止するために開発された剤型であり，組成的には水和剤とほぼ同じである。顆粒水和剤は水で希釈して使用する製剤であり，ドライフロアブル（DF），WDG（Water Dispersible Granule）あるいはWGとも呼ばれている。粒径は0.1～3 mmの顆粒状の製剤であることから粉塵による作業者への被爆がなく，包装容器への付着もなく，流動性が良いことから計量が容易で，排出性が良い等の利点がある。また工業面では高濃度の製剤化が可能であるだけでなく使用後の容器の処分問題がないことや各種の製造法がある等の利点が挙げられる。

顆粒水和剤の製造方法は一般粒剤と同様の押出し造粒法を始めとして噴霧乾燥造粒法や転動造粒法等が挙げられる。製造法によって湿潤剤および分散剤の選定は大きく異なるだけでなく，得られる製品の形状や物性（水中分散性，水中崩壊性，硬度）にも大きく影響を及ぼすので生産性の安定化および向上は顆粒水和剤にとって大きな課題である。なお顆粒水溶剤は顆粒水和剤と同様に水溶剤の粉塵問題を防止するために開発された剤型であり，顆粒水和剤と異なり，原体が水に溶ける性状のため水で希釈すると速やかに透明状態になる。

4.6　フロアブル

フロアブルは難溶性固体の原体が微粒子として分散している懸濁製剤であり，別名としてゾル，SC（Suspension Concentrate）とも呼ばれる。分散媒の違いにより，水では水性フロアブル，鉱物油や植物油ではオイルフロアブルと称される。フロアブルは湿式粉砕により，一般に数ミクロンの粒子として懸濁している。フロアブルとは異なり，透明あるいは半透明な均一相で0.01～0.1ミクロンの粒径の乳化分散系をマイクロエマルション（ME）と称し，MEは高濃度製剤ができないものの，薬効および製剤安定性に優れている利点がある。また水に不溶の液状の原体を

表７　水和剤と顆粒水和剤に推奨される界面活性剤

機能	水和剤	顆粒水和剤（WDG）
湿潤・分散剤	アグリゾール W-150 （アニオン/ノニオン配合物） アグリゾール FL-2017 （POE フェニルアリル硫酸塩） KP-1436（25） （POE スチレン化フェニルリン酸塩） デモール N （βナフタレンスルホン酸ホルマリン縮合物のナトリウム塩）	アグリゾール W-150 （アニオン/ノニオン配合物） デモール SNB （特殊芳香族スルホン酸ホルマリン縮合物のナトリウム塩） デモール EP パウダー （アルキレンマレイン酸共重合物）
湿潤剤	エマールシリーズ （アルキル硫酸ナトリウム） ペレックス OT-P （ジオクチルスルホコハク酸ナトリウム） ネオペレックスシリーズ （アルキルベンゼンスルホン酸塩）	エマールシリーズ （アルキル硫酸ナトリウム） ペレックス OT-P （ジオクチルスルホコハク酸ナトリウム） ネオペレックスシリーズ （アルキルベンゼンスルホン酸塩）
拡展崩壊剤	アグリゾール G-200，ポイズシリーズ （ポリアクリル酸塩他）	アグリゾール G-200，ポイズシリーズ （ポリアクリル酸塩他）
アジュバント	エマールシリーズ （アルキル硫酸ナトリウム） エマルゲンシリーズ （POE アルキルエーテル他） レオドールシリーズ （POE ソルビタン脂肪酸エステル，POE ソルビットテトラオレイン酸エステル他）	エマールシリーズ （アルキル硫酸ナトリウム） エマルゲンシリーズ （POE アルキルエーテル他） レオドールシリーズ （POE ソルビタン脂肪酸エステル，POE ソルビットテトラオレイン酸エステル他）
消泡剤	アンチホーム E-20 （変性シリコーンのエマルション） NS ソープ （半硬化脂肪酸石鹸）	アンチホーム E-20 （変性シリコーンのエマルション） NS ソープ （半硬化脂肪酸石鹸）

（　　）：内容組成

水中に乳化分散させた水中油型エマルションを濃厚エマルション（EW），フロアブルと濃厚エマルションを混合した水系の製剤をサスポエマルション（SE）と称する。

代表的な水性フロアブルの配合例を挙げる（表８）。組成的には水以外に原体10～50％，湿潤・分散剤，増粘剤，凍結防止剤，防腐剤，消泡剤，結晶抑制剤等から構成される。湿潤・分散剤としてアニオンやノニオンが10％以下で配合されている。フロアブルは統計上，水和剤に分類される。フロアブルは水和剤よりも粒径が小さいことから薬効も高く，農業従事者への粉塵や危険物問題がない等の利点はあるものの，物性面での安定性問題による製剤の有効期間の短さ，

表8　フロアブルの代表的な配合例

配合成分	配合量
原体（有効成分）	10〜50％
湿潤・分散剤	3〜10％
増粘剤	0.1〜２％
凍結防止剤	1〜10％
消泡剤	0.1〜0.5％
防腐剤，結晶析出抑制剤	適量
水	バランス

湿潤・分散剤：POE アルキルアリルエーテル，アルキレンマレイン酸共重合物，アルキルナフタレンスルホン酸ホルマリン縮合物，POE アルキルアリルリン酸エステル等
増粘剤：ポリオール誘導体等
凍結防止剤：グリコール類等
結晶析出抑制剤：多塩基酸エステル，脂肪酸エステル等
POE：ポリオキシエチレンの略

農作業の現場における混用性問題や製造コスト高の課題を抱えている。現場での使用は一般的に水で希釈して散布されるが，希釈せずに原液を直接散布する除草剤も開発されており，上述の課題解決により今後はさらに増える傾向にある剤型のひとつである。

フロアブル用に推奨される界面活性剤および油脂類を原体物性に応じて紹介する（表９）。液体または低融点原体の場合には各種のエステル等の結晶抑制剤の選択が必須であり，固体原体よりも安定性がより問題になる。湿潤・分散剤として主に高分子量型のアニオンが選定される。製剤の安定性を保持するため，分子間あるいは粒子間の水素結合等による三次元構造が形成される

表9　フロアブルに推奨される界面活性剤および油脂類

機能	液体または低融点原体	固体原体
分散・乳化剤	POE スチレン化フェニルリン酸塩，POE スチレン化フェニル硫酸塩，酢酸ビニルアニオン共重合物等	βナフタレンスルホン酸ホルマリン縮合物，POE スチレン化フェニルリン酸塩等
粒子安定化剤	アルキルアリルスルホン酸ナトリウム共重合物，アルキレンマレイン酸ナトリウム等	アルキルアリルスルホン酸ナトリウム共重合物，アルキレンマレイン酸ナトリウム等
結晶析出抑制剤	多塩基酸エステル，脂肪酸エステル等	—
増粘剤	ポリオール誘導体，ポリオール誘導体とカルボン酸系ポリマー配合物等	ポリオール誘導体，ポリオール誘導体とカルボン酸系ポリマー配合物等
消泡剤	変性シリコーンのエマルション等	変性シリコーンのエマルション等
アジュバント	POE アルキルエーテル，POE 脂肪酸エステル，POE ソルビタン脂肪酸エステル，POE ソルビットテトラオレイン酸エステル等	POE アルキルエーテル，POE 脂肪酸エステル，POE ソルビタン脂肪酸エステル，POE ソルビットテトラオレイン酸エステル等
防腐剤，凍結防止剤	適量	適量

増粘剤としてキサンタンガムやベントナイト等が配合され，界面活性剤との併用による保護コロイドとしての相乗効果も期待できる。また水性フロアブルの場合には温度が下がると凍結問題が発生するために凍結防止剤としてグリコール類が配合され，カビ問題の防止のために防腐剤が適量で配合されて商品化されている。

5　新規の製剤・施用技術

農薬原体の物性や作用特性から製剤技術が改善されているが，栽培現場の視点から施用技術の改善も同時に進展している現状がある。日本では水稲を主対象として新剤型開発や施用技術が発展しているので最新の動向を紹介する。

5.1　水稲用除草剤

水田用除草剤において粒剤は各種散布機等の開発・普及に伴い，取り扱い易さおよび安定した薬効により効率的に散布できる剤型として長年にわたり広く普及している。しかし，近年散布労力の軽減を狙った剤型としてフロアブル，ジャンボ剤等の省力型除草剤が開発され，一般に新規に上市される場合，1キロ粒剤を主体としてフロアブル，ジャンボ剤の3剤型をもつ水田用除草剤が多い。従来は10アール当たり3Kgの散布である3キロ粒剤が主体であったが，省力化を狙った1キロ粒剤へ急速に移行し，さらに一部の除草剤で10アール当たり250g散布の250グラム粒剤が開発されている。1キロ粒剤と3キロ粒剤では粒径，粒数に違いがあり，1キロ粒剤は比較的速く崩壊して崩壊後はさらに拡展するように商品設計されている（表10）。

フロアブルはすでに説明しているように原体が水に分散・懸濁した液状製剤であり，製品の入っているボトルを振りながら水田内を散布する手振り散布が一般的であるが，田植同時処理や水口処理等ができる製品もある。ジャンボ剤は円柱状等に成型された固形状の水中発泡性錠剤と粒剤を水溶性ビニールで包装した水溶性パック剤の2種類があり，水田面積に応じて個数を調整できる投げ込み除草剤である。ジャンボ剤の特徴は機械等を使用せずに散布が簡便であること，適期での散布が容易であること，不定型の水田でも適量散布が容易であり，散布労力の大幅な軽減化ができることである。また処理する時期別に初期剤，中・後期剤および一発剤の3つに分類

表10　1キロ粒剤と3キロ粒剤の相違

製剤	粒径（mm）	粒数（粒/g）	粒数（粒/cm^2）
3キロ粒剤	0.6～0.9	600～2400（平均1000）	約30/100
1キロ粒剤	1.0～1.5	250～500（平均400）	約4/100

され，一発剤が増加傾向にあり2008年で水稲作付面積の約6割を占有している。従って処理時期と剤型の組合せを考えると製品数がますます増える傾向にある。

5.2 水面展開剤

水稲用殺虫剤は粒剤が主体であるが，対象の害虫がイネミズゾウムシのように水面近くにいる場合，水田の水面で展開しやすいように製剤化されている。この粒剤はキャリアとして水溶性の塩化カリウムが採用され，原体以外に界面活性剤，水溶性結合剤等の不活性成分が配合されて造粒して水面展開型粒剤として開発されている。水面展開剤は水田に施用後，最初は沈むが，塩化カリウムが水に溶解することにより再び水面に浮上して原体が水面上を拡散する性質をもつ剤型である。塩化カリウムがキャリアとして選定されている理由は水溶性が高く，造粒性に支障がなく，安価であり，空気中の水分の影響を受けにくい等が挙げられる。この水面展開剤は水面で展開しやすいように原体を液状にすることが多く，一般に押出し造粒法により製造されている。なお本製剤技術は水稲用除草剤のジャンボ剤にも適用されている。

5.3 育苗箱処理

田植え直前から数日前に水稲の育苗箱に農薬を散布する施用方法であり，作業時間が短く，コスト面でも長所があるだけでなく，環境への飛散や作業者への被爆もほとんどない手段であり，一般的に殺虫剤や殺菌剤の粒剤がよく適用される。原体がもつ浸透移行性により，水稲体内に農薬が吸収されて効果を発現する。この施用では長期残効性を付与することおよび薬害が発生しないことが求められ，放出制御技術が応用されている。この剤型は通常練り込み法とコーティング法により製造されている。原体の水溶解度の相違により，配合および製造方法が異なる。低い水溶解度の原体では粒径を変えることにより放出速度を調整している。高い水溶解度の原体ではその放出を抑制するために非破壊性の粒剤にし，その表面を水不溶性ポリマーでコーティングするか，粒剤中に存在する空隙をパラフィンやポリマーで塞いで原体の放出を調整する。放出速度を調整するためには農薬原体と水温等の外部環境との相互作用が重要な役割を担う。作業性の効率化やコスト削減から育苗箱処理は増加する傾向にあり，1997年で水稲作付面積の約5割，2008年で約7割に達している。

5.4 マイクロカプセル

マイクロカプセル（MC）は原体をポリマーにて被覆して球状の膜の中に閉じ込めたもので，一般に原体以外に増粘剤，凍結防止剤，防腐剤等から構成され，水で希釈された分散状態で製剤化されている。使用時には水で希釈して散布する典型的な放出制御製剤である。MCの粒径は数

～数百ミクロンであり，カプセル膜の厚さを変化させることにより，内部の原体の放出速度を調節することができる。製剤設計としてMCの膜物質の種類，粒径，膜厚，膜構造，架橋密度等が挙げられ，これらの要因を適切に選択することが求められる。MCには残効性が長い，施用量が少ない，人畜毒性および刺激性が低い，薬害の軽減等の多くの利点があるが，製造時のコスト高や他製剤との混用性の問題等も抱えている。従来，MCはゴキブリ等の衛生害虫を対象とする場面において実用化されていたが，茶栽培の難防除であるクワシロカイガラムシ防除でMCが卓越した効果を示して実用化に至っている（表11）[6]。

6　アジュバント技術

アジュバントとは広義には補助剤全般を意味するが，一般的に農薬原体が本来もっている作用を改良する目的に用いられる物質と定義されている。また使用方法として製剤内にすでに添加されている場合（内添型）と散布現場にて別に添加する場合（別添型）の2種類があり，農薬製剤・施用技術において重要な役割を担っている。アジュバント基剤として界面活性剤以外に植物油，マシン油，有機溶剤，無機塩等が利用されており，特に米国は各種の別添アジュバントが広く普及しており世界最大の市場規模である[7]。広義の内添型アジュバントに相当する乳化剤，分散剤や濡れ剤等はすでに製剤用助剤として説明済みである。狭義の内添型アジュバントは日本において実用化されている事例は少ないものの，いわゆる別添型アジュバントである展着剤は慣行的に使用されている。従来の農薬散布においては葉裏にも薬液がかかる様に十二分の水量で散布する指導下，展着剤は本来の機能を発揮せず，単なる濡れ剤としての位置付けであった。しかし，ポジティブリスト制度が施行された後，周辺作物へのドリフト対策が講じられる中，散布水量の低減化やドリフトレスノズルの導入により，散布ムラ防止や薬効安定化のニーズが著しく高まって

表11　ピリプロキシフェンMCのクワシロカイガラムシ防除効果

試験区	濃度（ppm）	処理水量	処理日	発生指数*		
				第1世代	第2世代	第3世代
ピリプロキシフェンMC	90	1000 L/10 a	1月28日	0.49	0.02	0
ピリプロキシフェンMC	90	1000 L/10 a	3月14日	0.48	0.02	0
ブプロフェジン＋フェンプロキシメートFL	200＋40	1000 L/10 a	5月20日	0.29	0.38	1.17
無処理				1.18	0.62	1.3

MC：マイクロカプセル，FL：フロアブル　　＊発生指数：0～3の4段階で表示
試験場所：福岡県農業試験場（2005年）
調査日：第1世代（6月15日），第2世代（8月11日），第3世代（10月6日）
引用：諌山真二ら，住友化学Ⅱ，4-13，(2008)

いる。

6.1　展着剤の分類と機能

展着剤は農薬を散布する際に現場で添加する薬剤であり，農薬要覧2008によると[3]59品目の展着剤が農薬登録され全国で約3千トンの出荷実績がある。地域別では北海道が最も多く21％を占有し，群馬・静岡・青森・長野と続く。展着剤を機能発現からみると[8]，機能性展着剤（アジュバント），一般展着剤，固着剤，飛散防止剤の4種類に分類することができる。Hollowayら[9]はアジュバントをSpray modifier（濡れ性や拡展性の改善）とActivator（葉面吸収や生物活性の改善）の2つのカテゴリーに分類しており，ここでは後者の作用を有し別添型で使用するものを機能性展着剤（アジュバント）と解釈する。展着剤を有効成分からみると，展着剤の約8割に界面活性剤が配合されている[8]。展着剤の活性成分に相当する界面活性剤はノニオンが主体であるが，アニオンが配合されたものやカチオンが配合されたものもあり，ノニオン単独，アニオン配合，その他の3種類に分類することができる（図3）。59品目の展着剤の中で26品目はノニルフェノール又はオクチルフェノールを原料とするノニオンが有効成分である。これらのエーテル型ノニオンはすでに述べたように農薬製剤において乳剤用乳化剤や水和剤用湿潤剤等として機能している。

アジュバントは高濃度で使用されて濡れ性を改善すると共に農薬の効果を積極的に引き出す剤であり，農薬を含む総経費削減の利点が生産者に還元されるものである。アジュバントは一般的に浸透性の農薬との相性が良く，卓越した効果向上作用が期待できる。しかし，薬害の発生しやすい条件（高温，高湿等）や薬害の出やすい農薬との混用時には十分な注意および予備検討が必要である。一般展着剤は，散布ムラをなくす観点から散布液の表面張力を下げることにより拡展

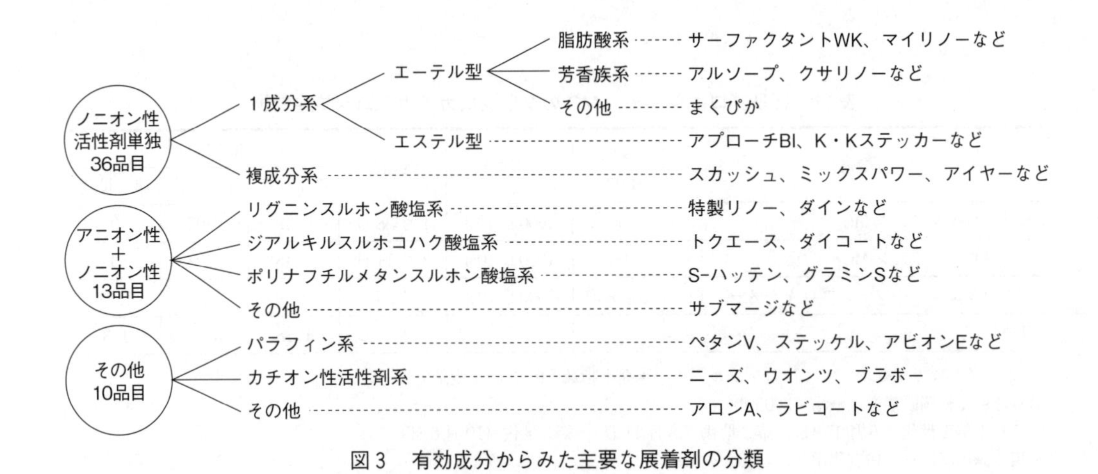

図3　有効成分からみた主要な展着剤の分類

性を改善し，低濃度で濡れにくい作物や病害虫等への付着性を改善する。低泡性の機能のものや水和剤と乳剤等の混用性を改善する機能のものがあり，物理化学的性状の視点から現場の作業性を改善することができる。固着剤は初期付着量を高めることにより，殺菌剤等の耐雨性を高めて残効性を延ばすことができ，特に保護殺菌剤との混用により効果が期待できる。しかし，収穫間際の農薬散布は，作物残留に影響を及ぼすので製品ラベルに記載された使用基準の遵守が必要である。飛散防止剤は，空中散布時のドリフト（飛散漂流）防止を目的として添加される。最近は地上散布におけるドリフト防止が大きな課題になっている。

界面科学の視点から農薬を散布した際の濡れをみると，付着濡れ，浸漬濡れ，拡張濡れの３つの型が同時に起きている。乳剤や水和剤等を植物に散布すると薬液は茎葉の表面に付着し，これが「植物が濡れる」状態である。固着剤を添加する場合には付着濡れの機能が強く発現する。同様に農薬散布において茎葉上で薬液が横に拡がる状態は拡張濡れであり，一般展着剤やアジュバントを添加する場合にこの機能が発現する。さらに植物の葉表の凹凸部へ薬液が縦に入り込む状態が浸漬濡れであり，アジュバントを添加する場合にこの機能が発現する。一般展着剤とアジュバントの相違は使用濃度にあり，上述したCMC以上の濃度で使用するものがアジュバントであり，様々な薬効増強作用がアジュバント添加により期待できる。

6.2　アジュバントの活用事例

単なる濡れ剤ではなく薬効増強を狙ったアジュバントの試験事例を紹介する。小麦の雪腐病は赤かび病と同様に北海道での主要病害であり，殺菌剤の長期間の残効性が望まれており，５種類のアジュバント添加試験が検討された。３種類の殺菌剤混用へアジュバントが添加された結果，予想に反してパラフィン系固着剤は最も発病度が高く防除効果が劣り，カチオン系とエステル型ノニオン系が高い防除効果を示した（表12)。殺虫剤についてはトマトハモグリバエに対する５種類のアジュバント添加試験が井村によって検討された[10]。８種類の殺虫剤を用いたアジュバント添加試験の結果，クロルフェナピル，フルフェノクスロンおよびフェヌロンは浸透性が向上するアジュバントの添加が大きな影響を及ぼした。クロルフェナピルに対してはエステル型ノニオン系，フルフェノクスロンおよびフェヌロンに対してはカチオンと油溶性のエステル型ノニオンが高い添加効果を示し，供試した殺虫剤とアジュバントに相性のあることが示唆された。これらのアジュバントの薬効増強効果を受けて散布回数や散布水量の低減，農薬の低濃度活用も現地にて実証され始めている。具体的にはカチオン系アジュバントを活用してウリ類うどんこ病に対する試験が殺菌剤としてトリアジメホン剤とTPN剤を用いて検討された（図４)[11]。その結果，アジュバント添加により農薬散布間隔を１週間間隔から２週間間隔へ延長できることが示唆された。同様な農薬散布回数の低減化はマシン油を有効成分とするアジュバントを用いてカンキツ類

表12　小麦雪腐病防除に及ぼす５種類のアジュバントの効果

添加された展着剤のタイプ	発病度
カチオン性界面活性剤配合系	8
エステル型ノニオン性界面活性剤	9
アニオン性界面活性剤配合系	19
エーテル型ノニオン性界面活性剤配合系	26
パラフィン系	38

処理薬剤：トルクロホスメチル水和剤×1000，イミノクタジン酢酸塩液剤×1000，チオファネートメチル水和剤×2000
処理日：1999年11月10日
調査日：2000年4月19日，各区50株を調査

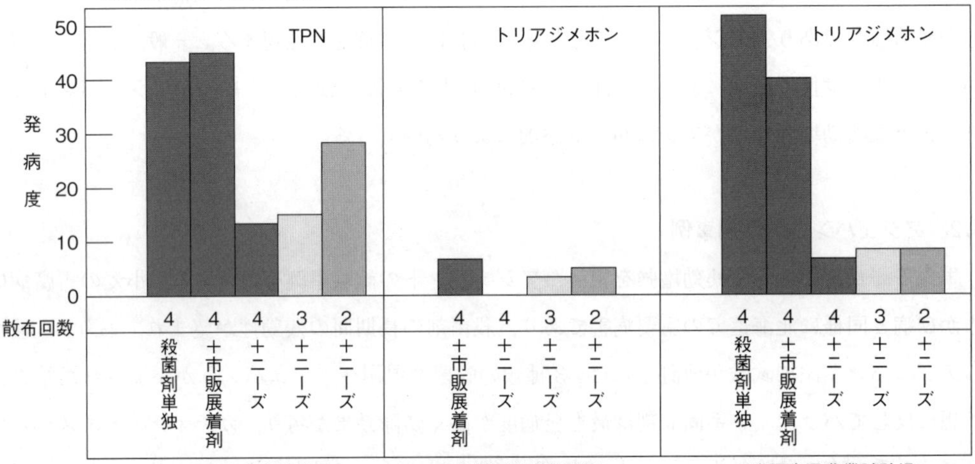

供試展着剤：ニーズ（陽イオン性活性剤配合系）

図４　ウリ類うどんこ病防除に対する展着剤の効果（省力散布試験）

の黒点病防除において田代によって確認されている[12]。

6.3　アジュバントの作用機構

各種の農薬が最初に接触する対象物は葉面のクチクラであり，クチクラはエピクラワックス，クチクラ層およびクチン層の三層から構成されている。これら三層から成るクチクラを一般にクチクラ膜と呼び，その厚さは0. 数～数ミクロンで植物体を保護する役割を担っている。Hollowayら[9]はクチクラ膜からの侵入，気孔からの侵入，葉面散布後の挙動，農薬の極性と植物のワック

ス量の関係，ラベル化合物を使用した挙動等の観点から界面活性剤を有効成分とするアジュバントの葉面からの取込みについて検討している。クチクラ膜と表皮における作用機構として①葉面上における物質の濃縮，②葉面上からクチクラ膜への物質移動，③クチクラ膜における物質の拡散係数，④クチクラ膜から細胞壁への物質移動係数，⑤細胞壁における物質濃縮の5段階の重要性を言及している。さらに農薬の活性化において①界面活性剤の濃度，②界面活性剤の親水基と親油基の化学組成，③農薬の物理化学的性状，④標的植物の4要因の重要性を挙げている。総括としてポリオキシエチレン型のノニオンによる活性化作用は複雑な相互作用に依存して発現すると考察しており，①農薬の投与量と物理化学的性状，②ノニオンの投与量と物理化学的性状，③標的植物の特性の3要因を挙げている。

Stock[13]は界面活性剤の作用部位として①クチクラ膜の表面，②クチクラ層，③クチクラ膜直下の表皮細胞壁，④内部組織の細胞膜の4段階を挙げている。また渡部[14]は農薬が作物や雑草へ及ぼす付着と移行に関与する要因について解析し，クチクラ膜透過に影響を及ぼすアジュバント全般の基本的な作用から①湿潤作用，②水滴内部改善作用，③活性化作用，④複合作用の4タイプに分類している（表13）。界面活性剤を有効成分とするアジュバントの作用性はまだ十分に解析されていないのが現状であるが[15]，その作用機構が一歩ずつ解明されることにより，アジュバント活用は既存農薬を復活させるのみならず，新製品の開発にも繋がる。製剤化において各種のアジュバントを配合できる限界量を考えると，生産現場では農薬散布時に簡便に添加できる展着剤はさらに開発の機運が盛り上るものと予想される。

表13　アジュバント全般の分類と作用機構

分類	作用機構	作用パラメーター			
		全透過量	単位分配率	接触面積	透過速度因子
湿展剤 （spreader）	接触面積増大 （吸着界面増大）	増加	不変	増加	不変
水滴内部改質剤 （modifier）	水滴内部物性改質 （液状化・乾燥遅延・可溶化・結晶化防止・分配促進等）	増加	増加	不変	不変
活性化剤 （activator）	クチクラ膜の膨潤・水和・非結晶化 （クチクラ膜拡散増大）	増加	不変	不変	増加
複合作用	複合的作用機構	増加	増加	増加	（不変）又は減少又は増加

引用：渡部忠一，日本農薬学会誌 25（3），285-291，（2000）

7　おわりに

世界的な食糧需給バランスが崩れかけている現状を考えると，食糧自給率の向上は各国において最重要課題になることが予測され，植物保護剤である農薬の重要性が見直されると考える。農薬は良品質な農産物の収量確保に必須な生産資材であるにもかかわらず，医薬品と対比するとリスクのみが強調されてベネフィットが低く見られる傾向にある。医薬品と農薬の相違点を考えると，まず第一に製剤技術に関して医薬品は薬学で学問として成立して薬剤師の存在があるのに対し，農薬では農薬会社に一任され最終製剤の処方は企業ノウハウ（特許）になっており最終製剤処方は非公開である。第二に製剤使用に関して医薬品は医者によって診断されて使用量が各患者別に決定されるのに対し，農薬は使用者の判断（診断ではない）によって各作物に使用されている。最後に使用場面に関して医薬品では各患者に局部的に使用されるのに対し，農薬も同様に各作物別に使用されるが環境系へ広く施用されるために広範囲な暴露リスクが伴うことである。

このような相違点を十分に理解した上，元気の良い農業従事者に真に喜ばれる生産資材として農薬を完成させるプロセスにおいて製剤・施用技術が重要な役割を果たしている。製剤施用における様々な技術開発が商品の差別化に繋がり，広義の現場ニーズに適合した界面活性剤等の選択・開発により，化学農薬の効率化を促進するのみならず生物農薬の効果発現を増強することが期待され，環境保全型農業の発展に大いに貢献できるものと信ずる。

文　　献

1）川島和夫，アグロケミカル入門，米田出版，p.172（2002）
2）辻孝三，農薬製剤はやわかり，化学工業日報社，p.224（2006）
3）農林水産省監修，農薬要覧2008，日本植物防疫協会（2008）
4）特許マップシリーズ化学22，これでわかる農薬，特許庁，p.334（2001）
5）川島和夫，第24回農薬製剤・施用法シンポジウム講演要旨，日本農薬学会，pp.57-64（2004）
6）諫山真二，津田尚己，住友化学Ⅱ，4-13（2008）
7）A. K. Underwood，「21世紀の農薬散布技術の展開」シンポジウム講演要旨，日本植物防疫協会，pp.109-136（2000）
8）川島和夫，植物防疫63，233-236（2009）
9）P. J. Holloway "Factors affecting the activation of foliar uptake of agrochemicals by surfactants", Industrial Applications of Surfactant Ⅱ, pp.303-337（1990）

10)　井村岳男，今月の農業，50（10），46-56（2006）
11)　川島和夫，今月の農業，52（11），38-45（2008）
12)　田代暢哉，「21世紀の農薬散布技術の展開」シンポジウム講演要旨，日本植物防疫協会，p.21-28（2000）
13)　D. Stock, *Pestic. Sci.*, **38**, 165-177 (1993)
14)　渡部忠一，日本農薬学会誌，25，285-291（2000）
15)　川島和夫，植物の生長調節，42（1），100-106（2007）
16)　宍戸孝ほか，農薬科学用語辞典，日本植物防疫協会，p.374（1994）

第8章　生物農薬の動向

1　天敵農薬

根本　久*

1.1　はじめに

天敵とは寄生者又は捕食者として働く生物で，寄生者は寄主である他の生物体に付着又は侵入しこの生物から栄養を得て生活する生物のことで，捕食者は被食者の他種生物を捕らえ食する生物のことである。農作物を加害する害虫の防除のため天敵節足動物等を生きたまま製剤化したものが「天敵農薬」である。これらを「天敵農薬」として製剤化するためには，いくつかの点を克服する必要がある。病害や雑草を対象としたものも考えられるが，日本での実現は難しい。「天敵農薬」は製品の価格が高く，高い効果を上げるためには使用者の熟練が必要で効果の安定性が低い，対象害虫の種類が限定的，化学農薬に比べて効果の発現に時間がかかる，化学農薬との併用が難しいなどといったデメリットがあるものの，化学農薬のような残留の問題が無い，人や家畜に対して安全性が高い，ミツバチやマルハナバチといった受粉昆虫等への影響がない，害虫に薬剤抵抗性を生じないといったメリットがある[1)]。

一方，わが国では「天敵」は農薬取締法で農薬と規定されており，天敵節足動物の防除資材化に関し，世界でも希に農薬登録が義務化されている[2)]。そのため，研究開発にかかる費用の他に，登録にかかる費用が新たに必要となるといったデメリットがある。そのため，国内での製品開発に一定の制限がかかることは否めない。

しかし，2002年の違法農薬使用事件や2008年中国製餃子へのメタミドフォスの混入事件，昨今の食品の偽装表示や不正表示等に対する消費者の不信は，食品への安心・安全を求める要求となって現れている。こうした消費者の消費性向に対し，大手総合スーパーや化学メーカーが農産物を自社生産し，あるいは，安全・安心農産物生産を表明して大規模な農薬の残留調査を行っている宮崎県経済連と大手総合スーパーがパートナーシップ契約を結ぶなどの動きは，消費者へのアピール効果ばかりでなく，流通業者が生産者や産地の作成した自主規制を尊重する，事故の回避手法として定着しつつある。2002年の全国的に問題となった違法農薬使用事件を境に，天敵農薬の出荷額に大きな変化が見られ，2003年以降に大きく増加している（図1）。2009年度の天敵農薬の市場規模は5億9,500万円と予想され，2008年度比で104.4％になっており，2015年度

---

* Hisashi Nemoto　埼玉県農林総合研究センター　水田農業研究所　研究所長

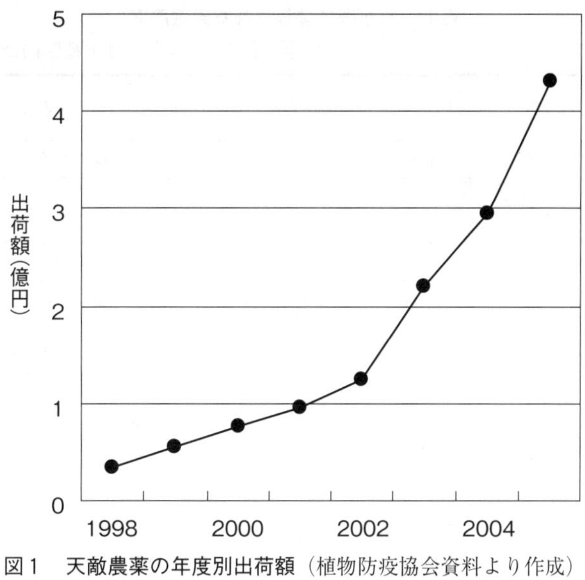

図1　天敵農薬の年度別出荷額（植物防疫協会資料より作成）

予測では7億4,000万円となり，2008年度比129.8％になるという[3]。天敵農薬を含む生物農薬のこうした傾向は，今後も続くと予想される。

1.2　わが国における天敵農薬の変遷

大規模な商業的天敵利用の歴史は高々40年程度で，現在，天敵生産は全世界で約85社が125種の天敵を生産している。欧州の施設栽培を中心に多く使用されているが，生産会社は欧米に多く，ラテンアメリカ，アジア及び南アフリカで急増している[4]。

わが国における天敵農薬の変遷を表1に示した。初めて農薬登録された天敵は，柑橘や柿などの害虫であるルビーロウカイガラムシの寄生者ルビーアカヤドリコバチである[5,6]。第二次世界大戦前，柑橘園ではルビーロウカイガラムシの被害に悩まされていた。戦争末期の1945年に，九州大学の安松京三博士により，同大農学部植物園のゲッケイジュの枝から採集されたルビーロウカイガラムシから発見された寄生蜂ルビーアカヤドリコバチが，ルビーロウカイガラムシを抑制する効果の高いことが分かった。後にこのハチは安松博士らによって，*Anicetus beneficus* Ishii & Yasumatsu, 1954と命名された。このハチは国内各地に移出され，柑橘類の大害虫であったルビーロウカイガラムシは数年間で日本国内の主要なミカン産地から駆逐された。ルビーアカヤドリコバチの天敵農薬としての登録はこのような流れの中で，私的または地域的利用に主眼があったと想像する。

わが国の商業的な天敵農薬の利用は，リンゴやナシの害虫クワコナカイガラムシに対するクワ

表1　わが国で登録された天敵農薬

2009年8月11日現在（日本植物防疫協会資料等より作成）

初登録年度	天敵農薬の種類	天敵の学名	対象害虫	備　考
1951	ルビーアカヤドリコバチ	*Anicetus beneficus*	ルビーロウカイガラムシ	1954年失効
1970	寄生蜂剤クワコナコバチ（クワコナカイガラヤドリバチ）	*Pseudophycus malinus*	クワコナカイガラムシ	1973年失効
1995	オンシツツヤコバチ剤	*Encarsia formosa*	コナジラミ類	
1995	チリカブリダニ剤	*Phytoseiulus persimilis*	ハダニ類	
1998	ククメリスカブリダニ剤	*Neoseiulus cucumeris*	アザミウマ類，ケナガコナダニ	
1998	ナミヒメハナカメムシ剤	*Orius sauteri*	ミカンキイロアザミウマ	
1998	コレマンアブラバチ剤	*Aphidius colemani*	アブラムシ類	
1998	ショクガタマバエ剤	*Aphidoletes aphidimyza*	アブラムシ類	
2001	ヤマトクサカゲロウ剤	*Chrysoperla carnea*	アブラムシ類	
2002	ナミテントウ剤	*Harmonia axyridis*	アブラムシ類	
2002	イサエアヒメコバチ剤	*Diglyphus isaea*	ハモグリバエ類	
2002	ハモグリコマユバチ剤	*Dacnusa sibirica*	マメハモグリバエ	
2003	アリガタシマアザミウマ剤	*Frunklinothrips vespiformis*	アザミウマ類	
2003	デジェネランスカブリダニ剤	*Iphiseius degenerans*	アザミウマ類	2007年失効
2003	サバクツヤコバチ剤	*Eretmocerus eremicus*	コナジラミ類	
2003	ミヤコカブリダニ剤	*Neoseiulus californicus*	ハダニ類，カンザワハダニ	
2005	ハモグリミドリヒメコバチ剤	*Neochrysocharis formosa*	ハモグリバエ類	
2007	チチュウカイツヤコバチ剤	*Eretmocerus mundus*	タバココナジラミ類	
2008	スワルスキーカブリダニ剤	*Amblyseius swirskii*	アザミウマ類，タバココナジラミ類，チャノホコリダニ	

■ 失効天敵農薬

コナカイガラヤドリバチで，「クワコナコバチ」の商品名で1970年に登録された。クワコナコバチは，当時，農薬に変わる「生物農薬」として報道された[7]。しかし，1年限りで製造販売が中止されてしまった（1973年失効）。以上のように，わが国での初期の天敵農薬は果樹を対象にしたものであった。

その後，1970年代の施設栽培面積の拡大に伴い，海外からの非休眠の侵入害虫が定着しやすい条件が整えられ，1974年にはオンシツコナジラミの侵入定着が確認され，その後，数年おきに，アザミウマ類，サビダニ類，ゾウムシ類，ハモグリバエ類，タバココナジラミ類といった害虫の侵入定着が確認されるようになった[8]。侵入害虫でなくても，モモアカアブラムシ，ワタアブラムシ，ナミハダニ等の非休眠の節足動物も恒常的に発生するようになり，施設害虫対策の研究が盛んに行われた。1991年にヨーロッパから導入されたセイヨウオオマルハナバチに続き，この蜂に悪影響がない天敵の使用が求められ，1995年3月にはハダニ類対策のチリカブリダニとオンシツコナジラミ対策のオンシツツヤコバチが農薬登録された。これは，北海道大学の森樊須博士が1966年にアメリカからチリカブリダニを導入してから[9]，30年近くの年月が経っていた。これらの天敵に続き，ハモグリバエ類対策のイサエアヒメコバチとハモグリコマユバチ，アブラムシ類対策のショクガタマバエ，コレマンアブラバチ，アザミウマ類対策のククメリスカブリダニやタイリクヒメハナカメムシといった天敵類が導入され，施設に限定した農薬登録の運びとなった。2002年には，ダイフォルタンやプリクトランといった未登録薬剤の使用が国内で大きな問題となり，オンシツツヤコバチ，コレマンアブラバチ，チリカブリダニ，タイリクヒメハナカメムシといった天敵農薬の出荷額が，それを境にして大いに伸びた（図2）。スワルスキーカブリダニやミヤコカブリダニは，タバココナジラミ類やハダニ類等の薬剤防除が困難な害虫の蔓延と共に注目を集めている。

1.3　欧米における天敵農薬の変遷

米国では1888年カリフォルニア州でオレンジの害虫イセリアカイガラムシの防除にベダリアテントウが放飼され大成功を収めてから，天敵の利用が盛んに試みられるようになった。米国の初期の天敵利用は，果樹栽培を中心に進められた。1920年代になると，昆虫の卵に寄生する卵

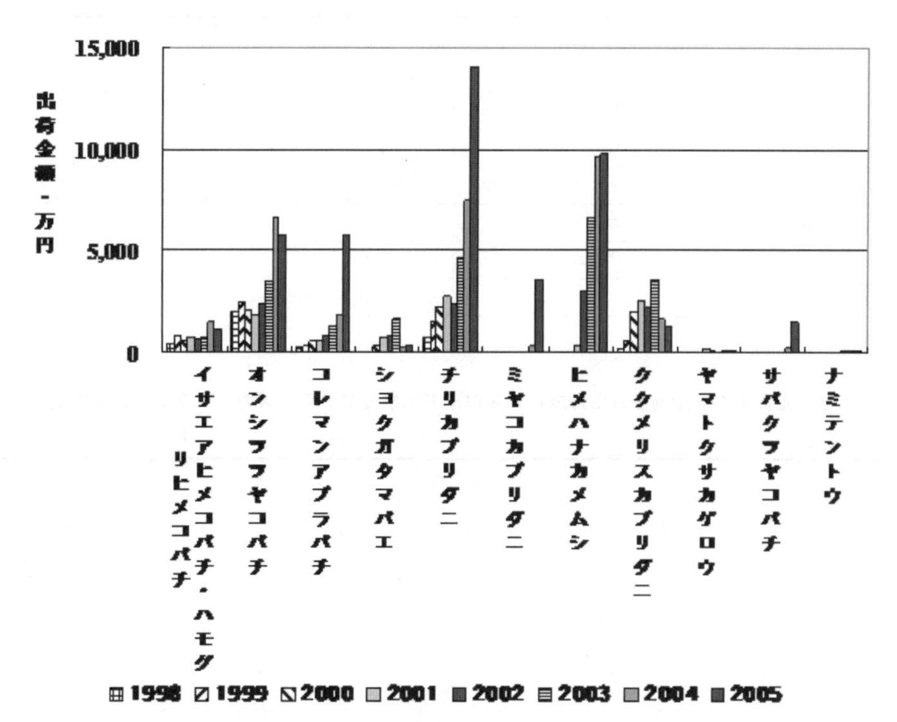

図2　天敵農薬年度別出荷額

寄生蜂であるタマゴコバチ（*Trichogramma* 属）の大量増殖技術が開発され，トウモロコシ，ワタ，ダイズ，トマトといった露地作物のチョウ目害虫対策の天敵農薬として用いられるようになり[10)]，現在では世界中で広く使用されている。殺ダニ剤プリクトランの米国での農薬登録失効に伴うハダニ対策として，果樹，ナッツ，ベリー類やイチゴ等でのファラシスカブリダニ，オクシデンタリスカブラダニ，チリカブリダニが用いられている（表2）。また，カナダでは，リンゴのハダニ対策に合成ピレスロイド抵抗性のファラシスカブリダニが用いられている。このカブリダニは，米国や欧州での使用と比較して，カナダで圧倒的に多く使用されている[11)]（表3）。以上はいずれも露地栽培が対象であるが，欧州の天敵利用の進展に伴い，米国やカナダでも施設での天敵利用が進展している。

欧州では，1926年にイギリスでオンシツコナジラミが大量増殖できるようになり，それに伴いオンシツコナジラミの利用技術が確立された。欧州では，米国と異なり，施設栽培場面で主に使用されている。1968年には，ナミハダニに対するチリカブリダニの利用法が開発されると共に，これらの天敵の大量増殖技術が確立された。その後，ハモグリバエ類に対するコマユバチやヒメコバチ，アザミウマ類に対するカブリダニ類やヒメハナカメムシ類等が順次実用化されてい

表2　北米における露地栽培での天敵農薬の使用例

（Hale 1 and Elliott，2003 を改変）

天敵学名	同左和名	対象害虫	対象作物
Amblyseius fallacis	ファラシスカブリダニ	ハダニ	イチゴ，ミント
Aphidoletes aphidimyza	ショクガタマバエ	アブラムシ	果樹苗
Aphytis melinus	キイロコバチの一種	アカマルカイガラムシ	柑橘，ナッツ
Cryptolaemus montrouzieri	ツマアカオオヒメテントウ	コナカイガラムシ	柑橘，グレープフルーツ
Feltiella acarisuga	ハダニバエ	ハダニ	ベリー
Phytoseiulus persimilis	チリカブリダニ	ナミハダニ	ベリー
Trichogramma sibericum	タマゴコバチの一種	black-headed fireworm	クランベリー

表3　売買または放飼された合成ピレスロイド抵抗性ファラシスカブリダニのほ場件数

（Hale 1 and Elliott，2003）

年	地　　域（1,000件）					合　計
	ブリティッシュ・コロンビア州	オンタリオ州	ケベック州	米国	欧州	
1993	50	550	1250	0	0	1850
1994	1554	436	117	5	80	2192
1995	1996	418	179	697	308	3598
1996	856	206	460	197	492	2211
合計	4456	1610	2006	899	880	9851

る。表４は「天敵農薬」の世界３大製造販売会社であるベルギーのバイオベスト社の製品を示した。害虫のグループに対応した機能の異なる複数の天敵農薬が揃えられているのが分かる。例えば，ワタアブラムシやモモアカカアブラムシ対策のアブラバチであるコレマンアブラバチ *Aphidius colemani* は，ジャガイモヒゲナガアブラムシやチューリップヒゲナガアブラムシと

表４　バイオベスト社の天敵農薬のラインナップ（同社カタログを元に作成）

害虫グループ	対象害虫	天敵グループ	天敵の種類
アブラムシ類	ワタアブラムシ，モモアカカアブラムシ	アブラバチ類	*Aphidius colemani*
	ジャガイモヒゲナガアブラムシ		*Aphidius ervi*
	ジャガイモヒゲナガアブラムシ，チューリップヒゲナガアブラムシ	アブラコバチ類	*Aphelinus abdominalis*
	アブラムシ類	テントウムシ類	*Adalia bipunctata*
		天敵タマバエ	*Aphidoletes aphidimyza*
		クサカゲロウ類	*Chrysoperla carnea*
コナジラミ類	タバココナジラミ類	ツヤコバチ類	*Eretmocerus californicus* *Eretmocerus eremicus* *Eretmocerus mundus*
	コナジラミ類		*Encarsia formosa*
		天敵カメムシ類	*Macrolophus caliginosus*
	コナジラミ類，スリップス類	カブリダニ類	*Amblyseius swirskii*
スリップス類	スリップス類	ヒメハナカメムシ類	*Orius laevigatus*
			Orius majusculus
			Orius insidiosus
		カブリダニ類	*Amblyseius degenerans*
			Neoseiulus cucumeris
ハダニ類	ハダニ類	天敵タマバエ	*Feltiella acarisuga*
	ナミハダニ	カブリダニ類	*Neoseiulus californicus*
	ハダニ，ハダニ（トマト用）		*Phytoseiulus persimilis*
ハモグリバエ類	ハモグリバエ類	コマユバチ類	*Dacnusa sibirica*
		ヒメコバチ類	*Diglyphus isaea*
コナカイガラムシ	コナカイガラムシ	トビコバチ類	*Leptomastix dactylopii*
		テントウムシ類	*Cryptolaemus montrouzieri*
土壌害虫	ネダニ類，スリップス類，クロバネキノコバエ類	ホソトゲダニ類	*Hypoaspis miles*
	ネダニ，スリップス，ミギワバエ類		*Hypoaspis aculeifer*
	土壌害虫（キノコバエ類，ミギワバエ類），ミカンキイロアザミウマ，ネアブラムシ，ネコナカイガラムシ	ハネカクシ類	*Atheta corira*
その他	ナシキジラミ，	ハナカメムシ類	*Anthocoris nemoralis*
	チョウ目害虫の卵	タマゴコバチ類	*Trichogramma* spp.

いったヒゲナガアブラムシ類には寄生性が無い。そこで，これらのヒゲナガアブラムシ対策として，エルビアブラバチ *Aphidius ervi* やアブラコバチの一種 *Aphelinus abdominalis* といった2種類の寄生蜂に加え，テントウムシの一種 *Adalia bipunctata*，ショクガタマバエ *Aphidoletes aphidimyza*，ヒメクサカゲロウ *Chrysoperla carnea* 等といった捕食者が用意されている。同様に，コナジラミ類に関しては，従来のオンシツコナジラミとトマト黄化葉巻病（TYLCV）の媒介者として知られるタバココナジラミ類で，対応する天敵農薬が異なり，オンシツコナジラミにはオンシツツヤコバチ *Encarsia formosa* が，タバココナジラミに対しては，*Eretmocerus californicus*，*Eretmocerus eremicus*，*Eretmocerus mundus* といった3種のツヤコバチの他，天敵カスミカメムシの一種 *Macrolophus caliginosus* やスワルスキーカブリダニ *Amblyseius swirskii* といった捕食者を揃えている。スリップス対策では，3種のヒメハナカメムシ *Orius* spp.と2～3種のカブリダニ類が揃えられている。ハダニ類に対しては，ミヤコカブリダニ *Neoseiulus californicus* 及びチリカブリダニ *Phytoseiulus persimilis* といった2種のカブリダニの他に，天敵タマバエであるハダニバエ *Feltiella acarisuga* も用意されている。これら捕食量や餌に対する選好性等が異なる各種の天敵農薬[12]が組み合わされ，それぞれの作物やその害虫群に対するシステムが揃えられている。

1.4　天敵の製品化と品質基準

天敵農薬は寄生者と捕食者に分けられるが，寄生者は寄生蝿が一部あるものの，大部分は寄生蜂である。捕食者は葉上徘徊性捕食者と捕食性ダニ類に分けられる[13]。多くの場合，葉上徘徊性捕食者は活動範囲が捕食性ダニ類と比較して広く，捕食量も大きい。また，共食い等の対策のため，製品化に当たり発育段階を揃え，蛹や成虫などを使用することが多い。寄生者は餌等との関係から，蛹（多くの場合，寄主の体内にあり，その蛹等を体内に持ったミイラ化した個体を「マミー」と呼んでいる）や成虫，寄生された卵（これも「マミー」と呼ばれる）の形で製品化される（表5）。捕食性ダニ類のほとんどは，各発育段階混合で，バーミキライト等のキャリアーと共に容器に入れられている。蛹やマミーの場合は餌は必要でないが，成虫等や未成熟虫には餌が必要である。

天敵の効果は，利用技術の程度にもよるが，天敵の回収技術，小分け技術，製品の形態，品質低下防止技術等の品質管理によっても大きく影響をうける。品質の端的なものは，容器内の天敵の数である。生きた個体の数が不確定では，一定数を処理することができない。天敵農薬は，天敵を侵す病原体によっても活性が落ちるし，餌条件や容器内の温湿度等の環境の低下によっても活力が下がる。van Lenteren[14]は，維持すべき品質基準のチェック項目である，温湿度，成虫の死亡率，性比，産卵数，羽化率，必要調査個体数等を示した。それらは表に示されたような一定

表５　欧米で一般に使用されている天敵の分類と輸送ステージ

（van Lenteren，2003；根本，1995 等を元に作成）

天敵のタイプ	天敵グループ	天敵の種類	輸送時発育段階	主な使用地域*
寄　生　蜂（蝿）	コマユバチ類	*Dacnusa sibirica*	成虫	欧州
	アブラバチ類	*Aphidius colemani* *Aphidius ervi*	蛹	
	ツヤコバチ類	*Encarsia formosa*		欧州，北米
		Eretmocerus californicus		北米，欧州
		Eretmocerus mundus		欧州
		Aphytis melinus	成　虫	北米，欧州
	アブラコバチ類	*Aphelinus abdominalis*		欧州
	ヒメコバチ類	*Diglyphus isaea*		
	トビコバチ類	*Leptomastix abnormis* *Leptomastix dactylopii* *Leptomastix epona*		
		Metaphycus helvolus		北米，欧州
	タマゴコバチ類	*Trichogramma brassicae*	被寄生卵	欧州
		Trichogramma evanescens *Trichogramma* spp.		北米，欧州
	ハエ類	ハエ類	蛹	
葉上徘徊性捕食者	テントウムシ類	*Cryptolaemus montrouzieri*	成　虫	北米，欧州
		Delphastus pusillus *Harmonia axyridis*		欧州
		Hippodamia convergens		北米，欧州
	ヒメハナカメムシ類	*Orius insidiosus*		北米
		Orius laevigatus *Orius majusculus*		欧州
	カスミカメムシ類	*Macrolophus caliginosus*		
	ショクガタマバエ類	*Aphidoletes aphidimyza*	蛹	
	クサカゲロウ類	*Chrysoperla carnea* *C. rufilibris*	卵，幼虫，成虫，混合	北米，欧州
捕食性ダニ類	カブリダニ類	*Amblyseius degenerans*	混　合	欧州
		Galendromus occidentalis		北米
		Neoseiulus californicus *Neoseiulus cucumeris* *Phytoseiulus persimilis*		欧州，北米
	ホソトゲダニ類	*Hypoaspis aculeifer* *Hypoaspis miles*		欧州

＊地域が並列している場合は，前者がより主

の条件下で行う必要がある（表6）。例えば，ククメリスカブリダニは，気温22℃，湿度70％，16L–8Dの日長条件下で，30頭のダニについて調査し，1雌が7日間に7個以上の産卵があることが要求される。また，アブラバチでは，気温22℃，湿度60％，16L–8Dの日長条件下で，産卵に関しては30頭，その他の項目では500頭について調査し，性比は45％以上，ワタアブラムシを被寄生者とした場合，1雌が最初の1日に70個以上産卵し，ボトル内に入っているマミーの羽化率は一週間で70％以上なければならない。さらに，チェックの仕方は，調査項目と天敵の生態によって異なるため，天敵の種類ごとに基準値が提案されている。

1.5　世界の既存製剤の動向

1.5.1　寄生蜂

(1)　コマユバチ類

①　ハモグリコマユバチ（日本：既登録）

学名：*Dacnusa sibirica*

製品安定性：2～3日（8～10℃，暗所）

作用機構：成虫がハモグリバエ幼虫体内に産卵，ハモグリバエ蛹化時に蜂が羽化，アシグロハモグリバエやマメハモグリバエ，ナスハモグリバエ対策に用いられる。22℃以下でハモグリバエよりも成長速度が速い。

薬害等：作物への毒性や病原性は認められない。

(2)　アブラバチ類

①　コレマンアブラバチ（日本：既登録）

学名：*Aphidius colemani*

製品安定性：放飼用4～5日（温度 5℃，相対湿度70～80％，日長時間16L–8D，飼育は20℃以上）

作用機構：成虫がアブラムシ成虫または老齢若虫の体内に産卵，アブラムシ体内で成長する。ハモグリバエ蛹化時に被寄生アブラムシは膨らみ，表皮が堅くなる。これを，「マミー」と呼んでいる。生育期間は，15℃で20日，24℃で12日。高密度のポイントに処理する。麦を用いたバンカー植物も利用できる。

薬害等：作物への毒性や病原性は認められない。

②　エルビアブラバチ

学名：*Aphidius ervi*

製品安定性：18時間（温度6～8℃，冷暗所）

作用機構：成虫がアブラムシ成虫体内に産卵，ハモグリバエ蛹化時に蜂が羽化，コレマンアブラ

表6　各種天敵類の品質管理基準（van Lenteren，1993 を基に根本作成）

天敵の種類	試験条件		成虫死亡率%	性比%	産卵数	必要調査個体数	羽化率%	その他
	温度（℃）	湿度（%）						
ククメリスカブリダニ	22±1	70±5	—	—	≧7 卵/♀/7 日	30	—	
デジェネランスカブリダニ	22±1	70±5	—	50	≧1 卵/♀/日	30（性比 500）	—	
アブラコバチの一種（*Aphelinus abdominalis*）	22±2	60～80	<10	≧45♀	≧60 卵/♀/8 日	300（産卵 30）	80（2 週以内）	
アブラバチ 2 種（*Aphidius* spp.）	22±2	60±5	—	≧45♀	ワタ≧70 卵/♀/1 st 日 モモアカ≧40 卵/♀/1 st 日	500（産卵 30）	≧70（1 週以内）	
ショクガタマバエ（週毎羽化試験）	22±2 25	80±5	—	≧45♀	≧40 卵/♀/4 日	500（産卵 30）	70（1 週以内）	
ヒメトクサカゲロウ（*Chrysoperla Carnea*）	25±1	70～90	<20（5 日）	—	—	30（孵化率 200）	（孵化率≧65 %）	≧65 %が 1 齢から 2 齢へ
ハモグリコマユバチ（*Dacunusa sibirica*）	22±2	60±5	≦5	≧45♀	≧40 卵/♀/4 日	500（産卵 10）	—	
カスミカメムシの一種（*Dicyphus tamanini*, *Macrolophus caliginosus*）	22±2	75	≦5	≧45♀	M.c.≧4 卵/♀/72 時間 D.t.≧8 卵/♀/72 時間	500（産卵 30）	—	
イサエアヒメコバチ（*Diglyphus isaea*）	25±2	60±5	≦5	≧45♀	≧40 卵/♀/3～7 日	500（産卵 30）	—	≧75 %♀が 5 日以内に産卵
オンシツツヤコバチ	22±2	60～90	—	≧98♀	≧7 卵/♀/日	500（産卵 30）	ラベルに記載	羽化後 24 時間以内の頭幅計測
フジコナヒゲナガトビコバチ（*Leptomastix dactylopii*）	25±2	70±5	≦10	≧45♀	≧40 頭/♀/14 日	500（産卵 30）	—	
ヒメハナカメムシ類 4 種（*Orius* spp.）	22±1	70±5	容器に生存数記載	≧45♀	≧30 卵/♀/14 日	500（産卵 30）	—	
チリカブリダニ	22－25	70±5	容器に生存数記載	≧70♀	≧10 卵/♀/5 日	30（性比 500）	—	♀の 80 %が 5 日以上生存
タマゴコバチ類 3 種（*Trichogramma brassicae*）	23±2	75±10	—	≧50♀	≧40 頭/♀/7 日	500（産卵 30）	≧80	♀の 80 %が 7 日以上生存
（*Trichogramma cacoeciae*）	23±2	75±10	—	100♀	≧30 頭/♀/7 日	500（産卵 30）	≧80	♀の 80 %が 7 日以上生存
（*Trichogramma dendrolimi*）	23±2	75±10	—	≧50♀	≧75 頭/♀/7 日	500（産卵 30）	≧80	♀の 50 %が 7 日以上生存

日長条件はいずれも 16 L-8 D

バチでは制御できないジャガイモヒゲナガアブラムシやチューリップヒゲナガアブラムシの制御に用いる。全発育期間は，14 ℃で 26 日，20 ℃で 13.5 日，23.6 ℃で 12 日かかる。雌成虫は約 350 卵を産下し，最初の 5 ～ 7 日間は 55 個／日程度産卵する。トマト，ピーマン，ナス，ガーベラ，バラ，キュウリ，イチゴ，豆等の作物で用いられる。また，毎週 0.05～0.1 頭／m^2 の予防処理が行われる。この寄生が確認されると直ちに毎週 0.5～2 頭／m^2 の割合で処理される。また，ショクガタマバエと共に処理されることも多い。

薬害等：作物への毒性や病原性は認められない。

(3)　ツヤコバチ類

①　オンシツツヤコバチ（日本：既登録）

学名：*Encarsia formosa*

製品安定性：7 日（温度 8 ℃，相対湿度 70～80 %，日長時間 16 L–8 D）

作用機構：ツヤコバチ成虫によるオンシツコナジラミ発育段階初期若虫への寄主体液摂取（host feeding）や寄生（3 齢若虫への産卵）による死亡。生育期間は，18 ℃で 34 日，27 ℃で 15 日。18 ℃以下での分散飛行は減少する。

薬害等：作物への毒性や病原性は認められない。

②　サバクツヤコバチ（日本：既登録）

学名：*Eretmocerus eremicus*

製品安定性：18 時間（温度 6～10 ℃）

作用機構：ツヤコバチ成虫によるタバココナジラミ発育段階初期の若虫への寄主体液摂取（host feeding）や寄生（2 齢及び 3 齢初期若虫への産卵）による死亡。生育期間は，温度にもよるが，17～20 日。2 週間後に被寄生虫は黄変する。タバココナジラミ類発生の極初期に使用する。高温耐性に優れ，活動可能温度は 17～33 ℃，最適温度は 20～30 ℃で，産卵数は 17 個／雌・日，20 ℃では 6 頭／m^2，1 週間間隔で 4 回放飼する。

薬害等：作物への毒性や病原性は認められない。

③　ムンダスツヤコバチ（日本：既登録）

学名：*Eretmocerus mundus*

製品安定性：18 時間（温度 6 ～10 ℃，相対湿度%，暗所），太陽の直射光にさらさない。

作用機構：ツヤコバチ成虫によるタバココナジラミ発育段階初期の若虫への寄主体液摂取（host feeding）で，死亡率の約 40 %はこれによる。2 齢及び 3 齢初期若虫に産卵し，寄生する。生育期間は，28 ℃で 14 日。雌成虫は，20 ℃で最高 2 週間生存する。処理量は 10～12 頭／m^2。

薬害等：作物への毒性や病原性は認められない。

④　キイロコバチの一種

学名：*Aphytis melinus*

製品安定性：3日（温度10℃，相対湿度40～50％，暗所）

作用機構：カイガラムシの寄生者で，アカマルカイガラムシ等の数種のカイガラムシに寄生する。卵は孵化後約12日で成虫となり，成虫は蜜を餌に約26日間生存する。気温24.4～29.4℃で，カイガラムシ20～30頭に1頭またはha当たり24,500頭の割合で，2週間隔で3～4回放飼する。サイズによるが，カイガラムシに1～5個産卵する。

薬害等：作物への毒性や病原性は認められない。

(4)　アブラコバチ類

①　アブラコバチの一種

学名：*Aphelinus abdominalis*

製品安定性：2～3日（温度8～10℃，冷暗所）

作用機構：広範囲のアブラムシの各発育段階（有翅虫にさえ）に寄生可能。アブラムシ体内で発育し，20℃では7日程度で蛹となり，黒いマミーとなる。産卵期間は長く，羽化初日は活発に産卵し，3～4日目に平常となる。約8週間，5～10頭／日の割合でアブラムシに寄生し続ける。未寄生アブラムシからの寄主体液摂取（host feeding）や甘露等により摂食する。コレマンアブラバチでは制御できないジャガイモヒゲナガアブラムシやチューリップヒゲナガアブラムシ制御に用いる。成虫またはマミーで販売される。処理量は2～4頭／m^2，通常ショクガタマバエと共に用いられる。

薬害等：作物への毒性や病原性は認められない。

(5)　ヒメコバチ類

①　イサエアヒメコバチ（日本：既登録）

学名：*Diglyphus isaea*

製品安定性：2～3日（温度8～10℃，相対湿度％，暗所）

作用機構：死亡の大部分はヒメコバチ成虫によるハモグリバエ幼虫の吸汁による。本種は幼虫寄生者で，成虫が葉の表皮を通してハモグリ幼虫に針を刺して麻痺させ，その近くに1～数個産卵する。初期はハモグリバエ幼虫の外部から捕食し，老齢になり幼虫体内に食入する。卵から成虫までの期間は，15℃で25日，25℃で10日。しばしば，ハモグリコマユバチとの混合として売られる。高密度所処理。

薬害等：作物への毒性や病原性は認められない。

(6)　トビコバチ類

①　フジコナヒゲナガトビコバチ

学名：*Leptomastix dactylopii*

製品安定性：保存はできない。

作用機構：寄生蜂の成虫はコナカイガラの3齢幼虫や成虫のそれぞれに，1卵ずつ産卵。園芸及び果樹のミカンコナカイガラムシ防除に用いられる。製品はボトル詰め込み剤無しの成虫のみ。

薬害等：作物への毒性や病原性は認められない。

② トビコバチの二種

学名：*Leptomastix abnormis*

Leptomastix epona

製品安定性：保存はできない。

作用機構：寄生蜂の成虫はコナカイガラの3齢幼虫や成虫のそれぞれに，1卵ずつ産卵。園芸及び果樹のミカンコナカイガラムシ防除に用いられる。製品はボトル詰め込み剤無しの成虫のみ。

薬害等：作物への毒性や病原性は認められない。

(7) タマゴコバチ類

① タマゴコバチの二種

学名：*Trichogramma brassicae*；*Trichogramma evanescens*

製品安定性：2～3日（温度10～15℃，暗所）

作用機構：寄生蜂成虫はチョウ目の卵内に産卵し，卵内で育った蜂が卵から羽化する。施設栽培作物のチョウ目害虫の防除に用いられる。施設では2～20頭／m^2を毎週処理。

薬害等：作物への毒性や病原性は認められない。

② タマゴコバチの一種

学名：*Trichogramma ostriniae*

製品安定性：2～3日（温度10～15℃，暗所）

作用機構：寄生蜂成虫はチョウ目の卵内に産卵し，卵内で育った蜂が卵から羽化する。トウモロコシを加害するヨーロッパアワノメイガ対策に，1 ha当たり10万頭の割合で放飼されている。

薬害等：作物への毒性や病原性は認められない。

1.5.2 葉上徘徊性捕食者

(1) テントウムシ類

① ツマアカオオヒメテントウ

学名：*Cryptolaemus montrouzieri*

製品安定性：2～3日（温度15～20℃，暗所）

作用機構：成幼虫はコナカイガラムシの各発育段階を捕食する。施設栽培で使用。製品はボトル詰め込み剤無しの成虫のみ。

薬害等：作物への毒性や病原性は認められない。

②　アメリカツヤテントウ

学名：*Delphastus pusillus*

製品安定性：2～3日（温度15～20℃，暗所）

作用機構：各発育段階のテントウムシがコナジラミ各態を捕食する。成虫は日当たり最高160卵，または，12頭の若虫を捕食する。雌成虫が次世代を増殖するためには，日当たり200卵以上を捕食する必要がある。成幼虫はオンシツツヤコバチやチチュウカイツヤコバチにより寄生されたコナジラミの若虫の捕食をさける。卵から成虫までは，26.7～29.4℃でおよそ3週間である。雌成虫は約2ヵ月間生存する。その間，コナジラミ卵集団内に，日当たり3～4個産卵する。幼虫は1,000個のコナジラミ卵を捕食する。

薬害等：作物への毒性や病原性は認められない。

③　ヒポダミアテントウ

学名：*Hippodamia convergens*

製品安定性：2～3日（温度8～10℃，相対湿度%，暗所）

作用機構：各発育段階のアブラムシを捕食する。施設栽培で用いられる。製品の詰め込み剤としてのおが屑と共に成虫を充てん。

薬害等：作物への毒性や病原性は認められない。

(2)　ヒメハナカメムシ類

①　タイリクヒハナカメムシ（日本：既登録，日本土着種，日本のみ）

学名：*Orius strigicollis*

②　ヒハナカメムシの一種　学名：*Orius insidiosus*

③　ヒハナカメムシの一種　学名：*Orius laevigatus*

④　ヒハナカメムシの一種　学名：*Orius majusculus*

製品安定性：3～4日（温度8℃，相対湿度70～80%，暗所）

作用機構：成幼虫は各種の幅広い微小害虫の各発育段階を捕食する。主に施設栽培でのアザミウマ類防除に用いられる。発育は温湿度に影響され，13～30日程度である。主にミカンキイロアザミウマ *Frankliniella occidentalis* 用に，ククメリスカブリダニ *Neoseiulus cucumeris* に続けて処理する。ソバ殻入りの500 mlの容器内に，成虫500頭が封入されている。欧州では，第一及び第二若虫2,000頭の入ったものが，速効を期待するものとして利用できる。

薬害等：作物への毒性や病原性は認められない。

(3) カスミカメムシ類

① カスミカメムシの一種

学名：*Macrolophus caliginosus*

製品安定性：2～3日（温度8～10℃，冷暗所）

作用機構：全発育段階のコナジラミから体液を吸汁し，幼虫をより好む。オンシツコナジラミやタバココナジラミ防除に用いられる。製品の詰め込み剤としてのバーミキライトと共に充てん。

薬害等：作物への毒性や病原性は認められない。

(4) タマバエ類

① ショクガタマバエ（日本：既登録）

学名：*Aphidoletes aphidimyza*

製品安定性：7日（温度8℃，相対湿度70～80％，暗所または日長時間16L–8D）

作用機構：幼虫による捕食。タマバエ成虫はアブラムシのコロニーの近くに産卵する。幼虫はアブラムシ脚の膝部を噛んで唾液を注入し，麻痺させ，体液を摂取する。5日間に，最高50頭のアブラムシを殺せる。卵から成虫までの期間は，20℃以上で21日，200個／雌産卵。終齢幼虫は短日で休眠する。これは，補光により回避できる。成虫または蛹で販売される。

薬害等：作物への毒性や病原性は認められない。

② ハダニバエ

学名：*Feltiella acarisuga*

製品安定性：7日（温度 8℃，相対湿度70～80％，暗所または日長時間16L–8D）

作用機構：幼虫による捕食。タマバエ成虫はハダニのコロニーの近くに産卵する。卵から成虫までの15～25℃相対湿度50％での発育環は26～33日，平均29日。幼虫は30℃以上または相対湿度30％以下では生存できない。最適温湿度は，20℃，90％である。

薬害等：作物への毒性や病原性は認められない。

(5) クサカゲロウ類

① ヒメクサカゲロウ，ヤマトクサカゲロウ（日本：既登録）

学名：*Chrysoperla carnea*

② クサカゲロウの一種

学名：*Chrysoperla rufilibris*

製品安定性：保存はできない。製剤到着後直ちに処理する。

作用機構：幼虫による捕食。主にアブラムシを，その他に体が柔らかいコナジラミ，カイガラムシ，ハダニ，チョウ目の卵を捕食する。幼虫期間は2～3週間で，日当たり20頭のアブラムシを捕食する。

薬害等：作物への毒性や病原性は認められない。

1.5.3　捕食性ダニ類

(1)　カブリダニ類

①　スワルスキーカブリダニ（日本：既登録）

学名：*Amblyseius swirskii*

製品安定性：１～２日（温度 10～15 ℃，通気の良い冷所）

作用機構：卵を除く全ての発育段階のカブリダニは，アザミウマ類，タバココナジラミ類，チャノホコリダニを食す。容器内にはカブリダニの餌としてサトウダニ *Carpoglyphus lactis* が含まれる。

卵から成虫までは 26 ℃，70 ％で５～６日，25 ℃での日当たり産卵数は２個，日当たり捕食数はアザミウマ１齢幼虫で５～６頭，コナジラミ卵で 10～15 個，同１齢幼虫で 15 頭である。

薬害等：作物への毒性や病原性は認められない。

②　デジェネランスカブリダニ（日本：登録失効）

学名：*Amblyseius degenerans*

製品安定性：２～10 日（製品形態により異なる。温度 10℃，暗所）

作用機構：卵を除く全ての発育段階のカブリダニは，１齢幼虫を食す。植物外被下に産卵され，卵から成虫までは 25 ℃で 12 日，種々の花粉で発育でき，発育期間の平均は 25 ℃下で 8.5 日，活動は 15～30 ℃，70～85 ％で行われる。最適温度は，20～27 ℃。

薬害等：作物への毒性や病原性は認められない。

③　オクシデンタリスカブリダニ

学名：*Galendromus occidentalis*

製品安定性：２～３日（温度８～10 ℃，冷暗所）

作用機構：捕食。園芸作物や果樹を加害する *Tetranychus* 属ハダニやリンゴハダニ防除に用いられる。製品の詰め込み剤としてのおが屑と共に充てん。

薬害等：作物への毒性や病原性は認められない。

④　ミヤコカブリダニ（日本：既登録）

学名：*Neoseiulus californicus*

製品安定性：7 日（温度 10 ℃，相対湿度 60 ％，冷暗所）

作用機構：卵を除く全ての発育段階のカブリダニは全発育段階のハダニやホコリダニを捕食する。発育期間は 17.8 ℃で 12 日，32.2 ℃で４日である。25 ℃では２週に日当たり３個を，一生では 43 個産卵する。多くの農薬に耐性を持つが，放飼後１週間以内の農薬散布は控える。

25 ℃条件下で，卵から成虫までの期間 5 日，12.8℃以下で生殖が止まり，25～35 ℃では生殖は盛んである。43.3 ℃までの生存は確認されている。雌成虫はハダニの卵を 5.3 個／日捕食する。カブリダニは花粉での増殖はできないものの，生存を伸ばすことが可能である。

薬害等：作物への毒性や病原性は認められない。

⑤　ククメリスカブリダニ（日本：既登録）

学名：*Neoseiulus cucumeris*

製品安定性：2～10 日（製品形態により異なる。温度 10 ℃，暗所）

作用機構：卵を除く全ての発育段階のカブリダニは，1 齢幼虫を食す。植物外被下に産卵され，卵から成虫までは 25 ℃で 8.8 日，活動温湿度は 15～30（最適温度 20～27）℃，70～85 %で行われる。日当たり産卵数は 1.2～2.2 個，日当たり捕食数はアザミウマ 1 齢幼虫で 3.6～6 頭である。

薬害等：作物への毒性や病原性は認められない。

⑥　チリカブリダニ（日本：既登録）

学名：*Phytoseiulus persimilis*

製品安定性：4 日（温度 8 ℃，相対湿度 70～80 %）

作用機構：卵を除く全ての発育段階のカブリダニは全発育段階のハダニを捕食する。卵から成虫までの発育期間は，15 ℃で 25 日，30 ℃で 5 日，最適活動温度は 17～30 ℃，最適繁殖温度は 20～28 ℃，最適捕食温度は 26 ℃。湿度 50～85 %。野菜や花を加害する *Tetranychus* 属ハダニ防除に用いられる。放飼時期は，餌が *Tetranychus* 属ハダニのみのため，ハダニが増殖してから放飼するペスト・イン・ファースト法が行われる。ハダニの餌付きの製品も販売されている。

(2)　ホソトゲダニ類

①　ホソトゲダニの一種

学名：*Hypoaspis aculeifer*

製品安定性：1～2 日（温度 10～15 ℃，湿った暗所）

作用機構：成虫と若虫はクロバネキノコバエ，ネダニ及び土壌害虫の幼虫を捕食する。休眠は確認されていない。容器内にはホソトゲダニの餌としてケナガコナダニが含まれる。植物体上でなく，土壌表面に 100～500 頭／m^2 処理する。

薬害等：作物への毒性や病原性は認められない。

②　ホソトゲダニの一種

学名：*Hypoaspis miles*

製品安定性：48 時間以内（温度 15～20 ℃，暗所），2～3 週間（7.2～12.8 ℃冷暗所）

作用機構：成虫と若虫はアザミウマの前蛹および蛹，を捕食する。卵から成虫までの期間は，15℃で33.7日，28℃で9.2日である。最低発育温度は10～12℃の間にあり，アシブトコナダニ *Acarus siro* を捕食したときの，日当たり産卵数は2～3個である。未受精卵は雄となる。0～1日齢の成虫は絶食状態で約24日生存し，6日間摂食させその後絶食雌させた場合，成虫は約65日，雄は約45日生存する。餌付きの場合，60％の雄雌が142日間生存した。
薬害等：作物への毒性や病原性は認められない。

文　　献

1）根本久，天敵利用と害虫管理，pp.181，農文協（1995）
2）根本久，天敵（昆虫）農薬，pp.313，ソフトサイエンス社（2004）
3）富士経済ホームページ，多様化するアグリビジネスの現状と新展開，
http://www.group.fuji-keizai.co.jp/（2009）
4）J. C. van Lenteren ed., Quality Control and Production of Biological Control Agents, 327 pp., CABI. Publishing（2003）
5）行徳裕，天敵農薬利用の現状と問題点，日本農薬学会誌，**30**（2），pp.165-170（2005）
6）農林水産消費安全技術センター，登録・失効農薬情報，
http://www.acis.famic.go.jp/toroku/index.htm（2009）
7）小原秀雄，自然からの警告　生物農薬を考える，pp.230，家の光協会（1968）
8）桐谷圭治，「ただの虫」を無視しない農業，pp.192，築地書館（2004）
9）森樊須 編，天敵農薬，pp.130，日本植物防疫協会（1993）
10）矢野栄二，天敵―生態と利用技術―，pp.108-109，養賢堂（2003）
11）天野洋，天敵利用のはなし，根本久，矢野栄二 編，pp.92-97，技法堂出版（1995）
12）C. Tomlin ed., The pesticide Manual, 1344 pp., BCPC Publications（2006）
13）K. L. Barrlett *et al*., Guidance document on regulatory testing procedures for pesticides with non-target arthropods, 51 pp., SETAC-Europe（1994）
14）J. C. van Lenteren, *Newsletter on Biological Control in Greenhouse*, **13**, pp.3-24（1994）

2　微生物農薬

土井清二[*1]，藤森　嶺[*2]

2.1　はじめに

46億年前，混沌とした宇宙の中から地球が生まれた。36億年前には原始生命（原核・単細胞微生物）が誕生し，海の中でじっくりと育まれた。生物が陸上に進出したのは4億年前，その頃のシダ植物の化石からある種の微生物（菌根菌）の共生が確認されている。何十億年もかけて増殖・進化・多様化を続けた微生物は，その間にあらゆる環境に適応できる多様な種を発生させ，多くの素晴らしい機能を身につけてきた。

地球上のどんなに深い海の底にも，どんなに高い山の頂にも，そして沸騰しそうな温泉の中にも微生物は住み着き，生態系を形成している。また，身近な道端の土壌一つまみ（約1グラム）の中には億にも達する多種多様な微生物が生息し，昆虫や植物とともにバランスのとれた生態系を維持している。有機物の分解・還元や空気中窒素の固定・循環，そして植物や動物（昆虫）との共生・寄生など，微生物は地球の環境改善や生態系の形成・維持に大きな役割を果たしている。微生物農薬とは，この“太古の昔から繰り返される微生物と微生物，植物，動物等とのせめぎ合い・調和現象を活用したもの”つまり“自然現象そのものを利用して病害虫・雑草から作物を保護する技術”と言うことができる。微生物農薬が「人と環境に優しく，『食の安全・安心』に貢献する技術」とか「環境保全型農業の推進に具体的に貢献する技術」と評価されるのはこのためである。

2.2　微生物農薬の歴史

微生物と農業との関わりは古く，農業生産者は技術の伝承や自らの経験を通じて微生物の活用を進めてきた。たとえば，土壌微生物の活性化が環境変化に強い植物の育成や土壌病害の抑制に効果的であることを知り，適切な有機物の施用などによる土づくりの重要性が認識されてきた。また近年，ある種の微生物（群）を人工的に培養・製剤化し，健苗育成とか病害軽減などをうたって農業用微生物資材として販売されているものもある。しかしこれらを微生物農薬とは呼ばない。

微生物農薬とは「有効成分としての微生物を生きたまま製剤化し，環境中で働かせて病害虫・雑草から作物を守る農薬」ということができる。つまり，①効果を発揮するための有効成分が微生物そのものである，②その微生物が生きたまま製剤化されている，③農薬取締法に準拠し，農薬としての登録がなされている，ことが必須条件になっている。上記農業用微生物資材と微生物

＊1　Seiji Doi　元：出光興産㈱

＊2　Takane Fujimori　東京農業大学　総合研究所　客員教授，元：日本たばこ産業㈱

農薬との違いは，③の農薬登録の有無によると考えるとわかりやすい。

日本での微生物農薬は，1954年に登録されたタバコ白絹病用微生物殺菌剤としての対抗菌剤（*Trichoderma* 菌：2004年失効）に始まる。1981年には鱗翅目害虫防除用微生物殺虫剤としてのBT剤（*Bacillus thuringensis* 菌）が開発・上市され，農薬会社を中心に展開が図られた。このBT剤の有効成分はBT菌が生産し製剤中に含有する殺虫性たんぱく質であり，製剤中でのBT菌の生死が効果に大きく影響しないことから，厳密な意味での“微生物農薬”か，については議論のあるところである。しかしながら，使用方法や取り扱いが従来の化学農薬と同じように簡易であり，鱗翅目害虫に卓効を示すことから，現在も広く使用されている。

その後，1989年にはバラの根頭がんしゅ病用微生物殺菌剤としてのバクテローズ（*Agrobacterium* 菌），1990年のサツマイモネコブセンチュウ用微生物殺虫剤としてのネマヒトン（*Monacrosporium* 菌），1995年のカミキリムシ類用微生物殺虫剤としてのバイオリサ･カミキリ（*Beauveria* 菌），1997年のスズメノカタビラ用微生物除草剤としてのキャンペリコ水和剤（*Xanthomonas* 菌），軟腐病用微生物殺菌剤としてのバイオキーパー水和剤（*Erwinia* 菌）が開発され，少しずつ品目数が増加した。

しかし，現在の微生物農薬の流れは1997年8月に農林水産省から公表された「微生物農薬の農薬登録申請に係わる試験成績の取扱について」（通称：微生物農薬ガイドライン）に依るところが大きい。これまで曖昧であった微生物農薬の農薬登録基準に一定の指針を与え，開発への道筋が見えてきたことが，特に異業種からの事業参入に拍車をかけた。1998年には灰色かび病用微生物殺菌剤としてボトキラー水和剤（*Bacillus* 菌），2001年にはイチゴたんそ病・うどんこ病用微生物殺菌剤としてのバイオトラスト水和剤（*Talaromyces* 菌），トマト青枯病用微生物殺菌剤としてのセル苗元気（*Pseudomonas* 菌），アブラムシ類用微生物殺虫剤としてのバータレック（*Verticillium* 菌），コナジラミ用微生物殺虫剤としてのプリファード水和剤（*Paecilomyces* 菌）などが相次いで開発された。表1に現在市販されている微生物農薬の一覧を示した。

現在日本で市販されている微生物農薬は，BT剤を除き，微生物殺虫剤9種，微生物殺菌剤15種，微生物除草剤1種の計25種である（2008年度農薬要覧より）。化学農薬の商品数約4500種（有効成分約500種）と比べると圧倒的に少なく，今後さらなる微生物農薬開発の加速が望まれる。

2.3　微生物農薬の開発

微生物農薬開発のステップを図1に示した。有効成分としての微生物の探索は，最終製品の効果・性能の源泉であり，また人や環境生物に対して安全かつ環境中で活発に働く丈夫な微生物を選択する意味で重要である。また，使い易く保存安定性の良い製剤化の工夫や安価な微生物大量

表1　国内微生物農薬一覧（2008年）

	商品名	有効成分（微生物）	生物種	メーカー	商品化年
殺虫剤	BT水和剤	バチルス・チューリンゲンシス	細菌	4社[1)]	1982
	BT（顆粒）		細菌	5社[2)]	1998
	BT（フロアブル）		細菌	4社[3)]	1998
	BT（DF）		細菌	住友化学／日本G&G	1998
	バイオセーフ	スタイナーネマ・カーボカプサエ	線虫	SDSバイオ	1993
	バイオトピア	スタイナーネマ・グラセライ	線虫	SDSバイオ	2001
	パストリア水和剤	パスツーリア・ペネトランス	細菌	サンケイ化学	2002
	バイオリサ	ボーベリア・ブロニアティ	かび	出光興産	1995
	ネマヒトン	モナクロスポリウム	かび	トモエ化学	1990
	バータレック	バーティシリ・レカニ	かび	アリスタライフサイエンス	2001
	マイコタール	バーティシリ・レカニ	かび	アリスタライフサイエンス	2004
	ボタニガードES	ボーベリア・バシアーナ	かび	アリスタライフサイエンス	2003
	プリファード水和剤	ペキロマイセス	かび	東海物産	2001
殺菌剤	バクテローズ	アグロバクテリウム	細菌	日本農薬	1989
	セル苗元気	シュドモナス・フルオレスセンス	細菌	多木化学	2002
	ベジキーパー	シュドモナス・フルオレスセンス	細菌	セントラル硝子	2006
	バイオキーパー水和剤	非病原性エルビニア	細菌	セントラル硝子	1997
	モミゲンキ水和剤	シュドモナス・CAB 2	細菌	セントラル硝子	2002
	モミホープ	バチルス・シンプレックス	細菌	セントラル硝子	2002
	エコホープ水和剤	トリコデルマ・アトロビリデ	かび	クミアイ化学	2003
	エコホープドライ	トリコデルマ・アトロビリデ	かび	クミアイ化学	2005
	バイオワーク	バチルス・ズブチリス	細菌	丸和バイオ	2001
	インプレッション	バチルス・ズブチリス	細菌	SDSバイオ	2001
	エコショット	バチルス・ズブチリス	細菌	クミアイ化学	2006
	ボトキラー水和剤	バチルス・ズブチリス	細菌	出光興産	1999
	ボトピカ水和剤	バチルス・ズブチリス	細菌	出光興産	2004
	バイオトラスト水和剤	タラロマイセス・フラバス	かび	出光興産	2001
	タフパール	タラロマイセス・フラバス	かび	出光興産	2007
除草剤	キャンペリコ水和剤	ザントモナス・キャンペストリス	細菌	多木化学（開発JT）	1997

＊　2008年農薬要覧（H 18/10～H 19/9実績）

1)　クミアイ化学，SDSバイオ，住友化学，協友アグリ
2)　北興化学，SDSバイオ，アグロカネショウ，住化武田，セルティスジャパン
3)　サンケイ化学，明治製菓，アリスタライフサイエンス，住友化学

培養法の開発等のコスト低減検討も，売れる商品開発としては欠かせない努力要素である。しかしながら微生物農薬ビジネスを成立させようとした場合，これら基礎段階での検討に多大なる時間と経費をかける訳にはいかないことも現実の問題としてある。その理由については後述する。

実験室，実験温室レベルの検討で商品化要件がクリアできたら，公的試験機関による薬効・薬

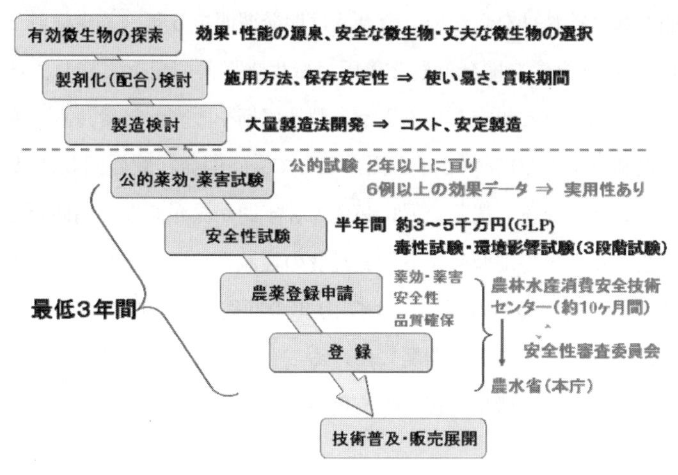

図1　微生物農薬の開発～開発のステップ～

害試験に入る。対象とする作物／病害虫／施用方法を定め，開発段階で決定した製剤型を用いて薬効・薬害試験を実施するが，最低でも2年間，6例以上の効果事例を積み上げ「実用性あり」の判断が得られることが必要とされる。

人や環境生物等に対する安全性を確認するには原体（有効成分）と製剤に対しての安全性試験の実施が必要である。微生物農薬においては，これらの試験は3段階試験方式で進めることができる。この方式は，定められた1段階目の試験で異常が認められなければ第2段階以降の試験に進めなくてもよいというもので，3段階試験全ての試験実施が必要な化学農薬とは大きく異なる。第1段階で試験が完了するならば期間は半年以内，約3～5千万円程度の試験費用で済むことになる（化学農薬の場合は3段階全てを実施し，約2年以上，数億円が必要とされる）。試験項目・方法などの詳細は前述した「微生物農薬の農薬登録申請に係わる試験成績の取扱について」（微生物農薬ガイドライン）を参照されたい。

公的薬効・薬害試験，安全性試験が終了すれば，これらのデータをまとめ，さらに製品の製造方法や品質検査法などの書類を加えて作成した農薬登録申請書を準備し，㈱農林水産消費安全技術センターに提出して審査を受ける。申請内容に問題ないことが確認されれば農林水産省に書類が移送され，農林水産大臣名で登録証が付与されることになる。申請書を提出してから登録証付与まで約10カ月かかる。

つまり，微生物農薬開発には，農薬登録のために欠かせないほぼ3年間（薬効・薬害試験に2年以上，安全性試験に約6カ月，登録審査にほぼ10カ月）と，これに先立つ有効微生物の探索，製剤化検討，製造検討等の基礎検討の期間を加えなければならない。

微生物農薬をビジネスとして成立させようとする場合，もちろんその開発コストは発売後の売上利益の中から賄われなければならない。たとえば開発期間を5年（基礎検討2年，登録関係に必要な期間3年），人件費を含む開発経費2億円で微生物農薬開発を実施し，年間1億円を売り上げるヒット商品を開発したと想定してみよう。製造原価や販売直接費，もろもろの営業経費を差し引いた対売上高利益率を20％（2千万円）としても，開発経費の回収には単純割り算で10年間もかかるということになる。農薬登録に必要な3年間が欠かせない期間だとすれば，基礎検討の期間短縮や担当する人員の削減による開発経費の軽減を検討する必要がある。

大雑把に表現すると，化学農薬の開発には約10年の期間と約100億円の経費がかかると言われる。同様の期間，経費を微生物農薬開発にかけることはとても無理であるが，一体何が違うのだろうか。それは現状における微生物農薬の市場および一商品当たりの売上高の小ささにあるといえる。

2.4　微生物農薬の市場

前述したように2008年度の統計資料においては，日本で市販されている微生物農薬は25種（BT剤を除く）あるが，その内の20種が1997年の微生物農薬ガイドライン公表後，ほぼこの10年間に商品化されたものである。

図2に生物農薬市場のこの10年間の推移を示した。ここでは微生物農薬（有効成分：BT菌，微生物，線虫）に天敵昆虫農薬をも加えた生物農薬の市場（農薬年度毎の出荷金額）として示したが，平成19年度の内訳は，天敵昆虫剤約4億円，BT剤約9億円，微生物剤8億円，線虫剤2千万円である。近年の微生物剤，天敵昆虫剤の伸長により生物農薬としてもほぼ年率120％の伸長を見せている。ところがこれを，化学農薬を含めた農薬全体での動きと比較してみると（図

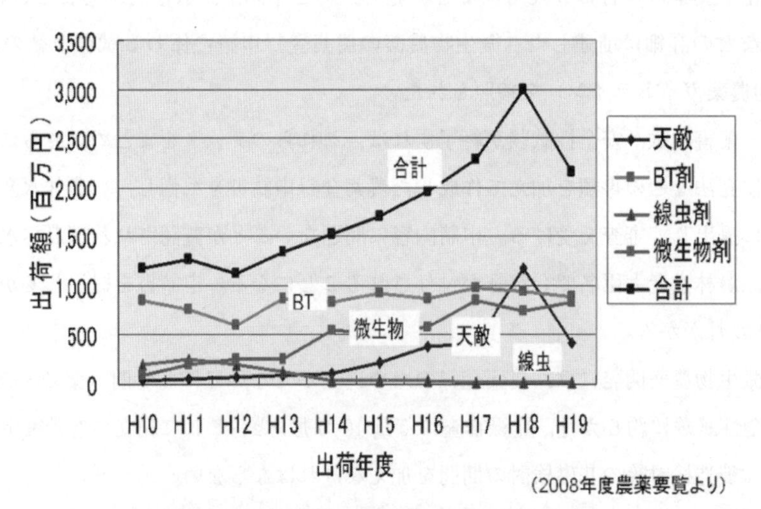

図2　生物農薬出荷金額の推移（有効成分別）

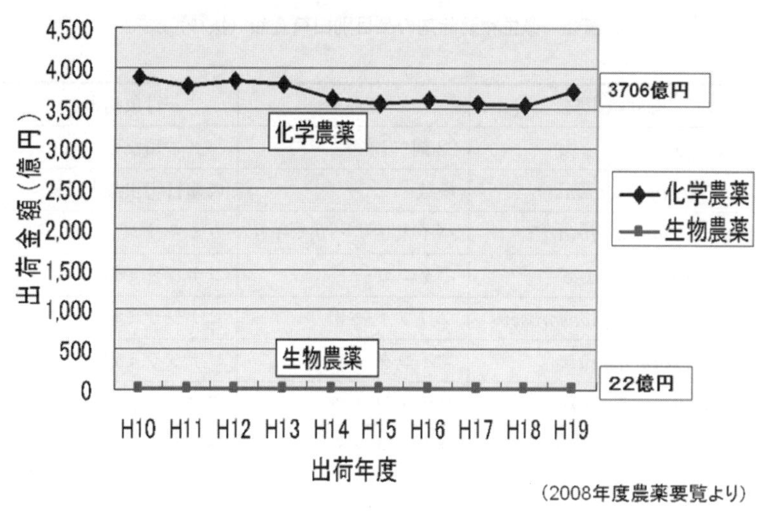

図３　農薬出荷金額の推移

３），とても市場が成長しているとか右肩上がりであるとか言えないグラフを顕微鏡で見なければならないほどの市場にしかなっていない。化学農薬の市場はやや右肩下がりではあるものの約3500億円であり，生物農薬の市場はいかに右肩上がりであるとはいえ22億円（微生物農薬はBT剤を含めて13億円）で，化学農薬市場の0.6％（同0.4％）にしか過ぎない。

最近の10年間で大いに開発が進んだとはいえ，商品数は化学農薬の約4500種（有効成分約500種）と比べれば圧倒的に少なく，微生物農薬のマーケットはまだまだ小さい。

市場の小ささにはもう一つの見方がある。それは微生物農薬一品の市場の小ささである。表２に微生物農薬の品目別出荷金額（抜粋）を示した。この中で１品で１億円以上の売り上げを持っているのは出光興産㈱が開発した「ボトキラー水和剤」，セントラル硝子㈱の「バイオキーパー水和剤」そしてクミアイ化学㈱の「エコホープ」の３剤だけである。化学農薬が１品開発に10年，100億円を費やしながらも，グローバルな展開で年間売上が数10億円，時には100億円を超えるような市場を形成しているのに対し，微生物農薬は気候，作物や微生物環境等を考慮するとなかなかグローバル展開が難しく，生物的な作用特異性の高さ（適用範囲の狭さ）により限られた利用しかできていない。前述した１億円を売り上げる微生物農薬ヒット商品においてさえも，その研究開発費を回収することが容易ではないことが理解していただけると思う。

しかしながら微生物農薬市場はやっと黎明期に入ったところであるとも言える。「環境保全型農業」「食の安全・安心」に取り組む上で，微生物農薬の有用性が少しずつ理解され始めてきたところである。微生物農薬は今後の10年で黎明期を脱皮して急速に発展期へと移行し，国内市場に限ったとしても化学農薬の10％，400億円市場に達するのはさほど遠くないと期待されている。

表2　微生物防除剤の品目別出荷金額（抜粋）

単位：千円

防除剤	有効微生物	商品名	対象病害虫	出荷金額
天敵(総)	天敵昆虫	22剤	ハダニ類など	415,741
BT剤(総)	*Bacillus thuringiensis*	多数	燐翅目害虫など	890,951
殺虫剤	*Beauveria brongniartii*	バイオリサ・カミキリ	カミキリムシ類	77,374
	Beauveria bassiana	ボタニガード	コナジラミ類他	45,717
	Paecilomyces fumosoroseus	プリファード	コナジラミ類他	3,627
	Verticillium lecanii	マイコタール	コナジラミ類他	15,031
	Verticillium lecanii	バータレック	アブラムシ類	1,825
殺菌剤	*Agrobacterium radiobactor*	バクテローズ	根頭がんしゅ病	4,483
	Bacillus subtilis	ボトキラー	灰色かび，うどんこ病	154,098
	Bacillus subtilis	インプレッション	灰色かび，うどんこ病	29,673
	Bacillus subtilis	エコショット	灰色かび病	19,665
	Erwinia carotovora	バイオキーパー	軟腐病	151,949
	Pseudomonas sp	ベジキーパー	黒腐病，腐敗病	16,434
	Pseudomonas fluorescens	セル苗元気	青枯病，根腐れ萎凋病	6,355
	Talaromyces flavus	バイオトラスト	たんそ病，うどんこ病	31,596
	Trichoderma atroviride	エコホープ	水稲種子消毒	134,107
除草剤	*Xanthomonas campestris*	キャンペリコ	スズメノカタビラ	3,069

（2008年度農業要覧より）

2.5　日本微生物防除剤協議会設立と微生物農薬の普及促進

1990年代の後半，微生物農薬は社会に貢献し企業イメージをも良くする新しいビジネスチャンスとして，特に農薬業界以外の異業種からの参入が相次いだ。1997年の微生物農薬ガイドライン公表（前述）や1998年に商品化されそれまでの微生物農薬の常識を破って発売初年度から1億円を超える売り上げを示したボトキラー水和剤（出光興産）の出現が，それらの参入を加速した。そして誰もが微生物農薬の順調な市場拡大を予想した。しかしながら2000年を過ぎても期待したほどの急激な市場拡大は見られず，とうとう耐えきれずに新規参入から脱落していく企業が増えていった。参入企業数の減少は業界および微生物農薬市場の縮小にもつながりかねない。

そのような状況の中，2006年8月に微生物農薬メーカー4社が連携して「微生物防除剤の啓蒙・普及促進，関連機関・団体との連携」を設立目的とした“日本微生物防除剤協議会”が設立された（表3）。微生物防除剤とは，これまで述べてきた微生物農薬のことであるが，従来の化

表3　日本微生物防除剤協議会の概要

（2009年8月現在）

<table>
<tr><td>名称</td><td colspan="2">日本微生物防除剤協議会
（Japanese Association for the promotion of Microbial Protection Agents）</td></tr>
<tr><td>設立</td><td colspan="2">2006年8月1日</td></tr>
<tr><td>目的</td><td colspan="2">微生物防除剤の普及促進，関連機関・団体との連携など</td></tr>
<tr><td rowspan="4">会員
（50音順）</td><td>出光興産株式会社　　　　（事務局）</td><td rowspan="4">微生物防除剤の開発，
製造メーカー</td></tr>
<tr><td>住友化学株式会社</td></tr>
<tr><td>セントラル硝子株式会社　（幹事会社）</td></tr>
<tr><td>多木化学株式会社</td></tr>
<tr><td rowspan="2">アドバイザー</td><td colspan="2">国見裕久氏（東京農工大学大学院 教授）</td></tr>
<tr><td colspan="2">高橋賢司氏（日本植物防疫協会　技術顧問）</td></tr>
<tr><td rowspan="3">主な活動内容</td><td colspan="2">1．「環境保全型農業シンポジウム」の主催，展示会などへの出展</td></tr>
<tr><td colspan="2">2．業界関連機関・団体との情報交換，普及促進への協同取り組み</td></tr>
<tr><td colspan="2">3．ホームページ，微生物防除剤チラシ，ポスターの配布，情報発信　など</td></tr>
<tr><td>ホームページ</td><td colspan="2">http://www.biseibutsu.jp</td></tr>
<tr><td>連絡先
（事務局）</td><td colspan="2">〒130-0015 東京都墨田区横網1-6-1 出光興産株式会社アグリバイオ事業部内
TEL：03-3829-1466　FAX：03-3829-1463　Mail：support@biseibutsu.jp</td></tr>
</table>

学農薬とは作用機構も管理方法も全く違うことから「農薬」という言葉を外して微生物防除剤と命名したものである。

本協議会が最も力を入れている啓蒙・普及活動は「環境保全型農業シンポジウム」の開催である。2008年2月，2009年3月の2回の開催実績があるが，いずれも会場は超満員となり，熱気あふれるシンポジウムとなった。微生物防除剤を活用した環境保全型農業の先進地事例の報告が特徴であり，主な参集対象としている全国の農業改良普及員には大変好評であった。先進事例報告に学び，情報交換で得た知識をもとに自県でも実践していくことを通じて，微生物防除剤を使った環境保全型農業の輪が点から面へとさらに広がっていくことを期待している。なお，本協議会および環境保全型農業シンポジウムなどの詳細は，協議会ホームページを参照願いたい。

「食の安全・安心」「環境保全型農業の実践」は国民の強いニーズであり，国の重要政策の一つでもある。微生物農薬はこれらを実現するための具体的な解決策を提供するものであり，これからの農業に大きな意味をもたらす技術であると考える。風は確実に，微生物農薬に追い風である。

2.6 微生物農薬の開発の意味

2.6.1 微生物農薬の商業化の一例

開発会社のJTがアグリ事業から撤退したために，現在は多木化学が引き継いで販売会社になっている微生物除草剤「キャンペリコ」の開発責任者という立場からの微生物農薬の意味を示しておきたい。今後の微生物農薬のさらなる展開を期待しての提言である。もともとは農業用の微生物農薬を目指している課程で，まず第一歩として商業化できたのが芝地のスズメノカタビラを対象雑草とする，土壌細菌 *Xanthomonas campestris* pv. *poae* を有効成分とする微生物除草剤が「キャンペリコ」であった。

微生物農薬の開発に当たって，開発担当者全員がバラ色の夢を描いたわけではなかった。それは，開発経緯を記録に残したいとして出版された「微生物農薬—環境保全農薬をめざして—」(山田昌雄編著，全国農村教育協会）の山田昌雄氏による微生物農薬の特性を示す文に端的に現れている。それは次の6点である[1)]。

①自ら増殖して作用する

②宿主特異性が大

③効果の発現が遅い

④環境の影響を受けやすい

⑤流通，保存の性能に乏しい

⑥安全性が高い

これらは，化学農薬との対比から考えた特性ともいえよう。③～⑤のことを欠点と考えれば微生物農薬の開発に躊躇することになる。しかし，一般的な農業における微生物農薬のそもそもの開発目的は有機農法の量産化手段とみることができる。農産物の大量生産と有機農法はなじみが悪いが，有機農産物の価値を発揮させながら生産量も上げるには何らかの生物制御手段が用意されなければならない。しかし，ここでは化学農薬は登場することができないし，農薬に類する効果をうたう資材は科学的に妥当なものとは考えられない。微生物農薬や天敵が最も適切なものと考えられる。環境保全型農業の一手段としての微生物農薬という言い方もできるが，そのイメージは鮮明ではない。減化学農薬の究極は有機農法にあるわけであるから，大量生産可能な有機農法をどのようにして実現させるかを考えるほうがわかりやすい。究極の成功例にたどり着く過程では一般的な化学農薬を使用する農業での部分的な利用や，化学農薬との組み合わせなどが考えられる。③～⑤の項目は重要なことには違いないが，越えられない障壁ではない。

①～⑥の項目に関して「キャンペリコ」の場合はどのようなことであったかを示しておく。

①増殖：10^8CFU/mlの濃度の細菌を散布して，結果として植物体内の生菌数は10^{10}CFU/gFWに達し，スズメノカタビラを枯死させたわけであるから，対象雑草中での増殖が効果の発現につ

ながる点は化学農薬と全く異なる状況であり，微生物農薬ならではの特徴である。そして，宿主植物としての対象雑草（この場合はスズメノカタビラ）が枯死すれば，土壌中の当該細菌はほとんどゼロレベルにもどることも実証された。つまり，散布量に関わらず，ある程度の時間（数カ月）が経過すれば環境中にはほとんど残存しなくなると言える。これは化学農薬の場合とは大きな違いである。

②宿主特異性：宿主特異性があるから微生物を農薬として使用することができる。そのため，菌株の探索の仕事は大変重要であり，防除目的に合致した菌株に出会うまで根気よく微生物探索の努力を続けねばならない。「キャンペリコ」の場合は3年間を要した。植物病理学の研究でも雑草を対象とした探索研究はほとんど行なわれていないなど，過去の知見がないための苦労があったりする。

③効果：微生物農薬の効果の発現のしかたは，どのような作用機構で防除効果が発現するかにより大きな違いがある。したがって，作用機構の研究は基礎研究としてではなく開発研究として重要である。

④環境：微生物の増殖が効果発現の重要因子であるから，温湿度を中心とした気候条件など環境の影響を受けやすいのが微生物農薬である。これには製剤，散布方法などの技術を開発して対処する必要があり，性能最適化研究が化学農薬の場合より重要性をもっている。「キャンペリコ」の場合は，芝地での芝刈りと散布タイミングの関係が効果に大きな影響を与えた。

⑤保存：微生物を生きたままに保存することは難しい。特に細菌の場合は凍結乾燥がうまくいけばよいが，そうでなければ室温での保存は無理である。「キャンペリコ」も凍結乾燥での製剤を目指したが，凍結乾燥には成功したものの生存率の変動を狭めることができずに凍結保存という無難な手法をとらざるを得なかった。糸状菌の微生物農薬はこの点では有利であろう。

⑥安全性：これは一般論で言えば微生物農薬の極めて有利なところである。もちろん微生物の中には毒素を生産するものなどがあるが，多くは毒性で問題となることはない。われわれは非常に多種類かつ多数の微生物に触れながら毎日生活しているのであって，もしそれらが何らかの毒性を持つものばかりであったら健康に生きていくことなどできないことになってしまう。微生物農薬の場合は農薬登録の段階で安全性のデータも提出しているので科学データとしても安全性が確保されている。

2.6.2　生物学的技術の貢献

農業生産向上のためには，①作物自体の品種改良，②水の供給（灌漑），③肥料の供給，④他の生物からの防御（生物制御）が考えられる。化学的技術は③と④に貢献してきた。現在の農業の主要技術が化学肥料と化学農薬であることは間違いない。一方，生物学的技術は①，③および④に関わってきた。品種改良は作物自体の改良であるから，農耕が始まって以来1万年間の歴史の中で継続的に使われてきた技術であり，収穫量の増加や品質の向上を考えれば，今後も重要な技術である。品種改良には常に種の壁があり，それを少しでも乗り越えるために植物バイオテクノロジーの技術として細胞融合などの試みが盛んに行なわれた時期もあった。遺伝子組換え作物の登場はそれまでの技術を圧倒するものであり，交配という手段を経ないため種の壁の障壁は消えてしまった。現在のところは①の技術と言うよりは農薬の関連技術として④に大きく関係するものとして登場し，普及している。天敵昆虫の使用は④に関するものであり，VA 菌根菌の利用は③に関するものである。微生物農薬は④の技術であり，大きな成功例ということからは BT 剤の実用化が最初の例とされる。

微生物農薬の試みの事例は数多くあるが，商業化という面からは化学農薬と同じような効果や使用法が求められるために，成功例は多いとはいえない。微生物農薬の開発目的の主要点が安全性確保や環境保全にあることはもっと社会的認識が進まねばならない。多くの微生物農薬開発者の思い描いていることは，自然界に普通にいる微生物に働いてもらって，農業生産を円滑に進めていくということだと考えられる。この点を社会的にもっと明確にアピールする必要があると思われる。この考え方は，微生物農薬の品揃えがうまくいけば，有機農法の飛躍的な改善になるものである。単に化学農薬の補完技術でもなく，本節の冒頭に書かれているように，“自然現象そのものを利用して病害虫，雑草から作物を保護する技術”として，生産者にも消費者にも歓迎される防除手段として存在感を高めていくであろう。

（2.1～2.5：土井清二，2.6：藤森　嶺）

文　　献

1）　山田昌雄編著，微生物農薬—環境保全型農業をめざして—，p 3, 全国農村教育協会（2000）

第9章　天然物の動向

藤井義晴*

1　天然物のアレロケミカルとしての意義

アレロパシー（Allelopathy）は，最初は「植物が放出する化学物質が他の植物・微生物に阻害的あるいは促進的な何らかの作用を及ぼす現象」[1)]と定義されたが，最近の研究は，昆虫や線虫・小動物に対する作用にも広がっている。他感作用と訳され[2)]，作用物質を他感物質（Allelochemicals：アレロケミカル）と呼ぶ。阻害作用が顕著に現れることが多いが，促進作用も含む概念である。

タンパク質，アミノ酸，核酸，脂質，糖などの，多くの生物に共通で，生命維持に必要不可欠の物質を「一次代謝物質」と呼ぶのに対し，特定の植物にのみ特異的に存在し，生命維持には直接関与しないアルカロイドやフラボノイド等の物質は「二次代謝物質」と呼ばれてきた。これらの物質は，従来，「老廃物」もしくは「貯蔵物質」と考えられ，薬や色素などに利用されてきたものもあるが，植物自身にとっての機能は不明であった。近年，このような物質の役割として「植物の進化の過程で偶然に生成し，他の生物から身を守ったり，何らかの交信や情報伝達を行う手段として有利に働いた場合に，その物質を含む植物が生き残った」とする「アレロパシー仮説」が提唱されている[3,4)]。

アレロパシーは自然界では複雑な現象であり，特定の物質（単一のこともあれば複合のこともある）が，特定の条件下で，特定の作用経路を経て，特定の生理作用を行う現象である。したがって，どんな植物に対しても常にアレロパシーを示す植物は少ない。特異性がアレロパシーの本質である。したがって，アレロパシーは，生物多様性を豊かにする要因のひとつと推定される。本稿では，植物対植物のアレロケミカルを中心に，アレロパシーに関与している可能性が高い天然物や除草剤のヒントとして興味ある天然物について紹介する。

---

* Yoshiharu Fujii　㈱農業環境技術研究所　生物多様性研究領域　上席研究員

2　キノン類

2.1　クルミに含まれるユグロン

北米に生育するクログルミ（*Juglans nigra*）の下では他の植物の生育が阻害されることから，アレロパシーが示唆されていた。この現象は，クルミの樹皮や果実に，1,4,5-トリヒドロキシナフタレンが含まれており，これが酸化されてユグロン（juglone）(1) を生成するためであるとされている[5)]。ユグロンは最も古く報告されたアレロケミカルの一つであるが，その阻害作用が強く，アレロケミカルとしても，また除草剤への出発物質としても現在でも最も重要な天然物の一つである。ユグロンは10^{-6}mol/lの濃度で，トウモロコシやダイズの葉の光合成，蒸散，葉や根の呼吸を強く阻害する[6)]。ユグロンは，トリケトン型除草剤の作用点であるパラヒドロキシフェニルピルビン酸ジオキシゲナーゼ（*p*-hydroxyphenylpyruvate dioxygenase：HPPD）を阻害することが報告されている[7)]。また，ユグロンはダイズの根のパーオキシダーゼ (peroxidase) を阻害し，その結果，根のリグニン形成を阻害するという報告もある[8)]。また，ユグロンは，根の原形質膜のプロトンATPアーゼ（H^+-ATPase）を阻害することによって水分吸収を妨害するとの報告もある[9)]。

ユグロンは植物体内では配糖体として存在しており，落葉等によって土壌に添加されたあと，土壌微生物の働きで加水分解され，さらに酸化されてユグロンを生成し，アレロパシーを示すようになると説明されている。

2.2　ソルガムが放出するソルゴレオン

ソルガム（*Sorghum bicolor*）は，随伴雑草が少なく，輪作したときに他の作物の生育を阻害するアレロパシーを示すことが古くから知られていた[4)]。この性質を利用して，ソルガムは緑肥や雑草抑制能の高い被覆作物として利用されてきた。また，ソルガムの仲間であるスーダングラス（*Sorghum sudanense*）や，近縁雑草のジョンソングラス（*Sorghum halepense*）にも強いアレロパシーがあることが経験的に知られていた。そのアレロケミカルとして，ソルゴレオン（solgoleone：3-pentadecatriene benzoquinone）(2) が報告されている[10)]。ソルゴレオンは，光化学系Ⅱ（PSII）を強く阻害する。またミトコンドリアの機能を阻害し，トリケトン型除草剤の作用点であるパラヒドロキシフェニルピルビン酸ジオキシゲナーゼ（*p*-hydroxyphenylpyruvate dioxygenase：HPPD）を阻害することも報告されている[7)]。ソルゴレオンは，ユグロンと同様に，根のプロトンATPアーゼ（H^+-ATPase）を阻害することによって水分吸収を妨害するという報告がある[11)]。ソルゴレオンは，ソルガムの根毛において，根乾燥重換算で18 mg/gも含まれており，その生産量は他の植物と混植したときに増加するといわれている[12)]。アメリカ農務省のS.

O. Duku と F. Dayan らのグループは，ソルゴレオンの生合成経路に関する研究を精力的に行い，脂肪鎖は 16：3 脂肪酸から脂肪酸合成酵素により生成し，キノンの部分はポリケチド合成酵素によって生成することを明らかにし，その遺伝子を明らかにしようとしている[13]。

2.3　オオイタドリに含まれるエモジン

北海道で顕著な大型雑草で，欧米に進出して外来雑草となっているイタドリ（*Polygonum cuspidatum*），オオイタドリ（*Polygonum sacharinense*）のアレロケミカルとして，北海道大学の水谷らのグループによって，エモジン（emodin）(3) とフィシオン（physcion）(4) が報告されている[14]。これらのキノン類は量も多く，オオイタドリの葉中に含まれる総アントラキノン含有量は，生重で 0.5～1％にも達する。生育土壌中からも検出され，土壌中でのアレロパシーの発現に関与している可能性が高い。

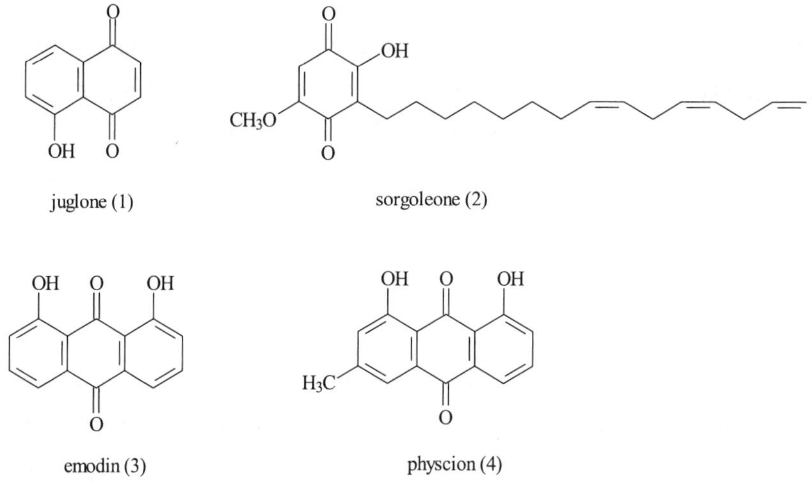

juglone (1)

sorgoleone (2)

emodin (3)

physcion (4)

図1　キノン類

3　ベンツオキサジノイド類

コムギ，ライムギなどのムギ類は雑草害の激しい畑状態で栽培するため，雑草に強い性質があり，除草剤をあまり使わなくても栽培できることが知られていた。コムギ，ライムギに含まれるアレロケミカルとして，DIMBOA (5) や DIBOA (6) などのベンツオキサジノイド（benzoxazinoids）と総称されるヒドロキサム酸誘導体が報告され，欧州では，スペインのカジス大学の F. A. Macias を中心とする欧州共同体の大型プロジェクトとしてその物質と作用が詳しく調べられた[15]。これらの物質は，カビなどの病害に対する抵抗性物質として 60 年以上前にムギ類から見

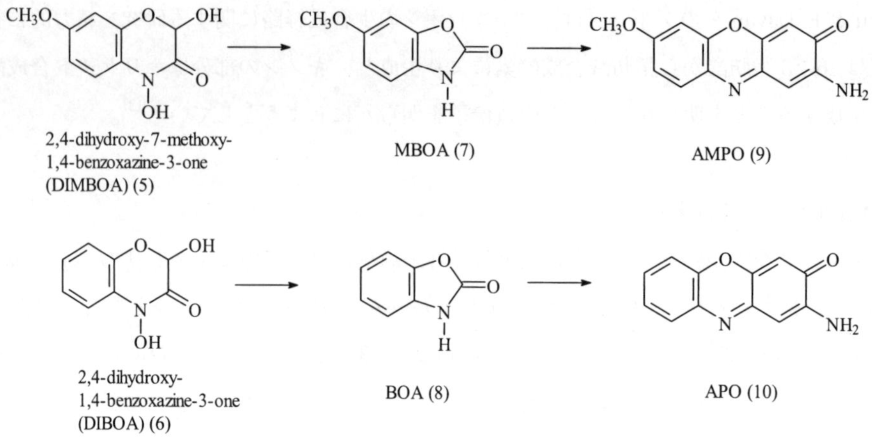

2,4-dihydroxy-7-methoxy-1,4-benzoxazine-3-one (DIMBOA) (5) → MBOA (7) → AMPO (9)

2,4-dihydroxy-1,4-benzoxazine-3-one (DIBOA) (6) → BOA (8) → APO (10)

図2　ベンツオキサジノイド類

出された二次代謝物質である。最近の研究で，これらのヒドロキサム酸誘導体は，昆虫抵抗性，病害抵抗性のみならず，雑草抑制効果も報告されるようになった。もとの物質はそれほど安定ではないが，加水分解されたMBOA（7），BOA（8）と，その後さらに酸化されて生成するAMPO（9），APO（10）に変化すること，特に，APOが阻害活性が最も強く，土壌中でも数ヶ月分解しないほど安定なことから，活性本体ではないかと報告されている[16]。

4　ベータトリケトン類

オーストラリア原産のブラシノキ（*Callistemon* spp.）やマヌーカ（*Leptospermum scoparium*），ユーカリ類（*Eucalyptus* spp.）の樹下には草が少ないことから，これらのアレロケミカルが探索され，水蒸気蒸留した精油成分からレプトスペルモン（leptospermone）（11）やグランディフロロン（grandiflorone）（12）のような天然のベータトリケトン（*β*-triketones）が発見された[17,18]。これらの物質は大量に含まれており，樹下の他の植物に影響する濃度に達し，クロロフィルやカロテノイドの合成が阻害され白化現象を引き起こすこともあるという。これらのアレロケミカルの作用点は，パラヒドロキシフェニルピルビン酸ジオキシゲナーゼ（*p*-hydroxyphenylpyruvate dioxygenase：HPPD）の阻害であることが解明され，その構造を改変した合成除草剤として，スルコトリオン（sulcotrione）（13 a），メソトリオン（mesotrione）（13 b）等が作出されている。これらの合成除草剤は構造の改変によって活性が1000倍以上増強されているが，このような事例から，他のアレロケミカルから新たな除草剤のヒントになる生理活性物質が発見されるのではないかと期待されている。

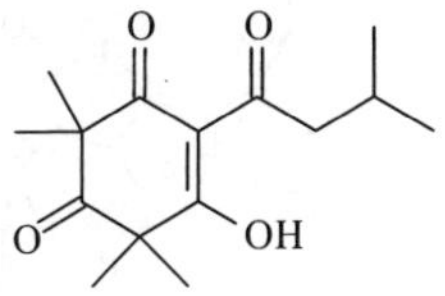

leptospermone (11)

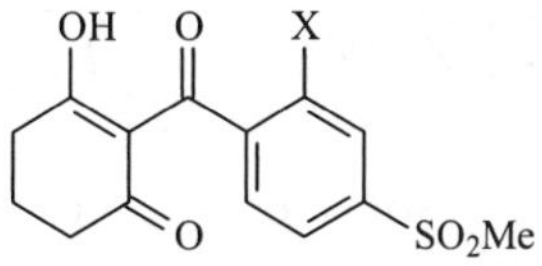

X=Cl : sulcotrione (13a)
X=NO_2 : mesotrione (13b)

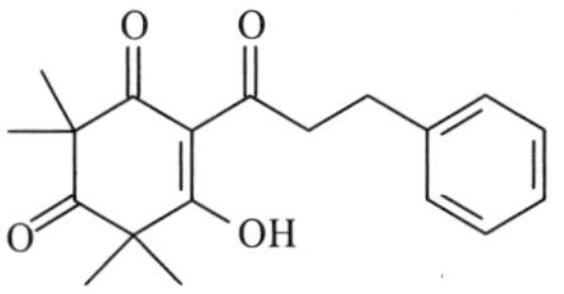

grandiflorone (12)

図3　ベータトリケトン類

5　植物生長促進物質レピジモイド

筑波大学の長谷川らのグループは，クレス（ヒモゲイトウ）の根から出る成分が混植した他の植物の生長を促進する現象を見出し，その本体として新たな糖由来の生理活性物質であるレピジモイド（lepidimoide）（14）を同定している[19,20)]。その後の研究で，レピジモイドは双子葉類，単子葉類の多くの植物種子の分泌液に含まれていることが明らかになっている。

6　新しい植物ホルモン—ストリゴラクトン

アフリカのスーダンでソルガムに寄生して収量を下げる寄生雑草ストリガの発芽は，宿主であるトウモロコシなどの根から分泌される物質ストリゴール（strigol）（15）によって10^{-10}～10^{-15} mol/l という低濃度で促進されることが明らかにされている[21,22)]。ナンバンギセルとススキの間でも同様の物質オロバンコール（orobanchol）（16）が作用していることが宇都宮大の竹内・米山らによって解明されている[23)]。これらは促進的なアレロパシーとして興味深い。近年，ストリゴラクトンと総称されるこれらの物質が，植物の分岐を引き起こす新たなホルモンであることが解明され[24,25)]注目されている。

オーストラリアの研究者らは，オーストラリアの山焼きで発生した煙が植物の発芽を促進する現象に注目し，植物のセルロースに由来する煙の中にストリゴラクトンと構造の類似したブテノライドを同定し，オーストラリア原住民の煙を意味する言葉から karrikin（17）と名付けて報告している[26,27)]。これらの物質はジベレリンの生合成経路に影響を及ぼすと報告されているが，今後その生理作用のさらに詳細な検討が期待される。

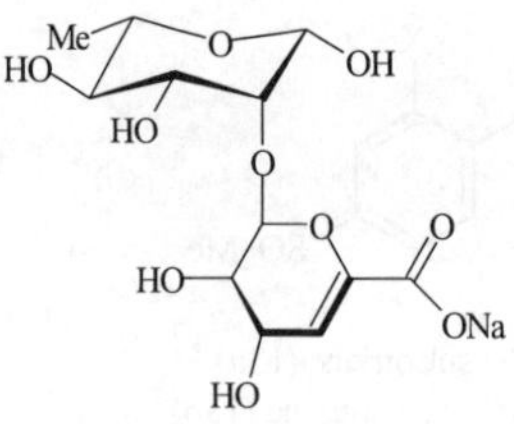

lepidimoide (14) 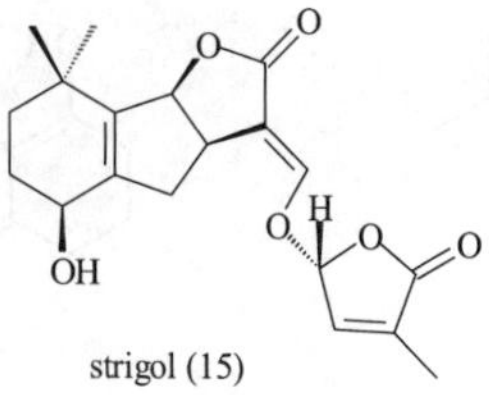　strigol (15) 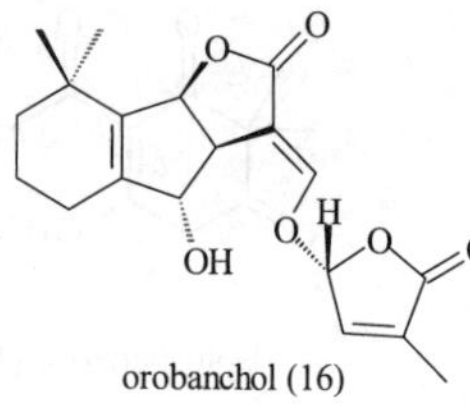　orobanchol (16)

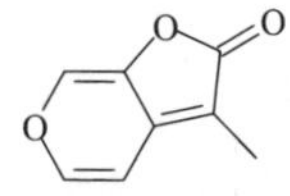

karrikin 1 (KAR_1)
3-methyl-2H-furo[2,3-c]pyran-2-one (17)

図4　植物生育促進物質

7　核酸系のアレロケミカル

コーヒー（*Coffea arabica*）のプランテーションにおいては，樹のリターから，年間 1～2 g/m^2 のカフェイン（caffeine）(18) が土壌に負荷され 10 年間に 100～200 ppm の濃度に達するとされている。その作用には選択性があり，8×10^{-3}mol/l（1600 ppm）の濃度でもマメ科植物の発芽・生育を阻害しないが，マメ科以外のハリビユ，カラスムギ，イヌビエ等の発芽を顕著に阻害する[4]。

京都大学の大東らは，アフリカにおける京大の猿研究グループがアフリカ熱帯多雨林で研究中に，アカテツ科の樹木アジャップ（*Baillonella toxisperma*）（現地名で毒の木）の樹下には他の植物が生えず，この樹木の集団が他の集団を侵略するように見えることから，アレロパシーの研究を開始し，核酸系の新規アレロケミカルである 3-ヒドロキシウリジン（3-hydroxyuridine）

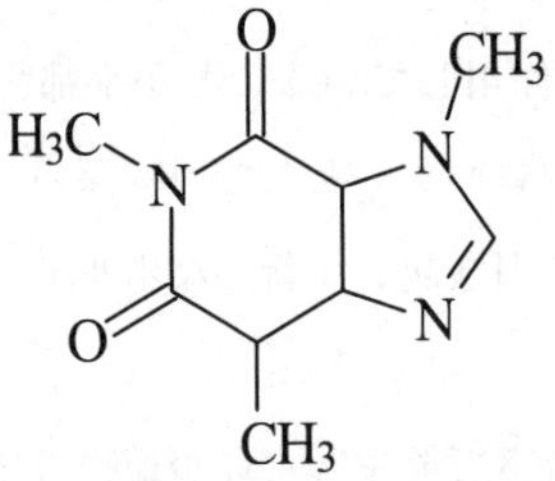

caffeine (18) 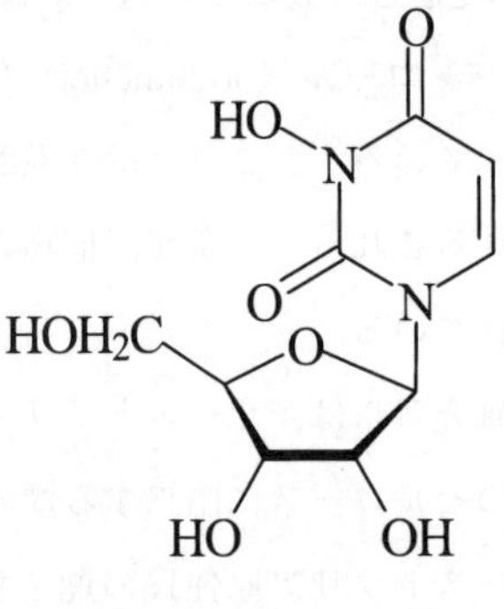　5-hydroxyuridine (19)

図5　核酸系のアレロケミカル

(19) を発見している[28]。この成分も，双子葉類の生育を強く阻害するがイネ科には影響がない。しかし，葉面散布するとイネ科雑草のイヌビエやエノコログサを抑制するが，トウモロコシには影響しない。選択性のある除草剤が開発される可能性がある。

8　硝酸化成を抑制するアレロケミカル

オクラホマ大学のE. L. Riceらは，植物が放出するフェノール性物質が窒素固定菌や藍藻類，および硝酸化成菌に及ぼす影響を調べた[29]。その結果，トウダイグサ科植物（*Euphorbia* spp.）やウルシ科植物（*Rhus copallina*）は大量に没食子酸（gallic acid）(20) とタンニン酸を生産し，土壌表層に600～800 ppm蓄積し，マメ科植物の根粒着生数を低下させ，ヘモグロビン含量を低下させ，窒素固定を抑制したという。タンニン酸は土壌に強固に結合した状態でも生物活性をもっており，10^{-5}Mの濃度で根粒菌や藍藻類を完全に阻害するという。

南米コロンビア原産のイネ科牧草*Brachiaria humidicola*は，現地の研究者によって，硝酸化成抑制作用があることが見出されていた。日本の国際農業研究センターのグループはこの現象に注目し，作用を確認するとともに，この植物の根から硝酸化成菌を抑制する新規物質を同定し，ブラキアラクトン（brachialactone）(21) と命名している[30]。土壌中での硝酸化成を抑制することができれば，窒素が硝酸態になって土壌から流亡するのを防ぐことができるので，施肥窒素を節約することができると期待される。

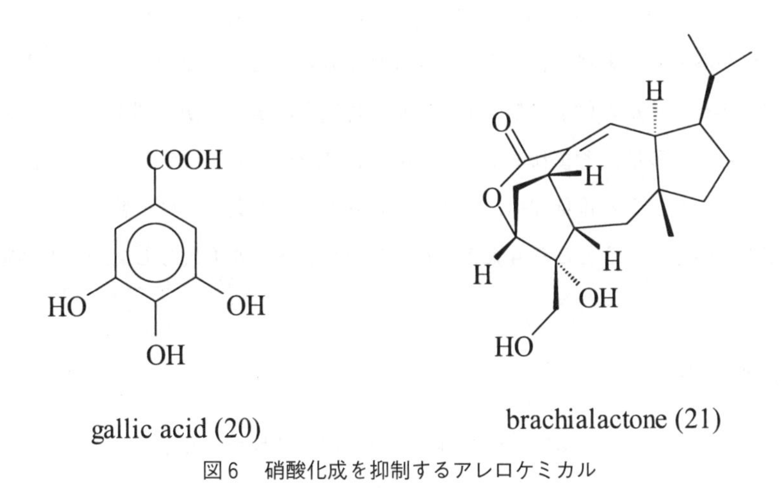

図6　硝酸化成を抑制するアレロケミカル

9　カテコール化合物

9.1　ムクナのL-DOPA

マメ科植物ムクナ（*Mucuna pruriens*）はブラジルの圃場で雑草の生育を抑制することが知られていた。農業環境技術研究所の藤井らは，その作用の識別と作用物質を研究し，ムクナの生葉や根の中に生体重の１％にも達する多量に含まれるL-3,4-ジヒドロキシフェニルアラニン（L-DOPA：ドーパ）(22) がアレロケミカルであることを明らかにした[31]。ドーパは，キク科やナデシコ科雑草の生育を5～50 ppmの低濃度で阻害するが，トウモロコシやソルガムなどのイネ科植物には影響が小さい。現在，ブラジルではムクナが緑肥として広く栽培されるようになり，トウモロコシ等のイネ科作物と混植し，雑草は抑制するが，作物は阻害せず，収量を上げる混植農法も行われている。ドーパは雑草を完全に枯らすほどの効果はなく，土壌中では不安定で，速やかに分解されて後作に影響を残さない。なお，ドーパは，ヒトの脳内の神経伝達物質であるドーパミンやホルモンであるアドレナリンの前駆体であり，人間においても植物においても情報伝達に関係していることは興味深い。

9.2　ソバのルチン

ソバが雑草との競合に強いことは経験的に知られていた。宮崎安貞は江戸時代に著書「農業全書」の中で，「ソバはあくが強く，雑草の根はこれと接触して枯れる」と記載している。農業環境技術研究所の藤井らは，ソバ類のアレロパシーの研究を行い，ソバとダッタンソバ（ニガソバ）に強い作用があることを確認し，そのアレロケミカルとして，没食子酸，カテキン，およびファゴミン等の特有のアルカロイドやフェノール性物質を同定したが，圃場レベルでの全活性法による評価によって，多量に含まれるルチン（Rutin）(23) がアレロケミカルの本体であろうと推定している[32]。ソバによる雑草抑制作用は，生長速度が早く葉を広げて雑草を日陰にする効果と，養分吸収力の強さによるところも大きいが，アレロケミカルも関与していると推定される。

10　シアナミド

ヘアリーベッチ（*Vicia villosa*）はマメ科ソラマメ属の植物で，牧草として欧米で利用されていた。寒さに強く零下20℃まで耐性があり，本州以南で越冬が可能な越年生の草本である。農業環境技術研究所の藤井らはこの植物のアレロパシーを研究し，四国農試で実用化試験を行い，農家に普及できる技術として広がりつつある[4]。ヘアリーベッチに含まれるアレロケミカルの同定には長い時間を要したが，農業環境技術研究所では，全活性法という手法を用いることにより，シアナミド（cyanamide）（24）を同定した[33]。この物質は合成窒素肥料である石灰窒素の有効成分として既知であるが，天然物としての報告はなく，生物に含まれることを見出したのは世界初である。

ヘアリーベッチは秋播きで春先の雑草を完全に抑制することができるので，休耕地や耕作放棄地を管理する技術として有望である。被覆作物として，緑肥効果と土壌保全効果も期待できる。またこれまでの調査では雑草化のおそれも少ない。また，果樹園の下草管理や水田における不耕起無農薬栽培にも利用が広がっており，秋田県大潟村や富山県の農家でJAS有機認証を取得した実用的な栽培が開始されている。また，新たな蜂蜜源としても評価され，良質の蜂蜜がとれることが分かっている。

11　シス桂皮酸誘導体

農業環境技術研究所のグループは，樹木の葉から出る物質によるアレロパシー活性を，特異的な検定法であるサンドイッチ法という手法で検索した結果，ユキヤナギ（*Spirae thunbergii*）に強い活性を見出し，そのアレロケミカルを活性を指標に分離した結果，活性本体として，シス桂皮酸（cis-cinnamic acid）とそのグルコシド（25）を同定した[34,35]。シス桂皮酸の植物成育阻害活性はトランス桂皮酸の1000倍強く，植物ホルモンのアブシジン酸に匹敵する活性を示す。ユキヤナギは生葉よりも落葉の方が強い阻害活性を示すが，シス桂皮酸の増加で説明できる。土壌中でも安定であり，ユキヤナギの樹下で雑草が少ない現象は，これらの物質で説明できる可能性がある。

12　ジチオラン化合物

農業環境技術研究所のグループは，京都大学の平井・大東らと共同研究して，タイやフィリピンなどの東南アジアの水田で強害雑草となっており，一時，九州（とくに熊本県）の水田に侵入して問題となったことがあるナガボノウルシ（*Sphenoclea zeylanica*）から，ゼイラノキサイド（zeylanoxide）（26）と命名した新規な植物生長阻害物質を同定した[36]。ゼイラノキサイドは，水溶液中で容易に互変異性を起すため構造決定が困難であったが，そのエピマーも含めて4種の新規物質を同定した。ジチオラン構造を持つスルフィネートであり，アスパラガスのアレロケミカルとして同定されたアスパラガス酸（asparagusic acid）（27）[37]に類似した構造を持つ化合物である。ナガボノウルシは，極めて小さい種子を多量に生産し爆発的に広がる性質を持っており，一度侵入すると根絶が難しく，イネへの減収が大きいことから，早期発見と防除が必要である。

13　トリテルペノイドサポニン

農業環境技術研究所ではクマツヅラ科の小灌木タイワンレンギョウ（*Duranta repens*）から，新規トリテルペノイドサポニンを単離し，デュランタニン（durantanin）(28) と命名した一群の新規物質を同定した[38]。これらの物質は比活性が強い上に，植物体内での存在量も多い。また，土壌中で活性を失いにくく，アレロケミカルとして作用していることが示唆される。

14　天然物としてのアレロケミカルの利用

ユーカリ，ブラシノキ，ユキヤナギ，ヘアリーベッチ，ムクナ，ソバのような強いアレロケミ

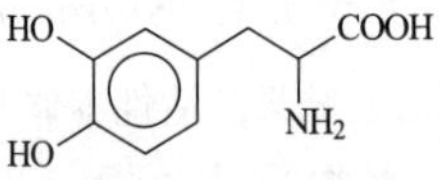

L-DOPA (L-3,4-dihydroxyphenylalanine) (22)

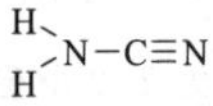

cyanamide (24)

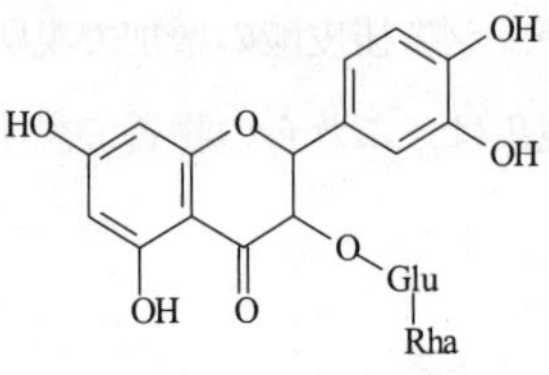

quercetin 3-rutinoside (rutin) (23)

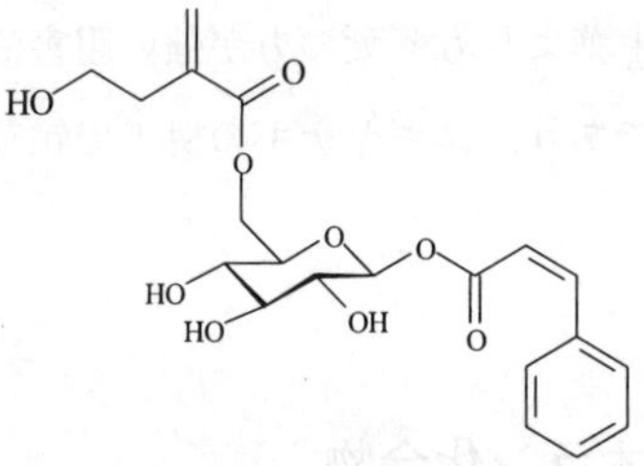

6-*O*-(4'-hydroxy-2'-methylene-butyroyl)-1-*o*-*cis*-cinnamoyl-β-D-glucopyranose
BCG (25)

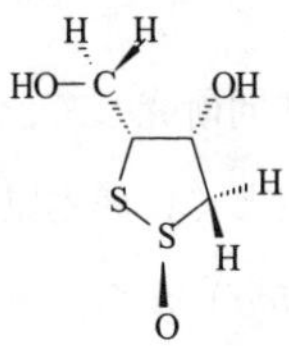

zeylanoxide A (26)

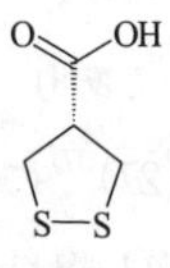

asparagusic acid (27)

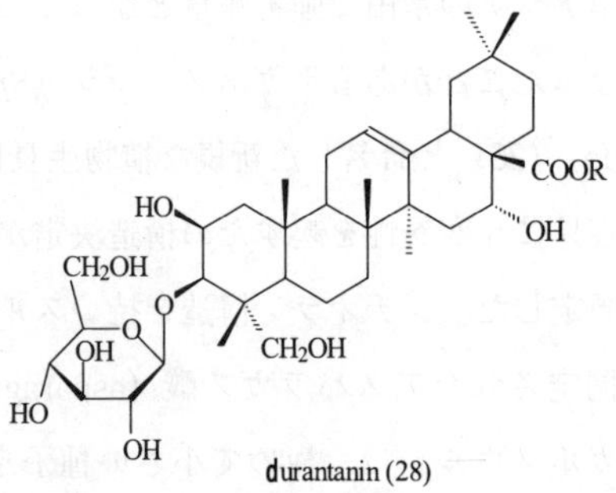

durantanin (28)

図7　農環研のグループで同定したアレロケミカル

カルを含む植物の葉をマルチしたり，被覆植物として利用する方法と，化学構造を改変して，新たな除草剤や成長促進物質などの農薬として利用する方法の2つの利用法が考えられる。天然物が必ず安全であるとはいえないが，自然界にはこれを分解する微生物や酵素活性があることが多く，人間や環境に影響が少なく，有害な雑草にのみ作用するアレロケミカルがまだたくさん存在している可能性が高い。農業環境技術研究所で著者らのグループは，アレロパシーに特異的な検出法を開発し，これを用いてこれまで20年間に約4000種の植物を検定した結果，アフリカやアマゾン，東南アジア等には未知の生理活性物質を含むアレロパシー活性の強い植物が数多く存在すること，薬用植物の活性も強いことを明らかにしている。アレロケミカルのような天然物は，これまでに報告されていない新たな作用機構をもち，より安全性の高いものが開発される可能性がある。今後，このような植物に含まれる未知の天然物が同定され，新規な農薬や植物化学調節剤の開発が期待される。

文　　献

1） Molisch H., Der Einfluss einer Pflanze auf die andere–Allelopathie, Jena, Fisher (1937)
2） 沼田真，植物群落と他感作用，化学と生物，**15**，412–418（1977）
3） 藤井義晴，植物のアレロパシー，化学と生物，**28**，471–478（1990）
4） 藤井義晴，「アレロパシー，他感物質の作用と利用」，農文協（自然と科学技術シリーズ）(2000)
5） Davis R. F., The toxic principle of *Juglans nigra* as identified withsynthetic juglone and its toxic effects on tomato and aflfalfa plants, *American Journal of Botany*, **15**, 620 (1928)
6） Hejil A. M. *et al*., Effects of juglone on growth, photosynthesis and respiration. *J. Chem. Ecol*., **19**, 559–568 (1993)
7） Maezza G. *et al*., The inhibitory activities of natural products on plant *p*–hydroxyphenylpyruvate dioxygenase, *Phytochemistry*, **59**, 281–288 (2002)
8） Bohm P. A. F. *et al*., Peroxidase activity and lignifications in soybean root growth–inhibition by juglone, *Biol. Plant*, **50**, 315–317 (2006)
9） Hejil A. M. and Koster K. L., Juglone disrupts root plasma membrane H+–ATPase activity and impairs water uptake, root respiration and growth in soybean, *J. Chem. Ecol*., **30**, 453–471 (2004)
10） Netzly D. H. and Butler L. G., Roots of sorghum exude hydrophobic droplets containing biologically active components, *Crop Sci*., **26**, 775–778 (1986)
11） Hejil A. M. and Koster K. L., The allelochemical sorgoleon inhibits root H+–ATPase activity and water uptake, *J. Chem. Ecol*., **30**, 2181–2191 (2004)

12) Dayan F. E., Factors modulating the levels of the allelochemical sorgoleone in Sorghum bicolor, *Plant*, **224**, 339–346 (2006)

13) Baerson S. R. *et al*., A functional genomics investigation of allelochemical biosynthesis in Sorghum bicolor root hairs, *J. Biol. Chem*., **83**, 3231–3247 (2008)

14) Inoue M. *et al*., Phytochemicals from *Polygonum sacharinense* Fr. Schm. (Polygonaceae), *J. Chem. Ecol*., **18**, 1833–1840 (1992)

15) Macias F. A. *et al*., Allelopathy–a natural alternative for weed control, *Pest Management Sci*., **63**, 327–348 (2007)

16) Macias F. A. *et al*., Structure–activity relationship (SAR) studies of benzoxazinones, their degradation products and analogues. Phytotoxicity on target species (STS), *J. Agric. Food Chem*., **53**, 538–548 (2007)

17) Douglas M. H. *et al*., Essential oils from New Zealand manuka: triketone and other chemotypes of *Leptospermum scoparium. Phytochemistry*, **65**, 1255–1264 (2004)

18) Hellyer R. O., The occurance of β–triketones in the steam–volatile oils of some myrtaceous Australian plants. *Australian J. Chem*., **21**, 2825–2828 (1968)

19) Hasegawa K. *et al*., isolation and identification of lepidimoide, a new allelopathic substance from mucilage of germinated cress seeds, *Plant Physiol*., **100**, 1059–1061 (1992)

20) Kosemura S. *et al*., Synthesis and absolute configuration of lepidimoide, a high potent allelopathic substance from mucilage of germinated cress seeds, *Tetrahedron Lett*., **24**, 2653–2656 (1993)

21) Cook C. E. *et al*., Germination of witchweed (*Striga lutea* Lour.): isolation and properties of a potent stimulant, Science, **154**, 1189–1190 (1966)

22) Cook C. E. *et al*., Germination stimulants. II. The structure of strigol–a potent seed germination stimulant for witchweed (*Striga lutea* Lour.), *J. Am. Chem. Soc*., **94**, 6198–6199 (1972)

23) Yoneyama K. *et al*., Strigolactones: structures and biological activities, *Pest Manag. Sci*., **65**, 467–470 (2009)

24) Gomez–Roldan V. *et al*., Strigolactone inhibition of shoot branching, *Nature*, **455**, 189–194 (2008)

25) Umehara M. *et al*., Inhibition of shoot branching by new terpenoid plant hormones, *Nature*, **455**, 195–200 (2008)

26) Flematti G. R. *et al*., A compound from smoke that promotes seed germination, *Science*, **305**, 977–978 (2004)

27) Nelson D. C. *et al*., Karrikins discovered in smoke trigger Arabidopsis seed germination by a mechanism requiring gibberellic acid synthesis and light, *Plant Physiology*, **149**, 863–873 (2009)

28) 大東肇，アレロパシーによる制御（陸上），農業環境を構成する生物群の相互作用とその利用技術，農業環境技術研究叢書，**4**，20–35（1989）

29) ライス著，八巻敏雄，安田環，藤井義晴訳「アレロパシー」，学会出版センター（1991）

30) Subbarao G. V. *et al*., Evidence for biological nitrification inhibition in Brachiria pastures, *Proc. Nat. Acad. Sci*., www.pnas.org/cgi/doi/10.1073/pnas.0903694106 (2009)

31) 藤井義晴，アレロパシー検定法の確立とムクナに含まれる作用物質 L-DOPA の機能，農業

環境技術研究所報告，**10**，115-218（1994）
32）Golisz A. *et al*., Specific and total activities of the allelochemicals identified in buckwheat, *Weed Biology and Management*, **7**, 164-171（2007）
33）Kamo T. *et al*., First isolation of natural cyanamide as a possible allelochemical from hairy vetch *Vicia villosa*., *J. Chem. Ecol*., **29**, 273-282（2003）
34）Hiradate S. *et al*., Phytotoxic *cis*-cinnamoyl glucosides from *Spiraea thunbergii*, *Phytochemistry*, **65**, 731-739（2004）
35）Hiradate S. *et al*., Plant growth inhibition by *cis*-cinnamoyl glucosides and *cis*-cinnamic acid, *J. Chem. Ecol*., **31**, 603-613（2005）
36）Hirai N. *et al*., Allelochemicals of the tropical weed *Sphenoclea zeylanica*, *Phytochemistry*, **55**, 131-140（2000）
37）Kitahara Y. *et al*., Asparagusic acid, a new plant growth inhibitor in etiolated young asparagus shoots, *Plant & Cell Physiology*, **13**, 923-925（1972）
38）Hiradate S. *et al*., Three plant growth inhibiting saponins from Duranta repens., *Phytochemistry*, **52**, 1223-1228（1999）

第10章　情報化学物質の植物保護利用

安藤　哲*

1　情報化学物質：セミオケミカル

蛾の雌雄間のコミュニケーションに化学物質が関わっていることは，100年ほど前に出版されたファーブルの昆虫記に記述されており，また，雌のカイコを材料に構造が解明されてからすでに半世紀が経過している。その構造決定の過程で，コミュニケーションに関与する物質にフェロモン（pheromone）という名称が与えられた。すなわち，従来知られているホルモン（hormone）に対峙させ，フェロモンは「体内で生産された後に体外に排出され，同種の他個体に特異な行動を引き起こす物質」である。この定義に該当する化学物質は昆虫の世界でのみ働いているのではなく，動物や微生物の生理・生態に関与している。さらに，種間を越えたコミュニケーションに対して，生産する側に利益をもたらす場合はアロモン（allomone），受容する側に利益をもたらす物質をカイロモン（kairomone），両者に利益をもたらす物質をシノモン（synomone），両者に不利益をもたらす物質をアンチモン（antimone）という用語が用いられるようになった。これら種内や種間で働く情報化学物質を取りまとめてセミオケミカル（semiochemical）と呼び，さらにホルモンも個体内細胞間のセミオケミカルとして位置付けることもできる。

ところで，地球上の生態系は膨大な種類の植物，動物や昆虫，微生物などから造られており，個々の生物はそれぞれ複雑に影響を及ぼし合いながら生存し，生態系内での役割を果たしている。人類の繁栄は基本的に植物生産に支えられているが，当然のことながら，その生産を妨げる害虫による摂食や微生物による病気の発生が伴う。それに対して植物は決して無防備ではなく，図1に示したように摂食阻害物質や殺虫物質を作り出し摂食者を制限するとともに，感染により誘導されるファイトアレキシン（phytoalexin）で病害に対抗している。これらはすべてアロモンであり，また植物同士の間ではアレロパシーを引き起こす物質による生き残りをかけた戦いもある。フェロモンの研究が契機となり，様々な生物間で働く生理活性物質に関する研究が進展し，複雑な相互作用が物質レベルで解明されるとともに，それらを生物生産に役立てることが試みられている[1]。

セミオケミカルに関する学問分野として，フェロモン研究を中心とした化学生態学が展開して

＊　Tetsu Ando　東京農工大学　大学院生物システム応用科学府　教授

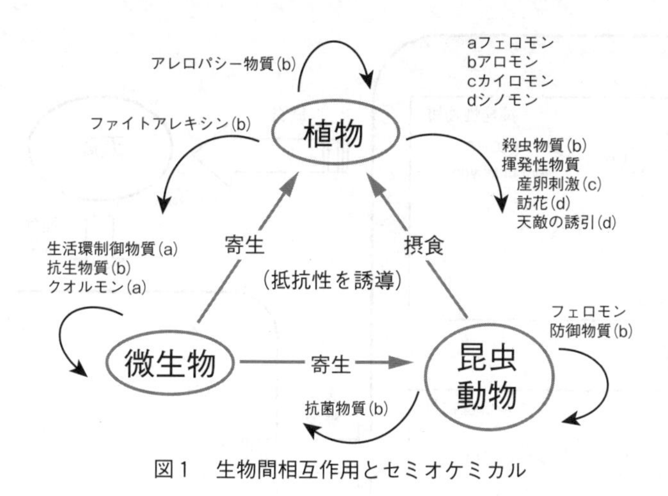

図1　生物間相互作用とセミオケミカル

おり，害虫などの食害により植物が揮発物質を生産しそれが天敵を誘引するというような，三者間での相互作用も明らかになってきた。また，病原微生物は常に寄主植物を発病に至らしめるのではなく，クオルモン（quormone）と呼ばれる物質によって菌密度を感知し宿主を攻撃するという機構が明らかになり，それを踏まえた防除法も模索されている。これまでの殺虫剤，殺菌剤による防除とは異なり，種あるいは種を越えた生態系で働いている情報化学物質を利用した植物保護は，生態系への負荷を最大限抑えた総合防除の一翼を担うものである。本章では，そのような化学生態学の新しい流れとともに，すでに活用されている昆虫フェロモンを用いた害虫防除について紹介する。

2　植食者―植物―天敵間の化学交信

植食者に摂食された植物は天敵を誘引する揮発性物質を放出するという現象が，1980 年代に知られるようになった。例えば，ナミハダニに食害されたリママメの葉はみどりの香りである C_6 化合物や β-オシメンなどの揮発性テルペン類を生産し，それらは天敵である肉食性のチリカブリダニを誘引し，結果としてナミハダニの被害を低減する（図２）。現在このような植食者－植物－天敵間の化学交信の普遍性が明確にされるとともに，植物保護への応用を目指した誘引物質生産の分子メカニズムが追究されている[2]。植食者の加害で生じる物理的刺激と唾液などに含まれるエリシター（elicitor）の化学的刺激により，ジャスモン酸やサリチル酸という植物内のシグナル伝達物質の濃度が高まり，ファイトオキシリピン経路を介して多価不飽和脂肪酸から青葉アルデヒドや青葉アルコールなどが，またテルペン合成経路を介してモノテルペン，セスキテルペン，C_{11} や C_{16} のホモテルペンが生産される。葉に処理したジャスモン酸やそのメチルエステル

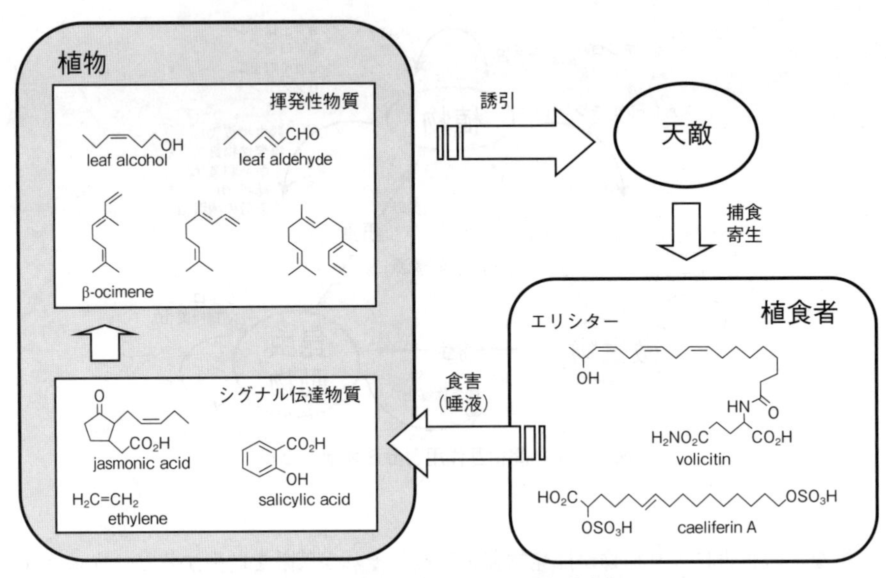

図２　植食者―植物―天敵の化学交信

の刺激が植物体内に伝達される様子が，各部位での揮発性物質の生産量からいろいろな植物で調べられている。また，それらの生合成に関わる酵素遺伝子の単離が試みられ，更に組換え植物における分泌量と天敵の誘引活性も測定されている。

鱗翅目昆虫の摂食においては，揮発性物質はそれらの天敵である寄生蜂を誘引する。この三者系ではエリシターの実体が明らかになっており，β-グルコシダーゼがオオモンシロチョウの幼虫から，ボリシチンがシロイチモジヨトウの幼虫から同定された。ボリシチンは17-位が水酸化されたリノレン酸とグルタミン酸からなるアミド化合物で[3]，近縁なヤガ類の唾液にも含まれており，トウモロコシやタバコの葉で揮発成分の放出を誘導するが，ワタやリママメでは活性を示さない。その後，ハスモンヨトウの近縁種の唾液からはササゲに活性を示すインセプチンと命名されたペプチドが同定された。加えて，直翅目のアメリカバッタの唾液からはケリフェリン類が発見された。今後更に多くの植食者－植物間で機能しているエリシターが解明され，その植物保護への活用が模索されるものと思われる[4]。

一方，エチレンは揮発性の植物ホルモンであるが，上記の匂い応答シグナル伝達物質でもあることが示された。エチレンを含めて加害植物から放出される揮発性物質は周囲の健全植物に何らかの影響を与えていることが考えられ，植物－植物間コミュニケーションの実体の解明が試みられている。

3　微生物の化学交信

有性生殖を行う水カビや毛カビ類では，配偶子の出会いに性フェロモンが関与している。また大腸菌や酵母では，個体間で接合管を伸ばし遺伝情報の交換を行っており，ペプチド様物質が性フェロモンとして働き接合管の形成を誘導する。生活環を有する粘菌を始めとして多くの微生物で，気菌糸や胞子形成の誘導に関わる物質も構造決定されており，それらが体外に分泌され他個体に作用する場合はフェロモンとして位置付けられる。また放線菌の生産する抗生物質はアロモンであり，微生物同士の生き残りをかけた壮烈な戦いの産物である。さらに，病原微生物はバラバラに活動するのではなく，固体間でネットワークを形成し集団で活動し，ある一定の高い密度になったときに毒素を分泌し効率よく宿主を攻撃することが明らかになってきた[5)]。細菌の密度感知機構（クオラムセンシング：quorum sensing）に関与するフェロモンをクオルモンと呼び，緑膿菌，軟腐病菌，青枯病菌などでその化学構造が解明されている。これらグラム陰性細菌の多くはアシルホモセリンラクトン（AHL）類を分泌する（図 3）。AHL はいろいろな単鎖脂肪酸とホモセリンラクトンがアミド結合した物質で，それが生息環境中で数 nM 程度の濃度になると，寄主植物の細胞壁を溶解するペクチン分解酵素などの病原性因子が誘導される。青枯病菌では AHL に加えて 3–ヒドロキシパルミチン酸メチルがクオルモンとして働き，維管束の通水を妨げ寄主植物の枯死を引き起こす細胞外多糖の大量生産が誘導される。一方，グラム陽性菌ではペプチドがクオルモンとして機能している。

これらクオルモンの機能を妨げれば発病を抑えることが可能であり，実際に AHL を分解する酵素（LAH lactonase）の遺伝子をジャガイモなどに導入したところ，軟腐病に対して強抵抗性を発現した[6)]。導入植物において分解酵素が生産された結果として，LAH 濃度が高まらず病原性因子であるペクチン分解酵素の発現が起きなかったためと考えられる。また，青枯病菌では 3–ヒドロキシパルミチン酸メチルを分解する酵素がスクリーニングされ，その酵素は細胞外多糖の生産を抑えることが確認されている[7)]。病原細菌の生存そのものを直接妨げるのでないことから，そのような防除法では耐性菌の出現は低いことが期待される。

クオルモン分解酵素遺伝子の植物体への導入ということに加えて，クオルモン受容体や生合成

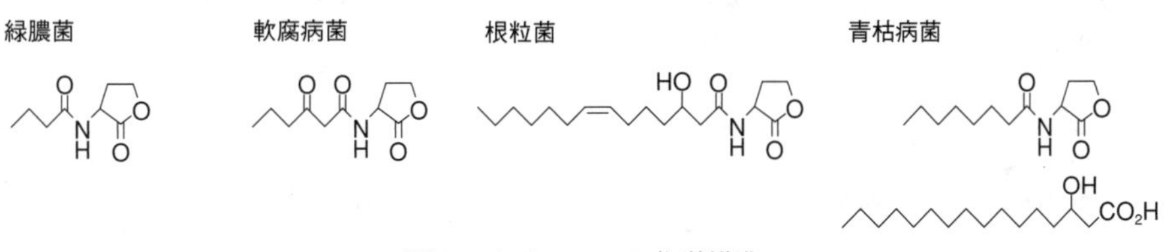

図 3　クオルモンの化学構造

に関わる酵素群をターゲットとした薬剤を用いた防除の可能性も考えられる。さらに，分解活性を示す微生物を拮抗菌として利用することも期待される。昨今，植物の根圏での微生物群集構造の機能が注目されているが，そのバイオフィルム内では多種多様な微生物が活動し，種を越えた個体間のコミュニケーションが活発に行われていると考えられている。AHL がそのシグナル分子として機能しているとの報告もあり，今後その実体を踏まえた新しい病原性発現制御法が開発されるものと思われる。

4　昆虫のフェロモン[8,9]

4.1　化学構造の多様性[10]

昆虫は地球上で最も繁栄した生物種であり，歴史も古く多様な種が存在し全動物種の4分の3を占める。コミュニケーションに使用されるフェロモンもいろいろあり，生理作用から性フェロモン，集合フェロモン，警報フェロモン，道しるべフェロモン，階級分化フェロモンなどに分類される。図4に示したように化学構造も多様であり，炭素数が31であるチャバネゴキブリの性フェロモンのように触角で直接ふれるものも知られているが，多くのものは炭素数が25以下で，ある程度の揮発性を有し空気中を飛散し他個体に到達する。脂肪酸由来の化合物やテルペン類が主要であるが，未だ生合成経路が想定できない化合物も少なくない。特に配偶行動を制御する性フェロモンは，他種との交雑を防ぐ働きを持つ種固有のものであるため，化学構造も変化に富んでいる。構造上，1種1化合物ということは困難であり，膨大な種を含む鱗翅目蛾類昆虫では複数の化合物をある特定の混合比にブレンドし独自の性フェロモンを作り上げている。

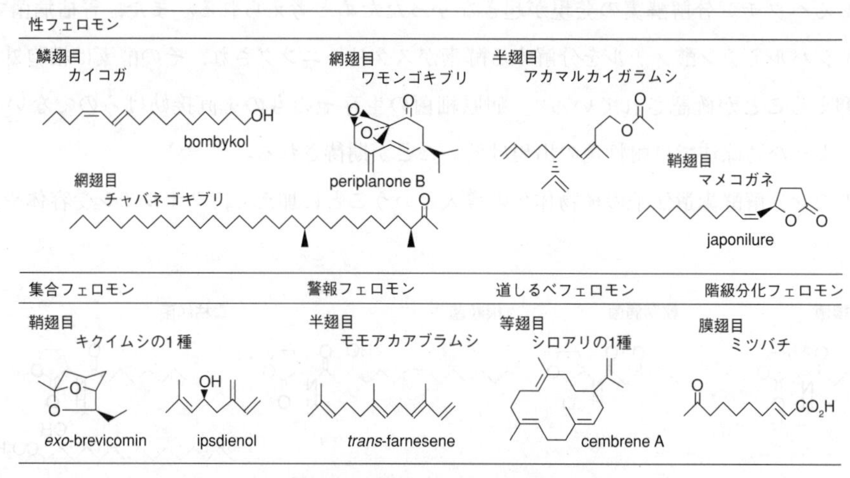

図4　代表的な昆虫フェロモン

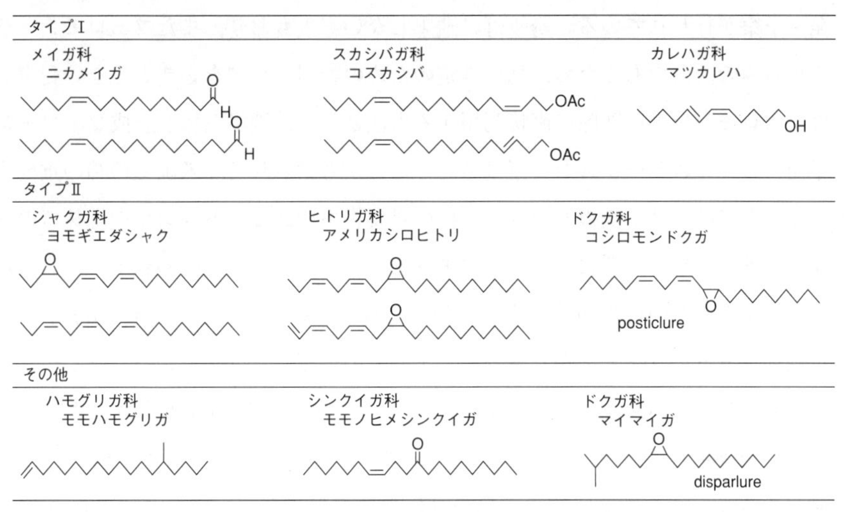

図 5　代表的な蛾類性フェロモン

蛾類には多数の農林業上の害虫が含まれることから精力的に研究が行われ，すでに 600 種を越える雌成虫から性フェロモンが構造決定されている[11,12]。代表的なものを，図 5 に示した。多くのものは，カイコが分泌するボンビコールのように末端に官能基を有する直鎖脂肪族化合物（タイプⅠ）である。炭素数は 10〜18 で二重結合を 0 〜 3 含むアルコールおよびそのアセテートやアルデヒドで，様々なグループの種から同定されている。一方，シャクガ科やヒトリガ科など比較的進化したグループの昆虫は，末端官能基を含まない直鎖化合物を分泌する。このタイプⅡの性フェロモンは，炭素数が 17〜23 で，二重結合を 2 〜 5 含む不飽和炭化水素やそのエポキシ化物である。その他に，ケトン類やメチル分岐を有する化合物も知られている。

性フェロモンの違いが近縁種の生殖隔離に重要な役割を担っている反面，共通の祖先から分化した種の性フェロモンは類似した構造を含むことは想定される。事実，スカシバガ科昆虫の性フェロモンは殆どが炭素数 18 の 3,13–あるいは 2,13–ジエンであり，カレハガ科昆虫では炭素数 12 の 5,7–ジエンである。また，メイガ科マダラメイガ類の多くは炭素数 14 の 9,12–ジエンを分泌する。興味深いことに，分類上かけ離れたヤガ科でも 5,7–ジエンや 9,12–ジエンを分泌する種が存在し，フェロモンの生合成系を変化させながら種分化を繰り返しているうちに，たまたま同様な化学構造にたどり着いた結果と考えられる。

4.2　蛾類害虫の交信撹乱による防除[13,14]

ランダム飛翔している雄蛾が性フェロモンを感知すると，濃度勾配を手がかりにジグザグ飛翔を繰り返し，フェロモンの発生源である雌蛾にたどり着き交尾にいたる。検出感度が極めて高いため，数 m 以上離れている雌蛾に定位することが可能で，この強い誘引力から合成フェロモンを用いた発生予察が行われている。誘蛾灯に飛来しない害虫もおり，またフェロモントラップは目的とする種のみの誘引であるため，種の判定のための特別な知識を必要としない利点がある。

一方，性フェロモンを害虫防除に直接利用する方法として，圃場全体を合成フェロモンで充満させ，雌雄間のコミュニケーションを撹乱させることが考案された。米国での綿の重要害虫であるワタアカミムシでの成功が契機となり，果樹の重要害虫であるコドリンガや森林でのマイガイガの防除など，世界各地で実際に合成フェロモンを用いた交信撹乱が行われている。近年，リンゴやモモなどの果樹園での使用面積は大きな伸びを見せている。わが国でも 1977 年のハスモンヨトウの撹乱剤「ヨトウコン」をかわきりに，茶園でのチャノコカクモンハマキとチャハマキの同時防除を目的とした「ハマキコン」(1983 年) や，キャベツの難防除害虫コナガを対象とした「コナガコン」(1989 年) など，タイプⅠのフェロモンを中心に，10 種類を越える交信撹乱剤が，防除効果のみならず毒性試験等の評価を受け農薬登録されている。長さ 20 cm のポリエチレンチューブに 100 mg ほどの合成化合物を封入したディスペンサーが主流で，「ハマキコン」では 10 アール当たり 300～600 本のディスペンサーを小枝にくくりつけている。

交信撹乱法での防除効果の判定は，容易ではない。室内で撹乱効果を検定することには無理があり，殺虫試験とは大きく異なる。フェロモン剤使用区と無防除区を広い野外圃場に選定し，その効果を比較する必要がある。成虫や幼虫の生息密度を直接比較することに加え，紐でくくり付け逃亡を妨げた処女雌（繋ぎ雌）の交尾率を比較することで，交尾阻害が実際に起こっていることを確認できるが，野外での発生時期に合わせた限られた期間での試験である。またその防除効果も単年度のみでは十分でなく，長期に渡る使用の後にその良さが認識されることも留意しなければならない。

交信撹乱法はクモなどの天敵には無害なため，ハダニなどの二次的害虫の密度を増加させない利点があり，環境に配慮した総合防除の考え方が浸透する中で注目されてきた。しかしながら，これまでの殺虫剤と異なり圃場で作物を加害している害虫を直接殺さない防除法は，農家が簡単に受け入れる手法ではない。交信撹乱剤の利用は，被害を与える幼虫が果実等に侵入し殺虫剤での防除が難しい，繁殖力が高く恒常的な殺虫剤の散布で抵抗性が問題になっている，あるいは茶のように収穫期と害虫の発生時期が一致しているため残留する殺虫剤が散布できないなど，現状ではかなり追いつめられた状況下か，また殺虫剤を使用していないことから収穫物に付加価値を与え収入を高める意図のものが主で，残念ながら日本での使用面積は未だ拡大していない。

4.3 性フェロモンによる大量誘殺[15)]

フェロモントラップを用いた大量誘殺による害虫防除の試みは，野外圃場に生息する蛾類昆虫に対しては成功していない。生き残った雄蛾は複数回交尾可能であるため，次世代の生息密度を減少させることができないためである。ただし，貯穀害虫であるノシメマダラメイガとチャマダラメイガにおいては，貯蔵庫内の使用で防除効果が確認されている。さらにタバコの倉庫内では，シバンムシなどの鞘翅目昆虫の防除に合成フェロモントラップが利用されている。また沖縄県のサトウキビ畑において，コメツキに対して大量誘殺法が成果を上げている。ハリガネムシと呼ばれるオキナワおよびサキシマカンシャクシコメツキの幼虫はサトウキビの地下部を食害し，出芽阻害の被害をもたらす。長さ1.4 mのポリエチレンチューブに1.35 gの合成化合物を封入し誘引源とし，液体洗剤を溶かした水を張ったポリたらいの上方に配置している。このトラップを1～1.5ヘクタールごとに圃場に設置することで雄成虫の密度が低下し被害が低減する。大量な合成フェロモンを揮発させると蛾類では交信攪乱が起こり，定位が妨げられることよりトラップに捕獲されなくなるが，コメツキでは問題なく長期間安定して誘引される。

最近，アリモドキゾウムシに関して大量誘殺によるパイロット事業が行われている。本種は熱帯アジアや中南米に生息するサツマイモの害虫であるが，沖縄県や鹿児島県のトカラ列島でも発見された。ウリミバエと同様に特定害虫に指定し，生息域の拡大を防いでいる。ミバエ類の防除と同様に，合成フェロモンと有機リン系殺虫剤（フェニトロチオン）を含浸させたファイバーボード（4.5 cm×4.5 cm×0.9 cm）を，1ヶ月間隔で1ヘクタール当たり8枚へリコプターから投下している。さらに誘殺ポイント数を増加させるために，直径2 mmほどの粒状製剤が検討されている。使用されている合成フェロモンの化学構造式を，図6に示した。

4.4　フェロモンの生合成とその制御

フェロモンの生産やアンテナでの受容を阻害すれば，昆虫は正常な行動をとることができなくなる。配偶行動を制御している性フェロモンは特に種の継承に重要な役割を担っており，蛾類昆虫を中心にその生合成と受容機構が追究されている。タイプⅠのフェロモンの生合成は，フェロモン腺で *de novo* 合成されたパルミチン酸などの直鎖の脂肪酸に二重結合が導入され，炭素鎖の伸長や短縮の後にアシル基が還元され不飽和アルコールとなり，その後にアセテートなどに官能基が変換する経路によることが，カイコなど多種の昆虫の実験で示された。様々な位置に二重結合を有するフェロモンが知られていることから，その反応に関わる酵素は興味深く，イラクサ

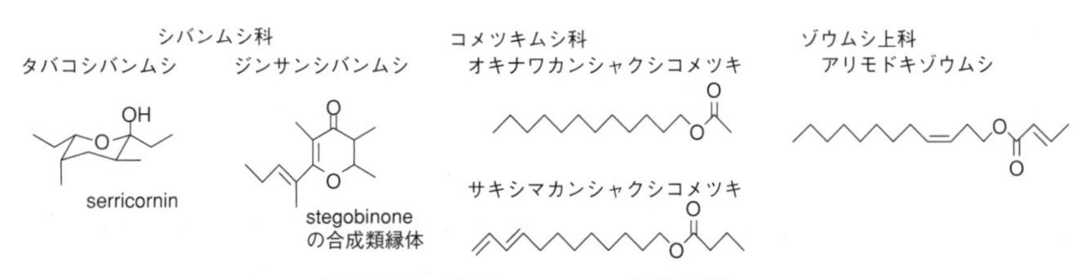

図6　大量誘殺に利用されている鞘翅目性フェロモン

ギンウワバでの11-位不飽和化酵素の同定[16]を契機に，PCR法を利用していろいろな種で遺伝子がクローニングされた。それらはフェロモン腺でのみ特異的に発現し，組織普遍的に存在するオレイン酸生合成に関わる9-位不飽和化酵素遺伝子とは，コードする酵素のアミノ酸配列の相同性からも異なったグループを形成している。さらに，アシル基の還元酵素もカイコなどで同定されている。このような知見を踏まえて生合成の阻害剤が追究され，実用化には至っていないが，シクロプロペン環を有する化合物は不飽和化反応を，また2-ブロモ脂肪酸はβ-酸化による炭素鎖の短縮を阻害することが明らかになっている[9]。

一方，タイプⅡフェロモンの生合成では，植物由来のリノール酸やリノレン酸が原料となり，炭素鎖の伸長や脱炭酸などの反応により形成される不飽和炭化水素が体表炭化水素と同様にエノサイトで作られ，それがリポホリンの働きで体液中をフェロモン腺まで移動し直接分泌されるか，あるいはエポキシ化されてから分泌されることがわかってきた[17]。フェロモン腺で進行するエポキシ化は反応に高い位置選択性を示す酸化酵素によるが，エノサイトでの諸反応とともに酵素の同定は未だ成功していない。エポキシ化酵素は幼若ホルモンを含めて多くの生理活性物質の生合成に関わっており，酸化する二重結合の選択がどのようなメカニズムで進行するのか興味深く，その実体の解明が強く望まれる。選択性の高い害虫制御剤を開発する上で，エポキシ化酵素が新たなターゲットとなりうるか早急な検討が必要である。

ゴキブリやハエでは，フェロモンの生産に幼若ホルモンや脱皮ホルモンが関与していることが知られている。蛾類昆虫では明暗のリズムに応じてフェロモン量は日周変動し，それは食道下神経節から分泌されるフェロモン生合成活性化神経ペプチド（PBAN）と命名されたホルモンの制御による[18]。30ほどの残基からなるペプチドで種によって異なるアミノ酸配列をとるが，アミド化されているC-末端の5残基は活性の発現に不可欠で，FSPRLamide（Phe-Ser-Pro-Arg-Leu-NH_2）の共通性を有している。カイコの休眠ホルモンなど同様な構造を含む昆虫ホルモンとともに，FXPRLファミリーを構成している。生合成のどのステップを活性化しているか多くのタイプⅠフェロモンを生産する蛾類昆虫で研究され，カイコではアシル基のアルコールへの還元を制御していることが示されたが，種によって異なった結果も得られている。タイプⅡ性フェロモンの生合成においては，シャクガを用いた実験で，不飽和炭化水素の体液からフェロモン腺への移動を活性化している結果が得られている[17]。いずれにしても，生合成が神経支配でなく内分泌系の支配を受けており，5残基という短いペプチド断片でも活性があるということは，それをモデルにした低分子アゴニストあるいはアンタゴニストの発見の可能性を示している。さらに最近，PBANのレセプターもカイコやタバコヤガで同定されており[19,20]，その立体構造などからPBANの受容様式が調べられ，より論理的な生合成制御物質の開発が展開するものと思われる。

4.5　アンテナでの受容機構

セミオケミカルを受容する昆虫，特に蛾類昆虫では体長に比べて大きなアンテナを備えている。その表面には性フェロモンの受容に特化した長いクチクラ突起を持つ毛状感覚子と，比較的短い突起を持ち寄主植物の匂い物質を感知する鐘状感覚子が数多く存在する。それぞれの感覚子の奥には感覚細胞が位置し，クチクラ突起の中にレセプタータンパク質が発現した樹状突起を伸ばしている。クチクラ突起の表面には小孔があり，そこから化合物は進入するが，レセプターは感覚子液で覆われているため，親油性の匂い結合タンパク質（odorant binding protein：OBP）の助けを借りてレセプターへ到達する。OBPに関しては蛾類昆虫を中心に多くの知見が得られており，雄蛾のアンテナに多く見られる毛状感覚子内には約15 kDaのフェロモン結合タンパク質（pheromone binding protein：PBP）が，雌蛾のアンテナに多い鐘状感覚子では17 kDaのタンパク質（general odorant binding protein：GOBP）が主に含まれている[10]。いずれのアミノ酸配列においても共通な位置に6個のシステイン残基を含み，それらから形成される3対のジスルフィド結合で籠状となり，1つの匂い分子を取り込む立体構造を作り上げている。PBPは合成フェロモンとの光親和性標識実験から発見されたものであり，カイコのPBPではボンビコールを取り込んだ形でのX線構造解析も行われて，その性フェロモンとの結合特異性が考えられている[21]。しかしながら，多種の昆虫でPBPやGOBPの構造が報告されているにもかかわらず，それらの匂い物質との結合親和性は未だ網羅的に解析されていない。

最近，性フェロモンのレセプターの実体もカイコなどで明らかになった。雄の触角から得られたcDNAライブラリーから，ショウジョウバエで調べられてきた匂いレセプターの配列を参考に29個のGタンパク質共役型遺伝子がクローニングされ，その内の1つ（*BmOR-1*）でツメガエル卵母細胞を用いた機能解析が行われるとともに，雌カイコにも導入されそのアンテナがボンビコールに応答することも確認されている[22]。さらに*BmOR-1*と*BmOR-2*の共発現でボンビコールとの強い反応を，*BmOR-3*と*BmOR-2*の共発現でアルデヒド体との反応を認め，*BmOR-2*のようなOr 83 bファミリーに属するタンパク質がレセプターとヘテロダイマーを作成することで機能が高まること，多くの昆虫のアンテナでの高感度な受容が同様なメカニズムによることが示唆された[23]。今後さらに多数の昆虫でレセプターの実体が明らかになり，各昆虫種で執り行われている種特異性の高い性フェロモンの受容がどのように説明されていくのか，即ち微妙な構造の違いを持つフェロモンという低分子を，巨大分子であるレセプターがどのように構造を変化させながら結合親和性を変え受容しているのか大変興味深い。

アンテナ全体に加えて，感覚子ごとの匂い分子に対する電気生理的応答も測定が可能であり，複数成分からなるフェロモンの受容機構も徐々に明らかにされていくものと思われる。果たして，1種の昆虫は何種類の匂いレセプターをアンテナ上に発現し，何種類の化合物を受容できるのだろうか？　性フェロモンと寄主植物の匂いの違いは受容後にどのように情報処理されているのだろうか？　それら誘引に働く化合物に加えて，忌避を引き起こす物質も存在する。忌避物質も当然アンテナ上の何らかのレセプターで感知されているはずで，その場合のシグナルは誘引性のものとどのように異なり，どのように処理されているのか？　セミオケミカルの植物保護への利用を模索する中で，このような疑問に答えることも重要である。

文　献

1）山本出，バイオサイエンスとインダストリー，**47**（6），11-16（1989）
2）有村源一郎ほか，*Aroma Research*，**3**（1），2-10（2002）
3）H. T. Alborn *et al.*, *Science*, **276**, 945-949（1997）
4）森直樹ほか，藤崎憲治等編，昆虫化学が拓く未来，京都大学学術出版会，Ⅱ　第1章，165-189（2009）
5）篠原信，日本農薬学会誌，**33**（1），90-94（2008）
6）Y. H. Dong *et al.*, *Nature*, **411**, 813-817（2001）
7）M. Shinohara *et al.*, *J. Appl. Microbiol.*, **71**, 417-422（2007）
8）安藤哲，日本農薬学会編，次世代の農薬開発，ソフトサイエンス社，Ⅱ　1.2，105-118（2003）
9）安藤哲，日本農薬学会誌，**31**（2），165-173（2006）
10）安藤哲，*Aroma Research*，**3**（1），26-33（2002）
11）T. Ando *et al.*, *Topics Current Chem.*, **239**, 51-96（2004）
12）T. Ando, Internet database, http://www.tuat.ac.jp/~antetsu/Lepi PheroList.htm（2009）
13）小川欽也，山本出監修，次世代の農薬開発，シーエムシー出版，第8章，226-256（2003）
14）小川欽也，*Aroma Research*，**8**（1），7-14（2007）
15）永田健二，*Aroma Research*，**8**（1），15-21（2007）
16）D. C. Knipple *et al.*, *Proc. Natl. Acad. Sci. USA*, **95**, 15287-15292（1998）
17）T. Ando *et al.*, *J. Pestic. Sci.*, **33**（1）, 17-20（2008）
18）A. K. Raina *et al.*, *Science*, **244**, 796-798（1989）
19）M-Y. Choi *et al.*, *Proc. Natl. Acad. Sci. USA*, **100**, 9721-9726（2003）
20）J. J. Hull *et al.*, *J. Biol. Chem.*, **279**, 51500-515007（2004）
21）W. S. Leal, *Topics Current Chem.*, **240**, 1-36（2005）
22）T. Sakurai *et al.*, *Proc. Natl. Acad. Sci. USA*, **101**, 16653-16658（2004）
23）T. Nakagawa *et al.*, *Science*, **307**, 1638-1642,（2005）

第11章　遺伝子組換え作物の動向

内田　健[*1]，山根精一郎[*2]

1　はじめに

遺伝子組換え（以下GMと呼ぶ）作物の大規模な商業栽培は1996年にアメリカ，カナダ，アルゼンチンなどで開始された。以来14年GM作物の利用は農作業の労力低減，農薬の使用量低下，農地の保全など様々な農業生産・環境保全におけるベネフィットが評価され急速に拡大している。近年では世界各地で頻発する干ばつや温暖化に対応する技術として，また食糧問題や環境問題に対応する技術として期待が寄せられている。

本章では，GM作物開発のリーディング・カンパニーであるモンサント・カンパニーについて紹介した後，GM作物を巡る最近の動向，GM作物栽培における農業生産上の新たな取り組みや今後上市される可能性があるGM作物について紹介する。

2　モンサント・カンパニーの概要

モンサント・カンパニー（本社：米国ミズーリ州セントルイス）は1901年に設立され，総合化学企業として成長したが，1980年代からは植物バイオテクノロジー技術の開発を始め，2002年からは農業生産活動に貢献する企業として，作物種子や農薬の研究・開発・商品化など，農業生産活動に関連する事業に特化している。種子開発分野においてモンサント・カンパニーは遺伝子組換え作物の可能性に注目し，その一番手として1996年にラウンドアップ®除草剤への耐性を付与した遺伝子組換え大豆やナタネ種子の販売を開始した。これ以降，ラウンドアップ®除草剤耐性のワタやトウモロコシ，Btタンパク質を利用した害虫抵抗性の遺伝子組換え作物を数多く世に送り出している。

現在モンサント・カンパニーではトウモロコシ・大豆・ワタ・ナタネに加え，野菜・果物の種子販売とラウンドアップ®除草剤などの化学製品を販売している。種子販売は遺伝子組換え作物の種子が主力であり，開発した種子を自ら販売するほか，他の種子会社へのライセンス供与を

＊1　Takeshi Uchida　日本モンサント㈱　バイオ作物情報部

＊2　Seiichiro Yamane　日本モンサント㈱　代表取締役社長

行っている。2008年度の売上高は種子関連事業が63億6,900万ドル（約5,732億円：1ドル＝90円計算），化学製品関連事業が49億9,600万ドル（約4,500億円）となっており，総売上は一兆円を超えている。

モンサント・カンパニーは世界380ヶ所に拠点を持ち，従業員約23,600人を擁する農業に特化した企業として，顧客である世界中の農業生産者の生産性・収益性を高めると共に，環境保全型農業への取り組みを通して地球環境の保全，そして増加する人口を養うための食糧供給，栄養不良を克服する健康増進など，地球規模の諸問題の解決に役立つビジネス展開を目指している。

3　GM作物の普及と現状

1996年に除草剤耐性ダイズやナタネ，害虫抵抗性トウモロコシやワタなどの商業栽培が170万ヘクタールで行われ，GM作物の本格的な商業栽培が始まった。これ以降，急速にその利用が拡大し，昨年（2008年）時点では世界で25カ国，1億2,500万haでGM作物が栽培されており，14年間でその栽培面積は73.5倍と急速に増加した（図1）。1億2,500万haとは日本の全国土面積（377,930 km^2）の3.3倍に相当し，世界の穀物総作付面積（6.85億ha：2005年）の

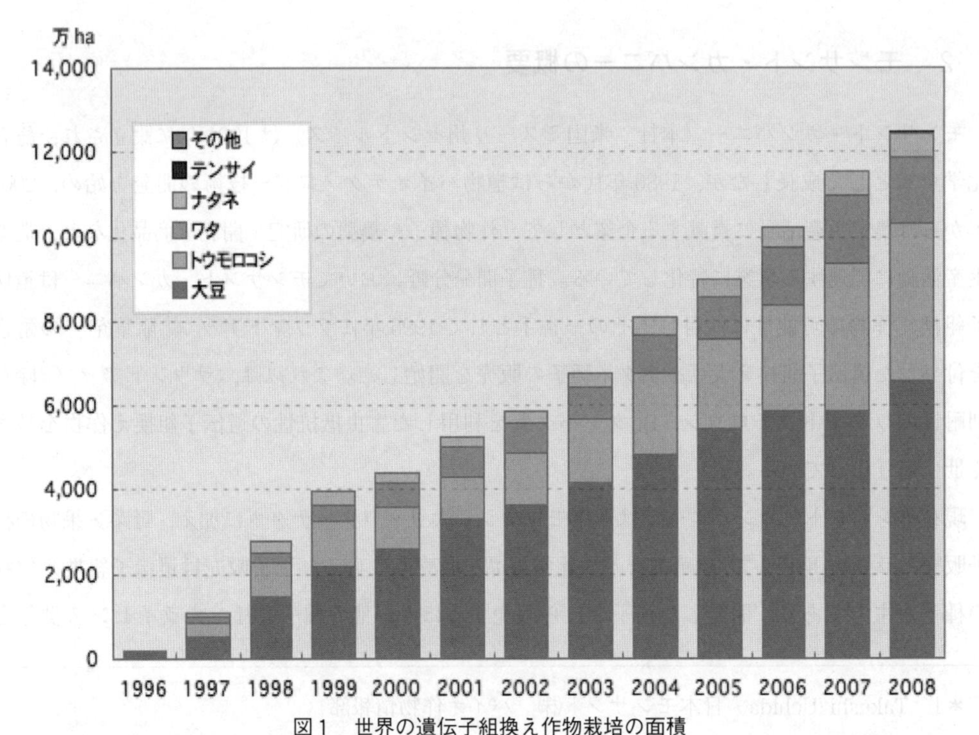

図1　世界の遺伝子組換え作物栽培の面積

出典：国際アグリバイオ事業団（ISAAA），2009

20％弱に当たる[1~3)]。

2008年度のGM作物の普及状況（作付面積）を作物別に見ると，ダイズが6,650万haと最も多く，これは世界のダイズ栽培総面積の70％に相当する。次いでトウモロコシ3,770万ha（同24％），ワタ1,550万ha（同46％），ナタネ600万ha（同20％）と続き，これら四品目でGM作物の栽培面積合計の99％を占める。他にもスクワッシュ，パパイヤ，カーネーション，アルファルファなどが商品化され，また2008年からはGMテンサイ（ビート）が新たな作物としてアメリカとカナダで商業栽培が開始された。

GM作物の栽培状況を国別に見ると，アメリカ合衆国が6,250万haと最も多く，次いでアルゼンチン（2,100万ha），ブラジル（1,580万ha），インド（760ha），カナダ（760ha）と続く。しかし前年（2007年）からの増加率で見ると，インド（前年比22.6％増），アルゼンチン（同9.9％増）など，北米以外の地域での増加が顕著であり，今後もこの傾向がさらに進むと考えられる。GM作物の商業栽培が行われている国の数は2008年時点で25カ国であり，南米のボリビア（除草剤耐性ダイズ），アフリカのエジプト（害虫抵抗性トウモロコシ）とブルキナファソ（害虫抵抗性ワタ）が，新たにGM作物の商業栽培を開始した（図2）。

4　現在，商品化・流通されている主なGM作物

GM作物には様々な種類がある。例えば，除草剤耐性や害虫抵抗性といった形質は，作物の保護と農業生産効率の向上に役立ち，農業生産者への顕著なベネフィットが認められている。また，これらの作物では環境保全型農業が実践できることが数多く報告されており，農業生産者だけではなく地球環境がその恩恵にあずかっている。現在商品化され，利用されている代表的なGM作物として，除草剤耐性作物と害虫抵抗性作物の二種類があげられる（図3）。以下にこれらのGM作物のベネフィットについて述べる。

4.1　除草剤耐性作物

モンサント・カンパニーの除草剤耐性作物は，非選択性のラウンドアップ®除草剤（有効成分グリホサート）の影響を受けずに生育する作物で，ラウンドアップ・レディー®作物（以下RR作物と呼ぶ）の商品名を持つ。グリホサートは，芳香族アミノ酸合成経路であるシキミ酸合成経路の5-エノールピルビルシキミ酸-3-リン酸合成酵素（EPSPS）の活性を阻害し，この影響を受けた植物は芳香族アミノ酸を合成できずに枯死する。シキミ酸合成経路はほぼ全ての植物種が有しているため，グリホサートはほとんどの植物を防除することが出来る。このため優れた除草剤ではあるが，一方で作物が生育中の耕地に用いることは難しかった。

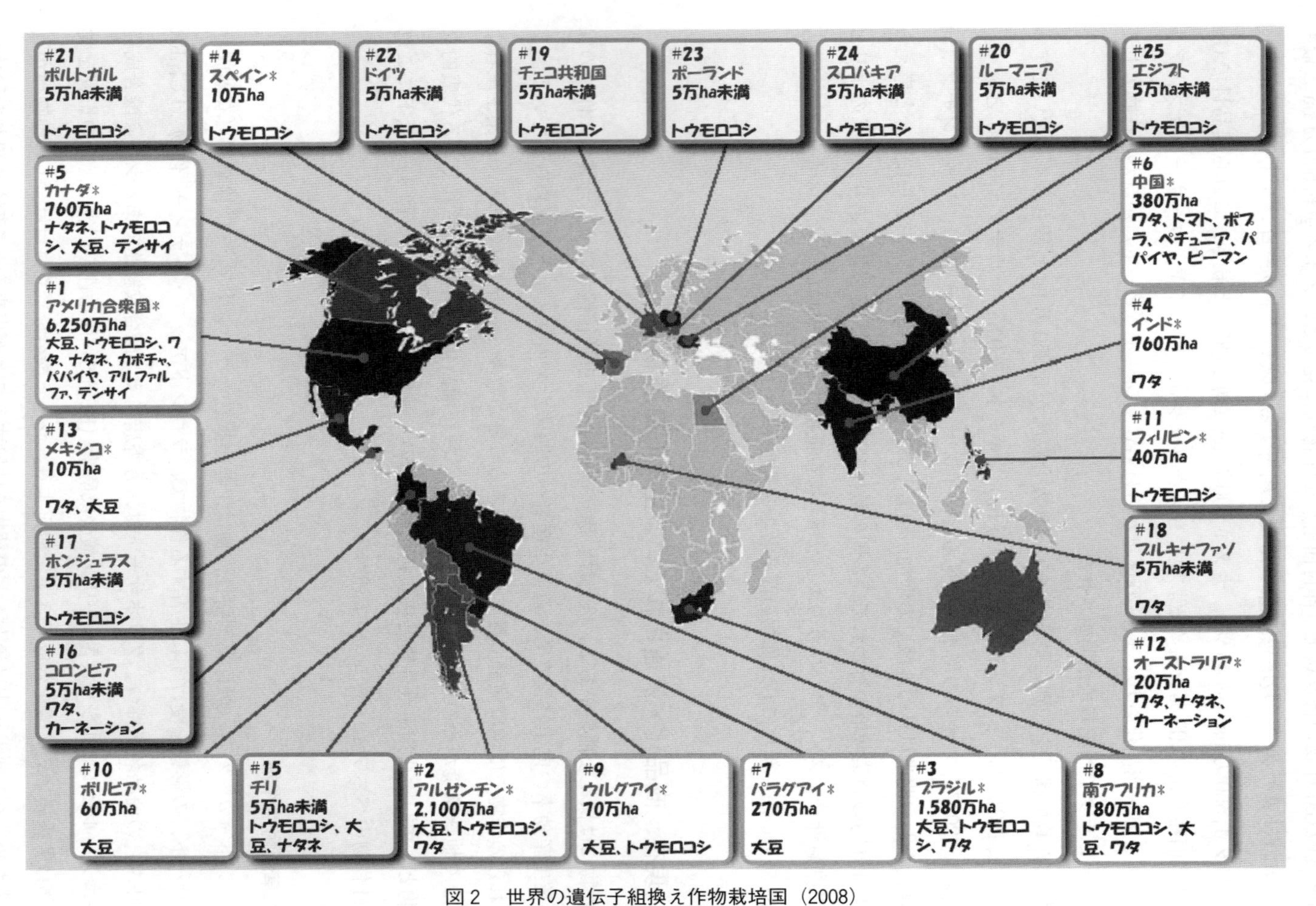

図2　世界の遺伝子組換え作物栽培国（2008）

出典：ISAAA, 1999, 2000, 2001, 2002, 2003, 2004, 2005, 2006, 2007, 2008

＊5万 ha 以上の遺伝子組換え作物を栽培する栽培大国（14ヶ国）

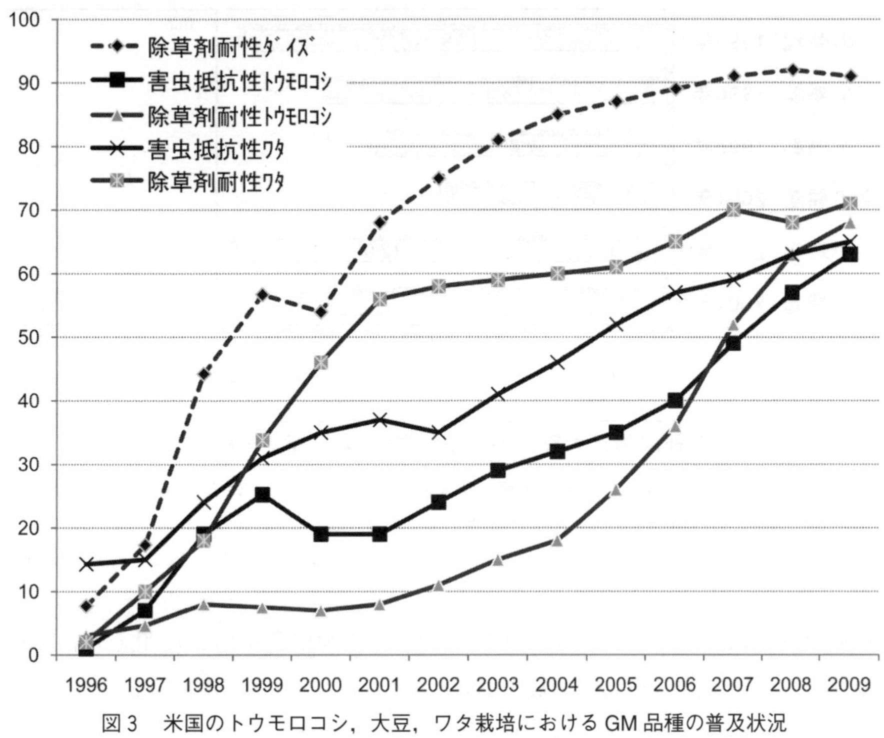

図 3　米国のトウモロコシ，大豆，ワタ栽培における GM 品種の普及状況
出典：USDA-ERS：The First Decade of Genetically Engineered Crops in the United States（2007）
USDA-NASS：Acreage（2007，2008，2009）

RR 作物は，土壌中に存在する微生物 *Agrobacterium* CP 4 株由来の EPSPS（CP 4 EPSPS）タンパク質を産生する遺伝子を作物に導入し，グリホサートの影響を受けずに生育できる性質を作物へ付与したものである。この CP 4 EPSPS はグリホサートの影響を受けない EPSPS であり，CP 4 EPSPS の導入された作物はグリホサートが散布されても芳香族アミノ酸を産生することが出来るためグリホサートの影響を受けない。このため RR 作物と雑草が混在する畑にラウンドアップ®除草剤を散布すると，雑草はグリホサートの影響を受けて枯死する一方で，RR 作物はグリホサートの影響を受けずに生育出来るため，雑草防除を極めて効率的に行うことが可能となる。

RR 作物は，従来の雑草防除体系よりも優れた雑草防除効果を発揮することで，収量の増加や除草剤使用量の削減が可能となり，農業生産者の収益が増大した。さらに RR 作物栽培では雑草防除を効率的に行う事が出来るため，それまで雑草防除を目的として必要だった播種前耕起を削減，もしくは省略する栽培法である減耕起・不耕起栽培が急速に普及した（図 4）。

不耕起栽培には多くの利点がある。まず農地を耕さないことにより土壌浸食が抑えられ，それにより豊かな土の保全がなされると同時に，土壌中の肥料や農薬の河川への流出が防がれる。ま

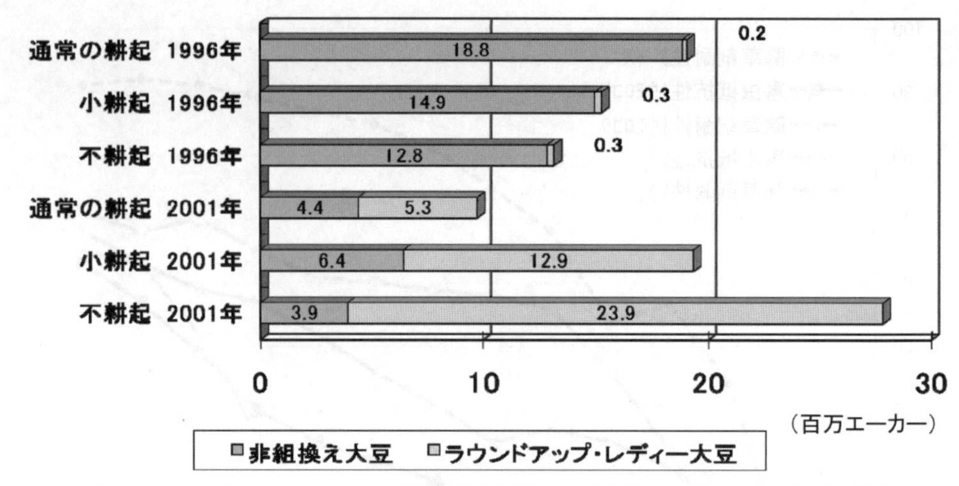

図4　ラウンドアップ・レディー大豆，従来品種の大豆栽培における不耕起栽培の比率
出典：アメリカ大豆協会（www.soygrowers.com）

た耕起の回数が減る，あるいはなくなる事でトラクターの使用が減るため，化石燃料使用量の抑制と二酸化炭素などの温室効果ガスの放出が抑えられる。さらに土を耕起しないため，土壌中にトラップされた二酸化炭素などの温室効果ガスの大気中への放出が抑制される。このようにRR作物は減耕起・不耕起栽培を普及させ，環境負荷の低い環境保全型農業体系を可能とし，アメリカやアルゼンチンなどで広く普及してきた。RR作物の導入により普及した減耕起栽培，不耕起栽培によって，2007年度には1,420万トン（約600万台の自家用車が一年間に排出する二酸化炭素量に相当）以上の二酸化炭素の排出が抑えられたと推定されており，農業生産活動がもたらす環境負荷の低減に役立っている[5]。

現在RR作物として商業栽培されている作物には，ダイズ，トウモロコシ，ワタ，ナタネ，アルファルファ，テンサイがある。

4.2　害虫抵抗性作物

現在商品化されている害虫抵抗性の作物は，土壌中の細菌*Bacillus thuringiensis*が産生するタンパク質（頭文字をとってBtタンパク質と呼ばれる）を植物体内で産生させる様に，Btタンパク質を産生させる遺伝子を導入した作物であり，一般的にBt作物と呼ばれている。現在市販されているBt作物にはトウモロコシとワタがあるが，最近ではBtのダイズやナスの開発と商品化が進んでいる。

Btタンパク質は標的昆虫以外の生物に作用せず，従来も生物農薬として有機農法でも利用が認められてきた。Btタンパク質には多くの種類があり，標的とする害虫はそれぞれ異なる。モンサント・カンパニーでは，トウモロコシではアワノメイガ（地上部を食害するチョウ目害虫）抵抗性，コーンルートワーム（根を食害するコウチュウ目害虫）抵抗性の品種，ワタではオオタバコガ（地上部を食害するチョウ目害虫）抵抗性などの品種を商品化している。またこれらの品種を掛け合わせる事で，複数種の害虫に対する抵抗性を持つ品種（スタック品種）も商品化されている。

Bt タンパク質は害虫の消化管内でコアタンパク質となり，これが昆虫の消化管内に存在する受容体と結合し，消化プロセスを阻害することで標的昆虫に殺虫効果を示す。コアタンパク質への受容体が存在しない非標的昆虫，人や動物には，Bt タンパク質は影響を及ぼさない。また Bt タンパク質は酸に弱く酸性消化液によって消化されることから，胃液が酸性のヒトなどの哺乳類，その他非標的生物に対する高い安全性が確認されている。

害虫抵抗性作物が生産者と消費者にもたらしたメリットとして，①害虫の発生が多い年でも安定的な収量が確保されること，②殺虫剤の使用量が削減されること，③害虫に食害された部分に生育するカビが作る毒性の高いマイコトキシン（カビ毒）の量が大幅に減少することなどがあり，残留農薬リスク低減やカビ毒の発生・混入リスクの低減による食品，飼料の安全性向上という消費者メリットに繋がっている。

5　GM 作物が環境と経済に与えたインパクト

先に述べた除草剤耐性や害虫抵抗性の GM 作物では，農業生産者の所得向上や環境負荷の低い農業生産の達成など，様々なメリットが認められている。

Graham & Brooks（2009）によると，GM 作物を導入した農業生産者の純所得は GM 作物を作付けしなかった場合に比べて，12 年（1996～2007 年）間の累計で総額 441 億ドル（約 4 兆円）増加している。この収入増加のうち半分以上（58 %）が発展途上国の農業生産者の収入の増加である。その多くは害虫抵抗性ワタと除草剤耐性大豆がもたらしたもので，単位面積あたりの収量増加と生産コスト低減が寄与したものである。

同様に，GM 作物の普及により除草剤や殺虫剤などの農薬使用量は，12 年間の累計で 7 億 9,000 万ポンド（141 万 5,000 トン）減少し，数量にして約 9 %が削減された。この量は EU（欧州連合）における年間の農薬使用量の約 1.25 倍に相当する[5]。

6　GM 作物のリスクと，そのリスク管理

遺伝子組換え作物は優れた技術であり，この技術をより効果的かつ持続的に利用するための管

理手法の設定・運用が求められている。GM作物が持つ形質（除草剤耐性，害虫抵抗性）ごとにリスクが考えられ，それに関してリスク管理が設定されている。ここでは具体例として①ラウンドアップ®除草剤抵抗性雑草発生に対するリスク管理と②Btタンパク質に抵抗性を有する害虫の発生に対するリスク管理の2点について米国を例にとって解説する。

6.1 ラウンドアップ®除草剤抵抗性雑草発生に対するリスク管理

除草剤に抵抗性を示すようになった抵抗性雑草の発生原因は，特定の除草剤を継続的に使用することにあり，抵抗性雑草の発生はこれまでに多くの種類の除草剤で報告されてきている。除草剤に抵抗性を持った雑草の発生は，除草剤耐性の遺伝子組換え作物が開発される以前から認められており，RR作物に特有の問題ではない。除草剤に抵抗性を示す雑草種は，2009年9月の時点で合計189種が報告されている[6)]。ラウンドアップ®除草剤は他の除草剤に比べて抵抗性雑草の発生頻度が少ないことが報告されており，ラウンドアップ®除草剤抵抗性の雑草種は2009年現在で16種[6)]である。こうした除草剤に抵抗性を獲得した雑草の防除法としては，輪作の実施，他の除草剤散布，播種前もしくは収穫後の鋤き込み（耕起）などが行われており，農業上大きな問題とはなっていない。特に輪作は効果的な方法で，輪作により栽培管理の時期や方法が変化し特定の雑草種が優占することがなくなる。また，イネ科作物と広葉作物の輪作では作用機作の異なる除草剤を使用できるため，抵抗性雑草の効果的な防除が出来ることが報告されている。ラウンドアップ®除草剤抵抗性雑草の防除も，他の除草剤抵抗性雑草の防除と相違が無く，輪作や他の除草剤の散布等，従来の管理手法によって管理が可能である。

モンサント・カンパニーでは，ラウンドアップ®除草剤による雑草防除効果が不十分であった事例について広く情報を収集して原因解明のための調査を行い，その結果をインターネット上で公表している[7)]。さらに，ラウンドアップ®除草剤抵抗性雑草の発生が疑われる場合には，州立大学などとの協力の下，農業生産者に対して抵抗性雑草の適切な防除法を指導している[7)]。このためRR作物とラウンドアップ®除草剤を用いた農業体系において，抵抗性雑草によって何らかの悪い影響が生じたという報告は無い。

6.2 Btタンパク質に抵抗性を有する害虫発生に対するリスク管理

Bt作物の抵抗性害虫の拡大リスクを抑えるリスク管理として，米国環境保護庁（EPA）ではBt作物を栽培する際に，GM作物の周辺の一定面積に非組換え品種を栽培することを義務付けており，この非組換え作物を栽培する部分を緩衝地帯（Refuge）と呼んでいる。害虫におけるBtタンパク質への感受性は遺伝的に優性であり，抵抗性は劣性である。このため仮に抵抗性を獲得した害虫が発生し，感受性の害虫と交配して子孫を残したとしても，その子孫はBtタンパク感受性になり害虫抵抗性作物では生きていけない。緩衝地帯の設定により，こうした感受性の害虫を確保することで抵抗性害虫の拡大リスクを最小化することが出来る。

また同一の作物に作用機作の異なる複数種のBtタンパク質を発現させることで，単一種のBtタンパク質を発現させた場合と比較して，抵抗性害虫の発生リスクをより一層抑えることが出来る。これは，複数のBtタンパク質のそれぞれに抵抗性害虫が発生する確率が，一つのBtタンパク質に抵抗性害虫が発生する確率の乗数となるためである。

モンサント・カンパニーでは近年，トウモロコシの主要害虫であるアワノメイガ（地上部を食害するチョウ目害虫）に殺虫効果を持つ3種類のBtタンパク質，同じくコーンルートワーム（根を食害する害虫）に殺虫効果を持つ3種類のBtタンパク質，さらにラウンドアップ®除草剤と，もう一つの除草剤の非選択性除草剤へ耐性を与える2種類のタンパク質，合計8種類のタンパク質を発現させたトウモロコシ（SmartStax™）の商品化を2010年に予定している。SmartStax™トウモロコシはこれら8種類のタンパク質を産生する8種類の遺伝子を併せ持っている。SmartStax™トウモロコシではBt抵抗性害虫の発生リスクが大きく減少するため，米国北部で従来求められていた緩衝帯となる非組換えトウモロコシの栽培面積を，20％から5％へ削減する事が米国EPA（環境保護庁）によって認めらている。SmartStax™トウモロコシは，2009年7月には日本での全ての安全性審査（食品，飼料，環境）を終了している[8]。なお日本においてGM作物は，食品の安全性については食品安全委員会と厚生労働省が，飼料の安全性は農林水産省が，環境への安全性は農林水産省と環境省が科学的に行っており，食品ではこれまでに7種の作物で99品種のイベントが認可されている[9]。

7　新たな形質を持つGM作物と持続可能な農業

FAOの試算によれば世界の人口は2050年には90億人に達し，この人口を養うために世界全体の食糧生産を現在より70％程度増加させる必要がある[10]。今後利用が可能な農耕地，水資源，化石燃料には限りがあるため，単位面積や単位資源投入量に対してより高い収量をもたらす品種の開発が求められる。

モンサント・カンパニーは，新たな形質を持つGM作物の開発・商品化によって，これら世界規模の食糧危機や資源不足へ対処するための取り組みを行っており，世界の主要な作物であるトウモロコシ，ダイズ，ワタの収量を，2030年までに2000年時点と対比して倍増する事を公約としている（図5）。そして以下に述べる新たな形質のGM作物を開発しており，資源の利用効率を高めた「持続可能な収量増加」の実現を目指している。

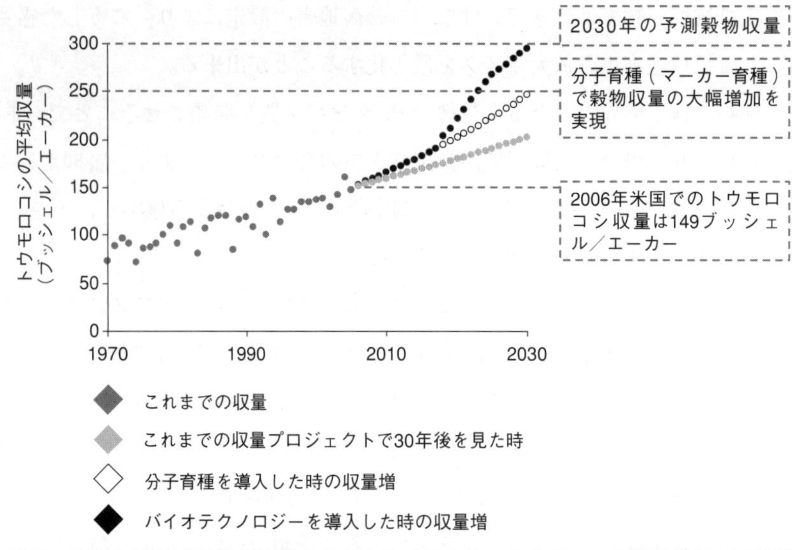

図5　育種と遺伝子組換え技術の組み合わせによる，トウモロコシ収量増加の可能性
出典：モンサント・カンパニー資料

7.1　乾燥耐性トウモロコシ

農業生産に利用される水資源は，世界全体の水利用の約75％を占めると推定されている[11]。一人が利用可能な水資源は7,100 m^3（2000年）であるが，これが人口増加とともに50年後には2/3程度にまで減少すると予想され，特にアフリカでは60％以上も減少すると推定されている。世界各地で主食としても利用されるトウモロコシは生育時の水要求量が高く，トウモロコシの収量減の最大の要因は，後期栄養生長期から初期生殖生長期における乾燥ストレスであると考えられている。

モンサント・カンパニーはBASF社と共同で，開花期前後における乾燥ストレス下で作物収量の減少を抑制する，乾燥耐性トウモロコシの開発を行っている。昨年，米国の代表的な乾燥地帯である西部のグレートプレーンで実施されたほ場試験において，この乾燥耐性トウモロコシは従来品種と比べ収量を6～10％（エーカーあたり約7～10ブッシェル，ヘクタールあたり約457～635 kg）増加させることが確認された。アメリカでは毎年作付けされるトウモロコシのうち，その一割強に相当する1,000万～1,300万エーカー（約400万～520万ヘクタール）が，毎年中程度の干ばつによって影響を受ける可能性があるため，乾燥耐性トウモロコシの商品化はトウモロコシ農家における生産の安定に寄与すると大いに期待されている[12]。

7.2　窒素有効利用トウモロコシ

窒素・リン酸・カリは植物の三大栄養素として農業生産において欠かせない元素であり，農耕地では肥料として土壌に毎年補給されている。しかしながら土壌に施用した肥料のすべてが作物に吸収・利用されるわけではなく，残った肥料成分が河川・地下水の水質汚染の原因になるなど，環境負荷をもたらす事がある。モンサント・カンパニーでは遺伝子組換え技術の利用によって，低窒素環境下で一定収量を得る事が可能な窒素有効利用トウモロコシを開発中である。

7.3　高収量大豆

前述の乾燥耐性トウモロコシの他にも，モンサント・カンパニーはBASF社と共同で研究開発を行っている。高収量大豆では，従来の優良大豆品種に比べて収量を6.5～10％増加させるという商品コンセプトを設定し，現在はアメリカ国内の様々な地域，環境下で評価試験が行われている。

高収量大豆が商品化された際には，これにラウンドアップ・レディー2大豆，油成分を改変した大豆品種などを掛け合わせることで，さらなる収量増加と収穫物の市場における高付加価値化に寄与すると思われる。

7.4　Vistive®（ビスティブ）大豆，高オレイン酸大豆

高レベルのトランス脂肪酸を伴う食事は，人間の体内でLDLコレステロールを増加させ，心臓疾患など慢性疾患のリスクを高めることが知られている。このことから米国では加工食品へのトランス脂肪酸含有量の表示義務や，一部の州ではレストランにいてトランス脂肪酸を含有する食用油の使用禁止措置がとられている[13)]。食用油に含まれるトランス脂肪酸は，植物油の安定性の向上を目的として，脂肪酸の二重結合への部分水素添加を行うことにより生成される。代表的な植物油である大豆油では，3つの二重結合を持つ不飽和脂肪酸であるリノレン酸が含まれ，このリノレン酸が部分水素添加を受ける際にトランス脂肪酸が生成される[14)]。

そこでモンサント・カンパニーでは従来の育種により，大豆のリノレン酸の量を通常の8％から3％程度へ低減したVistive®（ビスティブ）大豆を開発し，既に商品化している。ビスティブ大豆から搾油された大豆油は安定化のための部分水素添加を必要としないため，トランス脂肪酸を含まない大豆油の供給が可能となった[15)]。

また現在モンサント・カンパニーでは，遺伝子組換え技術を用いて，オレイン酸含有量を増加させた大豆の新品種を開発中である。

7.5　ステアリドン酸産生大豆

魚類に多く含まれる長鎖オメガ―3脂肪酸のエイコサペンタエン酸（EPA）やドコサヘキサエン酸（DHA）は，その摂取によって循環器系疾患のリスクを軽減するという報告がある[16)]。し

かしEPA，DHAは酸化されやすく，食品への利用方法が制限される。また主な供給源が水産資源であることから，その摂取量は限られてきた。

そこでモンサント・カンパニーでは，これらの長鎖オメガ―3脂肪酸の代謝前駆体であるステアリドン酸（SDA）を産生する大豆（SDAが全脂肪酸の20～30％）を開発した。SDAはオメガ―3脂肪酸の一つであるが，EPAやDHAよりも二重結合が少ないため，酸化に対して比較的安定である。また風味についてもEPAなどの持つ強い「生臭さ」がなく，通常の大豆油との間に味や香りの違いは見られなかった。このようなことからステアリドン酸産生大豆は，サラダドレッシングやマヨネーズなど加工食品の原料としての商品化が期待される。また作物として畑でオメガ―3脂肪酸を安価に生産できることから，循環器系疾患の防止に貢献するのみならず，水産資源の保護にも結びつくと期待されている。

8　おわりに

日本は海外に多くの食糧を依存しており，その中でも最も重要な油糧作物を含む穀物については，輸入量が合計で毎年3,100万トン前後と，その70％以上を海外に依存している。このうち推定で1,600～1,700万トンがGMの品種であると推定されており[17]，GM作物はもはや日本の豊かな食卓を維持するためにも必要不可欠な存在となっている。

しかしながら日本では多くのGM作物が食品としての安全性が確認され認可されているにもかかわらず，その受け入れは遅れている。日本国内での栽培認可が下りている作物品種が多数あるにもかかわらず，都道府県レベルで実質，栽培禁止とも言える条例などが制定されているケースもあり，商業栽培が試みられるケースはない。日本の農業生産現場に適したGM作物の開発の遅れや国内での商業栽培へ向けた国民理解の向上などが，課題として指摘されている。

現在，日本の農業就業人口はその58.2％を65歳以上の高齢者が占めており[18]，今後ますます高齢化が進むことが予想されている。その中でGM作物の導入は，農業生産の省力化，生産コストの低減などを通じて，日本の農業生産者と農業生産現場においても大きなメリットをもたらすと考えられ，こうした視点での議論を進めていくことが，これからの日本の農業の発展に不可欠であろう。

文　　献

1) Clive James, "Global Status of Commercialized Biotech/GM crops: 2008" (2009) http://www.isaaa.org/
2) 日本国総務省統計局「日本の統計 2009」(2009)　http://www.stat.go.jp/data/nihon/index.htm
3) 国連食料機関（FAO）FAOSTAT　http://faostat.fao.org/default.aspx
4) 日本モンサント㈱からのインフォメーション「2009年，トウモロコシとワタで，掛け合わせ（スタック）遺伝子組換え品種の栽培面積がさらに増加，USDAが発表」 http://www.monsanto.co.jp/news/release/090721.shtml
5) Brooks G. & Barfoot P., "GM crops: global socio-economic and environmental impacts 1996-2007", PG Economics Ltd, UK. (2009) http://biologs.bf.lu.lv/grozs/Mikrobiologijas/Uzturzinatne/2009_global_impactstudy.pdf 遺伝子組換え作物：1996年から2007年の世界の社会経済および環境に対する影響（日本モンサント・カンパニーホームページ，日本語版概要紹介） http://www.monsanto.co.jp/data/benefit/090721.shtml
6) International Survey of Herbicide Resistant Weeds, Weed Science. com http://www.weedscience.org/in.asp
7) モンサント・カンパニーウェブサイト　"Technical & Safety Info" http://www.monsanto.com/products/techandsafety/weedresistance.asp
8) モンサント・カンパニープレスリリース　"SmartStax Corn Receives Japanese Import Approval-Monsanto, Dow AgroSciences Note Key Import Approval Represents a Significant Step Toward 2010 Launch"　http://monsanto.mediaroom.com/index.php?s=43&item=731
9) 厚生労働省，安全性審査の手続を経た遺伝子組換え食品及び添加物一覧（平成21年11月10日）http://www-bm.mhlw.go.jp/topics/idenshi/dl/list.pdf
10) 日本国総務省統計局「世界の統計 2009」(2009)　http://www.stat.go.jp/data/sekai/index.htm
11) 国連環境計画（UNEP）"Vital Water Graphics -2 nd Edition- An Overview of the State of the World's Fresh and Marine Waters" (2008)　http://www.unep.org/dewa/vitalwater/
12) 日本モンサント㈱からのインフォメーション「モンサント・カンパニー，世界初の乾燥耐性トウモロコシの米国とカナダにおける認可申請を完了～USDAに認可を申請，引き続き主要輸出相手国に提出」 http://www.monsanto.co.jp/news/release/090318.shtml
13) "Diet, Nutrition and Prevention of Chronic Diseases", WHO Technical Report Series 916, http://www.fao.org/docrep/005/ac 911 e/ac 911 e 00.htm
14) 菅野道廣「トランス脂肪酸問題の考え方」食品衛生研究　17-23，57，No. 12（2007）
15) 日本モンサントからのインフォメーション「健康への意識の高まりによる需要から，2007年にビスティブ大豆が急成長の兆し」日本モンサント株式会社ウェブサイト http://www.monsanto.co.jp/news/release/060927.shtml)
16) 日本モンサント㈱「ステアリドン酸産生大豆申請書等の概要」農林水産省ウェブサイト http://search.e-gov.go.jp/servlet/Public?CLASSNAME=Pcm 1010&BID=550000854&OBJCD=100550&GROUP
17) 三石誠司，世界の食糧・穀物需給と今後の展望，農林経済，時事通信社（2008）
18) 農林水産省「農林業センサス」　http://www.maff.go.jp/j/tokei/census/afc/index.html

第12章　アグロゲノミクスと農薬

須藤敬一*

1　はじめに

これまでアグロゲノミクスと言えば，作物の育種や遺伝子組み換え作物の開発などの分野で幅広く研究され，農薬の分野においては，薬剤が開発された後に薬剤の作用機構を解明する研究において用いられてきた。しかし開発段階，特にリード化合物探索の段階では積極的にアグロゲノミクスを活用してきた，という例はあまり聞かれていなかった。従来の農薬創製，リード化合物探索の手法は，活性が期待できる化合物からの構造最適化が主流であり，近年では膨大な化合物ライブラリーと，それを処理できるハイスループットスクリーニングを用いて，農薬としての活性が期待される化合物を探索するという手法が用いられている。ところが，この手法では巨額な研究開発費に見合う程，新規な構造を持つ画期的な新剤が，期待通りに次々と開発されることはなかった。むしろ，1つの新剤を生み出すためにスクリーニングされる化合物の数，いわゆる“当たる確率”という点を考えれば，それは従来の方法よりも大きく下がったのではないだろうか。企業にとっての農薬開発は，医薬品開発のように膨大な資金をつぎ込むわけにはいかず，いかにして効率的にリード化合物を見出せるかが非常に重要なことである。筆者らは，医薬品開発ではすでに主流となっていた新剤探索の段階からゲノム情報を利用するゲノム創薬の手法は，農薬のリード化合物探索においても膨大な開発費が必要とならず，積極的に取り入れるべきであると考えてきた。近年では，農薬の新剤開発を行うほとんどの企業においてゲノム創農薬が導入されているが[1]，現在までにゲノム創農薬の手法で上市された新剤はまだない。ここでは，ゲノム創農薬の手法の一端を筆者らが行った，アゾール系殺菌剤開発への応用研究を題材に紹介し，将来の展望を考察する。

2　ゲノム創農薬の概要

2.1　従来の農薬開発とゲノム創農薬の比較

ゲノム創農薬では，開発初期の段階においてリード化合物発見のためにゲノム情報を活用する

---

*　Keiichi Sudo　㈱クレハ　総合研究所　農薬研究室

という点が，従来の方法と大きく異なる。従来の方法では，生理活性が見出されている天然物や既存薬剤の構造を変換および最適化することで，より有効なリード化合物を見出すという方法が一般的で，現在の農薬探索においてもこの方法が有効な手段の一つである事は言うまでもない。こうした従来の手法は，リガンドとなる生理活性物質の構造に基づいて薬剤の構造をデザインしていることから，Ligand-based drug design と呼ばれる。

リード化合物からの構造変換の手段として，かつては合成者が各々のアイデアを基にバラエティーに富んだ誘導体をデザインし合成していたが，Hansch-Fujita による定量的構造活性相関（quantitative structure-activity relationship：QSAR）の手法が発表されて以来[2)]，より合理的になった。近年，計算機処理能力が飛躍的に向上したことにより，それまでの古典的 QSAR 解析から３次元的でより複雑な計算が必要な３D-QSAR 法へと発展を遂げてきた。３D-QSAR 解析の結果からは，標的タンパク質の実際の立体構造が未知だとしても，リガンドとの相互作用様式は高い精度で推測可能となり，農薬分野においても精力的に研究がされている[3)]。

これに対しゲノム創農薬では，注目点がリガンドではなく，最初から標的タンパク質にある。リガンドが結合するターゲットの構造が判明していれば，それに基づいたリガンド構造のデザインを行う，という手法で Target-based drug design と呼ばれる。ここで標的タンパク質の構造を与える情報源がゲノム情報である。

リガンドと標的タンパク質の関係は，よく鍵と鍵穴の関係に例えられる。従来の Ligand-based drug design を，様々な形をした多数の鍵をそれぞれ差してみて，鍵穴の形を推測しながら相応しい鍵の形を絞り込んでいく，という作業に例えるならば，Target-based drug design は，まず鍵穴の形を確認しておいて，それに適合すると考えられる形の鍵を優先的に作る，という作業に似ている。闇雲に多数の鍵を用意し評価するより，最初から鍵穴に合う形の鍵を作る事ができれば効率が良く，これがゲノム創農薬の最大の利点の一つであると言える。

ゲノム創農薬に必要となるゲノム情報は，近年溢れるほど蓄積され，これまで未知だったタンパク質の機能も次々と明らかにされてきている。こうした情報を的確かつ有効に利用することで，薬剤の標的タンパク質の立体構造，すなわち鍵穴の形をより正確に把握することが可能になってきた。一方で，企業における農薬開発の現状を見てみると，全く新規な構造，もしくは新規な作用機構を有する農薬が市場に登場することはあまり見られず，新規農薬の開発が年々困難になっていることが感じられる。現在農薬開発を行う企業は，こうした現状を改善すべく，これまでの農薬開発の手法にゲノム創農薬を積極的に取り入れることで，より効率的な探索研究を目指しているものと考えられる。

3　ゲノム創農薬の手法―DMI剤開発への応用

ここでは，筆者らが行っているゲノム創農薬の実例を紹介する[4,5]。標的となるべきタンパク質の種類を変更するだけで，どのようなリード化合物創製においても，応用可能な方法ではないかと考える。

ゲノム創農薬の第一歩となるのが，薬剤の標的として用いるタンパク質の立体構造を得ることである。この点が従来の手法と異なる，ゲノム創農薬において最も特徴的な点である。タンパク質の立体構造は，X線結晶構造解析やNMR解析の手法により得られるが，タンパク質の大量発現系の構築や結晶化条件の検討など，一般的には短期間で容易に解析できるものではない。そのため既に公開されているタンパク質の立体構造か，ゲノム情報から推測される立体構造を利用する。

立体構造が解明されたタンパク質の情報は，Protein Data Bankにおいて公開されているが，データベース上の登録数は，1990年代以降飛躍的に向上しており，2009年現在その数は約55,000に達する[6]。ゲノム創農薬においても，その情報を得られる恩恵は年々大きくなってきている。もし標的としたいタンパク質の立体構造が未知である場合は，立体構造が既知となっている類縁のタンパク質の構造情報を用いて推測する手法が一般的である。この手法の一つが，タンパク質の3Dモデリングである。機能やファミリーが類縁関係にあるタンパク質同士の場合，生物種が異なっていても，フォールディングされた立体構造は類似しているという理論を前提とした3Dモデリングは，立体構造が解明されるタンパク質の数が増加するほど，その精度はより高くなる。

農薬の標的といえば，植物，昆虫および糸状菌類となるが，これらのゲノム情報は容易に入手可能である。その中から農薬のターゲットとなり得るタンパク質を見出し，その立体構造を推測することで，ゲノム創農薬を開始することができる。

筆者らはゲノム創農薬の手法を検証するにあたり，対象とする標的タンパク質として，ステロール-14α-脱メチル化酵素，CYP51を選択した。言うまでもなくCYP51は，すでに広く使用されているアゾール系殺菌剤の標的酵素である。新規な標的ではないが，筆者らは，これまでのアゾール系殺菌剤開発研究において膨大なデータを有するので，ゲノム創農薬の手法を試みることで実際に従来の探索手法と比較する事が可能であり，今後のゲノム創農薬の可能性を考察できると考えた。以下，灰色かび病菌 *Botrytis cinerea* のCYP51（BcCYP51）とアゾール系殺菌剤メトコナゾール（図1）の複合体3Dモデリングの実施例を紹介する。

CYP51のゲノム情報は，BLAST検索によって，NCBI[7]をはじめ様々なWebサイト上より入手した。表1に現在公表されている主要な病害をはじめ，多くの植物病原菌のCYP51の一覧を

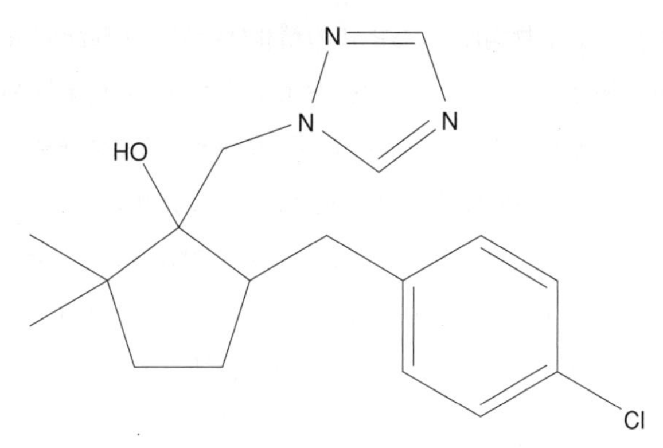

図1　農業用殺菌剤メトコナゾールの構造

表1　2009年現在公表されている主な植物病原菌のCYP 51

病原菌名	病　害	アミノ酸残基数	公表年
Penicillium italicum	カンキツ青かび病	515	1996
Penicillium digitatum	カンキツ緑かび病	516	2002
Botryotinia fuckeliana　＊	灰色かび病	522	2005
Ustilago maydis　＊	トウモロコシ黒穂病	561	1996
Uncinula necator	ブドウうどんこ病	524	1997
Venturia inaequalis	リンゴ黒星病	524	2000
Venturia nashicola	ナシ黒星病	526	2002
Monilinia fructicola	モモ灰星病	522	2004
Blumeria graminis f. sp. Hordei　＊	オオムギうどんこ病	530	2005
Blumeria graminis f. sp. Tritici	コムギうどんこ病	530	2005
Mycosphaerella graminicola	コムギ葉枯病	544	2004
Oculimacula yallundae	コムギ眼紋病	526	2001
Oculimacula acuformis	コムギ眼紋病	526	1999
Fusarium graminearum　＊	コムギ赤かび病	526	2007
Pyrenophora tritici-repentis　＊	コムギ黄さび病	526	2007
Phaeosphaeria nodorum　＊	コムギふ枯病	524	2007
Puccinia triticina	コムギさび病	536	2009
Magnaporthe grisea　＊	イネいもち病	526	2005
Fusarium oxysporum　＊	トマト萎凋病	527	2007
Sclerotinia sclerotiorum　＊	菌核病	522	2005
Mycosphaerella fijiensis	バナナシガトカ病	542	2007

＊　全ゲノム解読が行われている菌種を示す

示す。アゾール系殺菌剤の標的酵素であるCYP 51の研究は以前から広く行われているが，特に近年では全ゲノム解読が行われる病原菌の種類が増加し，そうした情報からもCYP 51の配列を得ることが可能となった。

これまでに公表されている植物病原菌 CYP 51 の情報は，アミノ酸配列情報のみである。タンパク質を大量発現させた例として，青かび病菌[8]およびイネいもち病菌[9]CYP 51 の大腸菌による発現の事例が報告されているが，これらについても現在のところ立体構造の解析はされていないので，ゲノム創農薬に必要な CYP 51 の立体構造は，3 D モデリングにより推測する必要がある。そこで 3 D モデリングの基となるタンパク質として，2001 年，Podust らにより X 線結晶構造が明らかにされた結核菌の CYP 51（MtCYP 51）を用いた[10]。PDB-ID：1 EA 1 に含まれる情報によると，細菌である結核菌と真菌である灰色かび病菌では，CYP 51 のアミノ酸配列の相同性は 28 %であった。相同性とモデリング精度の関係については，一般的に 30 %程度のアミノ酸配列の相同性があれば，十分なモデリングが可能とされている。細菌と真菌の間でも，同じ機能である CYP 51 は，互いの内部配列に部分的に相同性が高い配列が存在していることを考慮すると，十分に精度の高いモデリングが期待できた。さらに，この X 線結晶構造が同じアゾール系化合物の抗真菌剤であるフルコナゾールとの複合体であったことは，後に農業用殺菌剤メトコナゾールと BcCYP 51 との複合体構造を推測するのに好都合であった。MtCYP 51 と BcCYP 51 のアミノ酸配列をアライメントし，MtCYP 51 の立体構造中のアミノ酸残基を，それぞれ対応する BcCYP 51 のアミノ酸残基へ置換し，Tripos 力場を用いて構造最適化を行うことで BcCYP 51 の立体構造をモデリングした。

4　リガンドの配座解析と複合体モデリング

リガンドとして用いた農業用殺菌剤メトコナゾールは，モデリングを行う灰色かび病等，多くの植物病害に効果を示す薬剤である。メトコナゾールの網羅的な配座解析を行い，MtCYP 51 の結晶構造に含まれるフルコナゾールと重なりが最も良好な配座を見出し，これを CYP 51 との結合時に取りうるメトコナゾールの活性配座であると推定した。メトコナゾールとフルコナゾールの活性配座を図 2 に示した。このメトコナゾールの活性配座をモデリングした BcCYP 51 とドッキングし，さらに構造最適化の計算を行うことで，目的とする灰色かび病菌の CYP 51 とメトコナゾールの複合体構造を推定した（図 3）。本推定構造がメトコナゾールの殺菌剤としての薬効を示している状態であると考えられる。

5　複合体モデリング構造による検証

次に，メトコナゾールと標的タンパク質 CYP 51 との相互作用様式について，過去のアゾール剤探索研究の QSAR 解析[11]により推測された結果（図 4 および図 5）と，ゲノム創農薬で得ら

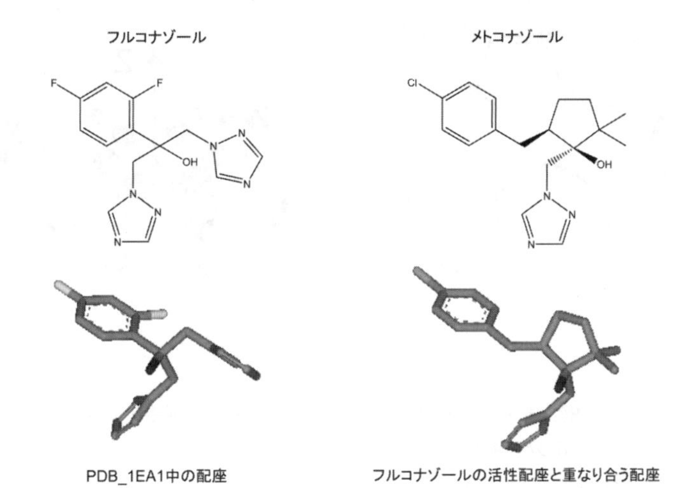

図2　フルコナゾールおよびメトコナゾールの活性配座

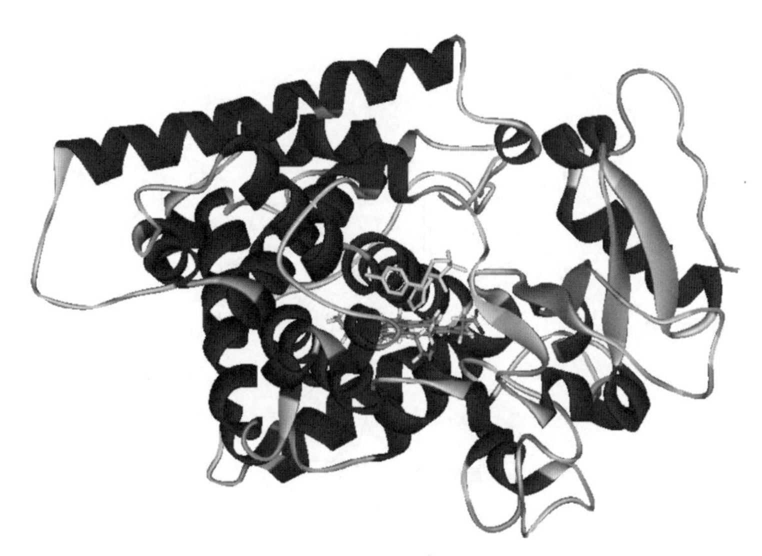

図3　BcCYP 51とメトコナゾールの複合体3Dモデリング構造

れた結果（図6）について比較検討した。図6には，図3の複合体モデリング構造中でリガンドであるメトコナゾールからの距離が8Å以内に位置するアミノ酸残基の中から，相互作用に関与していると考察されたものを示した。

過去のメトコナゾール誘導体の構造展開研究において，構造中のベンゼン環および水酸基が殺菌活性には必須で，水酸基については，その立体配置も殺菌活性に影響を与え，CYP 51と水素結合していることが推測された。さらに図4に示すQSAR解析の回帰式中，$\log P$ の符号が正，$(\log P)^2$ の符号が負であることから，殺菌活性には至適 $\log P$ が存在することが示唆された。ベ

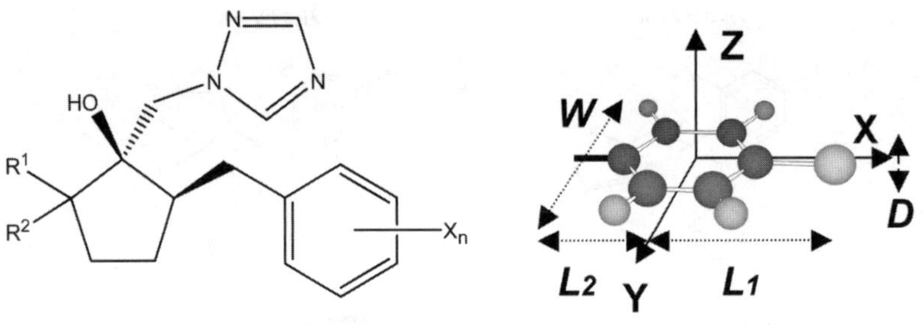

pIC$_{50}$ (*Botrytis cinerea in vitro*)
$= -0.761L2 - 0.862W - 0.669D + 3.237\ \log P - 0.418(\log P)^2 + 0.428I + 9.782$
$n=32$, $r=0.933$, $s=0.377$, $\log P_{opt}=3.87$,
$I=0$ for $R_1=R_2=H$, $I=1$ for R_1 or R_2 = alkyl

図4　Hansch-Fujita 法によるメトコナゾール類縁体の QSAR 解析

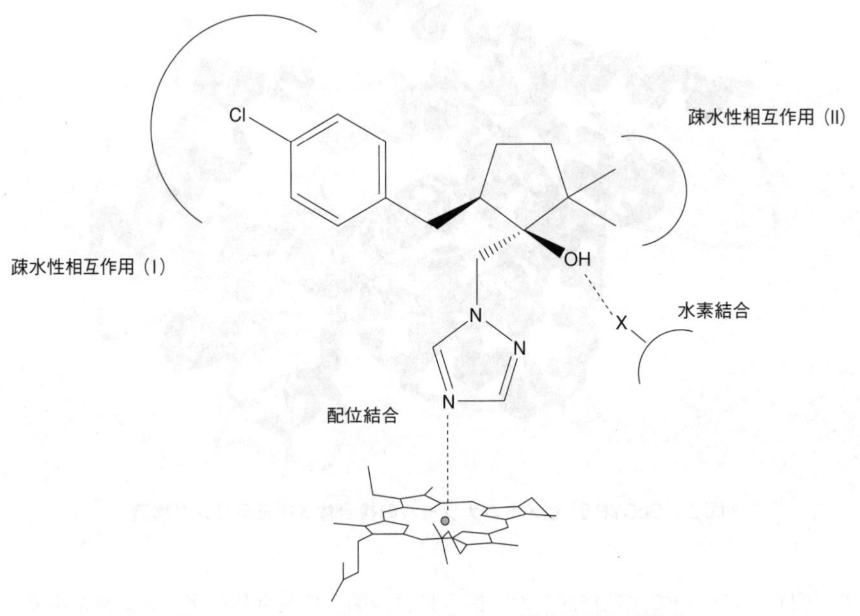

図5　BcCYP 51 とメトコナゾールの推定相互作用様式

ンゼン環上置換基 X_n は，パラメータ L 2，W，および D の符号が負であることから，オルト位およびメタ位よりもパラ位への導入が活性上昇に有利であり，かつ嵩高い置換基は好ましくないと考えられた。また，ダミー変数 I の符号が正であることから，シクロペンタン環上 2 位は，無置換よりもアルキル基置換の方が活性上昇に有利であることが示され，殺菌活性に必須なベンゼ

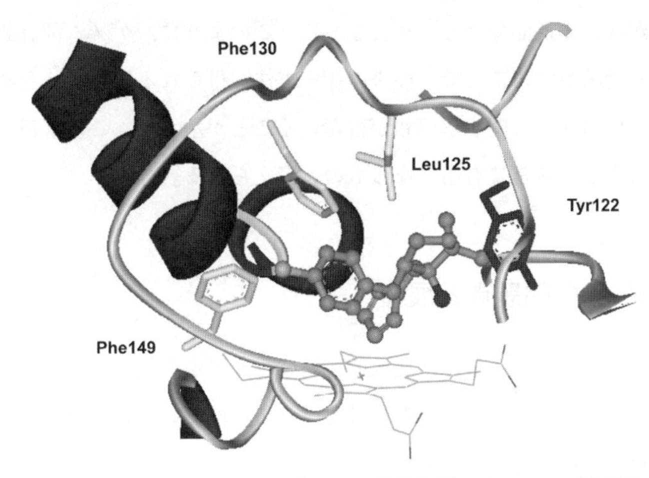

図6a　BcCYP51とメトコナゾールの相互作用1（ベンゼン環周辺）

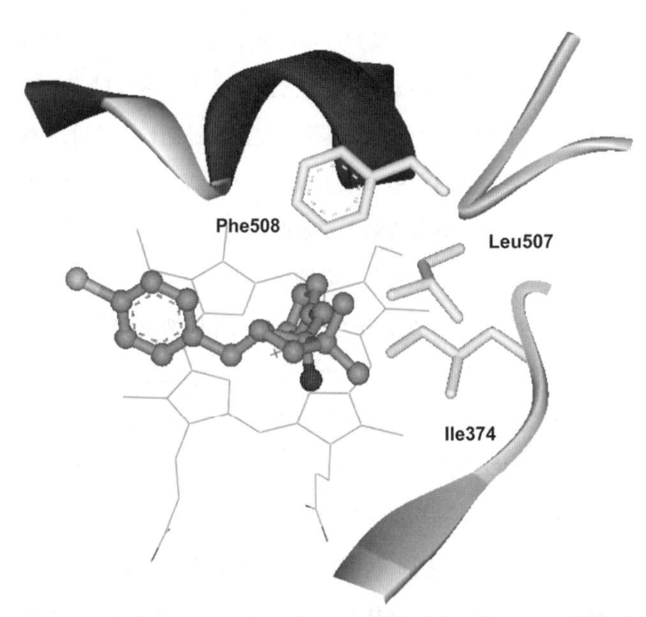

図6b　BcCYP51とメトコナゾールの相互作用2（ジメチル基周辺）

ン環周辺およびシクロペンタン環上ジアルキル基周辺の2箇所が，CYP51との疎水性相互作用部位であると推定してきた。

今回得られた複合体モデリング構造（図6）を見ることで，メトコナゾールの水酸基はCYP51上のTyr122近傍に位置し，チロシン側鎖の水酸基と水分子を介し，水素結合していることが推測された。またベンゼン環周辺には，Leu125，Phe130，Phe149，ジメチル基周辺にはIle374，Leu507，Phe508といった疎水性アミノ酸残基が存在しており，それぞれの疎水性相互作用に関与していることが新たに推測できるようになった。このように，ゲノム創農薬では公表されているゲノム情報を有効活用することで，従来の探索方法で得られる結果よりも詳細な薬剤と標的タンパク質間の相互作用様式に関する情報が得られることが示され，この情報は，より効率的な化合物デザインを行う上で非常に有用になるものと考えられる。

6　ゲノム創農薬の問題点と展望

前述のようにゲノム創農薬の手法は，比較的容易に行う事が可能のように見えるが，実際には現在までに，この手法から生み出された新規農薬は上市されていない。そこには開発を困難にするいくつかの問題点があると考えられる。

例えば，3Dモデリングの結果に基づいて活性が期待できるとデザインしたリガンドの構造は，あくまでも対標的タンパク質との関係のみ，という点が挙げられる。実際に，この手法で見出された化合物を評価した結果，*in vitro* における酵素活性のアッセイ系では良い結果が得られたとしても，それがポット試験など，*in vivo* での活性に必ずしも反映されないというケースがある。これは，3Dモデリングの結果だけでは農薬の実使用場面に存在する種々の要件は全く考慮されていないためで，こうした問題が起こる事は何ら不思議なことではない。さらにはプロテオミクス研究の発展により，様々な酵素の働きが解明されるにつれて，酵素とリガンドは，かつて表現されてきたような，ごく単純な鍵穴と鍵の関係にとどまらない例も解明されてきている。CYP 51 についても基質が結合することで，その全体の立体構造を変化させることが知られている[10]。従って立体構造全体の変化のために，リガンド結合部位近傍においてもリガンドと相互作用するアミノ酸配列の空間的配置に影響が及ぶとしたら，ここで示した単一的な3Dモデリングの結果だけに基づいては，リガンド構造のデザインが不十分となる可能性がある。

将来的には，こうした問題点を解決しながら，ゲノム創農薬の手法をさらに発展させる必要がある。例えば，*in vitro* と *in vivo* との間で活性の相関が見られないという事例は，ゲノム創農薬に限らず従来の農薬開発においても見られたことであり，克服されてきた問題である。すなわち，これまでの農薬開発で培われたノウハウは，ゲノム創農薬においても十分に活用することが可能であり，新たなゲノム創農薬の手法は，これまでの農薬開発と別々に行われるものではなく，両者を融合する事で新たな農薬開発の手法となるのである。

膨大すぎるゲノム情報量も，ゲノム創農薬における別の問題点として挙げられる。ゲノム創農薬を行う上で，ゲノミクスの情報量が豊富である事は非常に有用な点ではあるものの，一方で年々蓄積される情報量の中から農薬探索を行うにあたり，必要な情報だけを適切に選択することは手間のかかる作業である。ゲノム創農薬において，ゲノム情報を活用するのは開発初期段階であることから，ゲノム情報処理能力は農薬開発全体の効率化に大きな影響を及ぼすと考えられる。一方，膨大なゲノム情報には単なる3Dモデリングに用いるだけで無く，別の利用方法も考えられる。筆者らは，アゾール系殺菌剤の効果を検証するための対象として植物病原菌のCYP51を用いたが，CYP51はシトクロームP450タンパク質ファミリーの一つで，その中でも稀な原核生物の細菌から真核生物である真菌，植物，動物まで，ほとんどの生物に保存されている遺伝系統学的にも興味深いタンパク質である[12,13]。実際に植物病原菌だけでなく，多くの生物種のCYP51についてゲノム情報が公表されていることから，植物病原菌と植物のCYP51の構造を比較，解析することにより，薬害を低減できるような薬剤の創製を目指すことが可能であろう。また，人間の薬物代謝に関わるCYP2B6およびCYP3A4は，ともにCYP51と同じシトクロームP450タンパク質であるが，様々なアゾール化合物と両者の酵素阻害活性のQSAR解析，および複合体モデリング構造が報告されている[14]。こうした情報を活用する事で，哺乳動物に対して毒性の低い薬剤のデザインも可能になると考えている。

コンピュータを用いる3Dモデリング，タンパク質の立体構造予測の精度については近年，格段に進歩してきている。既知の立体構造を用いて未知の構造を推測するモデリングは，年々立体構造が明らかにされるタンパク質の数が増加していることで，推測の精度も増している。さらにコンピュータ処理能力が加速度的に向上し，様々な計算システムの開発がされていることも加わり，3Dモデリングの作業効率は非常に向上しているので，ゲノム創農薬分野でも容易に利用可能になっている。

7　おわりに

本稿では，題材となる標的タンパク質として農薬の作用機構として既知であるCYP51を取り上げゲノム創農薬についての検証を行ったが，この手法の最大の魅力の一つは，探索の段階から全く新しい作用機構を狙った新系統薬剤の開発を目指すことが可能であることだ。近年，様々な生物種において，これまで未知であったタンパク質の機能が次々と明らかにされてきており，その中には農薬のターゲットとして相応しいタンパク質も見出されるであろう。そうしたタンパク質を題材にしたゲノム創農薬により，既存薬剤とは異なる作用機構を示す全く新規な薬剤を創製する事が可能であると考えられる。しかし，プロテオミクスの領域まで広範囲にわたり精通し，創農薬に活かすためには，従来の企業における農薬開発関連のリソースだけでは不十分であるかもしれない。こうした事に対応するには，産官学の連携が非常に重要になる。官学におけるゲノミクスやプロテオミクスの研究成果と，農薬企業が有する薬剤開発のノウハウを融合させることで，ゲノム創農薬の手法によって世に送り出される薬剤が登場する日も間近となるであろう。

文　献

1） U. Schirmer *et al*., 第11回国際農薬科学会議講演要旨集（1），p.7（2006）

2） C. Hansch *et al*., *J. Am. Chem. Soc*., **86**（8），1616（1964）

3） 赤松美紀，日本農薬学会誌，**27**（2），169（2002）

4） 菊池真美ほか，第29回構造活性相関シンポジウム要旨集，p.207（2001）

5） 須藤敬一ほか，日本農薬学会第27回大会講演要旨集，p.112（2002）

6） http://www.rcsb.org/

7） http://www.ncbi.nlm.nig.gov/

8） L. Zhao *et al*., *FEMS Microbiol. Lett*., **277**（1），37（2007）

9） J. Yang *et al*., *Pest. Manag. Sci*., **65**（3），260（2009）

10） L. M.Podust *et al*., *Proc. Natl. Acad. Sci. USA*, **98**（6），3068（2001）

11） H. Chuman *et al*., Classical and 3 D QSAR in Agrochemistry, ACS Symposium Series, 606, 171, ACS（1995）

12） Y. Aoyama, *Frontiers in Bioscience*, **10**, 1546（2005）

13） G. L. Lepesheva *et al*., *Biochem. Biophys. Acta*., **1770**（3），467（2007）

14） D. Itokawa *et al*., *QSAR Comb. Sci*., **28**, 629（2009）

農薬からアグロバイオレギュレーターへの展開
—病害虫雑草制御の現状と将来— 《普及版》 (B1161)

2009年12月25日 初 版 第1刷発行
2016年 4 月 8 日 普及版 第1刷発行

監 修 山本 出
発行者 辻 賢司
発行所 株式会社シーエムシー出版
東京都千代田区神田錦町 1-17-1
電話 03 (3293) 7066
大阪市中央区内平野町 1-3-12
電話 06 (4794) 8234
http://www.cmcbooks.co.jp/

Printed in Japan

〔印刷 株式会社遊文舎〕

ISBN978-4-7813-1103-6 C3043 ¥4200E